JN051414

機械学習の数理
100問シリーズ 7

機械学習のための
カーネル
100問

with R

鈴木 譲 著
Joe Suzuki

共立出版

シリーズ序文

　機械学習の書籍としておびただしい数の書籍が出版されているが，ななめ読みで終わる，もしくは難しすぎて読めないものが多く，「身につける」という視点で書かれたものは非常に少ないと言ってよい。本シリーズは，100の問題を解くという，演習のスタイルをとりながら，数式を導き，R言語もしくはPythonのソースプログラムを追い，具体的に手を動かしてみて，読者が自分のスキルにしていくことを目的としている。

　各巻では，各章でまず解説があり，そのあとに問題を掲載している。解説を読んでから問題を解くこともできるが，すぐに問題から取り組む読み方もできる。その場合，数学の問題において導出の細部がわからなくても，解説に戻ればわかるようになっている。

　「機械学習の数理100問シリーズ」は，2018年以降に大阪大学基礎工学部情報科学科数理科学コース，大学院基礎工学研究科の講義でも使われ，また公開講座「機械学習・データ科学スプリングキャンプ」2018, 2019でも多くの参加者に解かれ，高い評価を得ている。また，その間に改良を重ねている。講義やセミナーでフィードバックを受け，洗練されたものだけを書籍のかたちにしている。

　プログラム言語も，大学やデータサイエンスで用いられているR言語と企業や機械学習で用いられているPythonの2種類のバージョンを出す。これも本シリーズの特徴の一つである。

　本シリーズのそれぞれの書籍を読むことで，機械学習に関する知識が得られることはもちろんだが，脳裏に数学的ロジックを構築し，プログラムを構成して具体的に検証していくという，データサイエンス業界で活躍するための資質が得られる。「数理」「情報」「データ」といった人工知能時代を勝ち抜くための，必須のスキルを身につけるためにうってつけのシリーズ，それが本シリーズである。

まえがき

カーネルの苦手意識をいかに克服するか

　私は機械学習の手法の中でもカーネルは特に苦手でした。福水健次著『カーネル法入門』(朝倉書店)を読もうとして，何度も挫折していました。福水先生を大阪大学の集中講義にお呼びして，学生と一緒に1週間講義を聞きましたが，本質は理解できませんでした。この書籍は，執筆を着手した当初，自分自身の苦手意識を払拭することを目的としていました。しかし，本書が完成した現在，どうすればカーネルの苦手意識から脱却できるかをお伝えできるようになりました。

　ところで，機械学習の研究者ですら，カーネルを理解しないで使っているだけの人がほとんどです。このページを開いている方は，もしかしたらカーネルに苦手意識を持っているかもしれませんが，それを克服したいという前向きな気持ちをお持ちだと思います。

　そのための最短経路として最もおすすめしたいのが，数学を基礎から学ぶということです。カーネルは，その背後にある数学にしたがって動作します。そのため，理解するまで考え抜くことが重要です。カーネルの理解に必要な数学は，関数解析と呼ばれるものです(第2章)。線形代数や微分積分ならわかるという方でも，戸惑うことがあるかもしれません。ベクトルといえば有限次元ですが，関数の集合は無限次元で，線形代数として扱えます。完備化という概念が初めてという場合，時間をかけていただければと思います。しかし，この第2章を突破すれば，カーネルのすべてが理解できると思います。

　本書は「機械学習の数理100問のシリーズ」の第3号(5巻目)になります。書籍ですから，既存のカーネルの書籍が存在するのにどうして出版するのか(いわゆる大義)がないと，出版には至りません。本書の特徴として，以下の点をあげることができます。

1. 数学的命題として証明し，正しい結論を述べているので，読者が本質までたどり着くことができる。
2. 「機械学習の数理100問シリーズ」の他書と同様，ソースプログラムと実行例を提示して理解を促している。数式だけであれば，特にカーネルの場合，読者が最後まで理解することは容易ではない。
3. 関数解析の基本的事柄(第2章)を理解してから，それ以降の章での応用を検討していて，数学の予備知識を前提としていない。
4. RKHSのカーネルとガウス過程のカーネルの両方を検討し，しかも両者の扱いを明確に区別している。本書では，それぞれ第5章，第6章で述べている。

　国内外のカーネルの書籍を調査しましたが，上記の項目を2個以上満足しているものはありませんでした。

　本書の出版に至るまでに，いろいろな失敗を経験してきました。大阪大学大学院で毎年，数学とプログラミングの演習問題を100問解きながら機械学習の各分野を学ぶ講義をしています。スパース推定（2018年），グラフィカルモデル（2019年）では人気をはくし，2020年のカーネルも履修者が100名以上になりました。しかし，毎週2日以上講義の予習をしてのぞんだものの，苦手意識も手伝ってか，その講義はうまくいきませんでした。それは学生の授業アンケートを見ても明らかでした。ただ，そうした問題点の一つ一つを分析し，改良を加えて，本書が誕生しました。

　読者の皆さんが，私と同じ道（試行錯誤で時間やエネルギーを消耗する過程）を辿らずに，効率的にカーネルを学ぶことができればという思いがあります。本書を読んだからといって直ちに論文が書けるわけではありませんが，本書を読めば確実な基礎が身につきます。難しそうに思えていたカーネルの論文がスムーズに読め，一段高いところからカーネルの全体が見えるようになります。また，機械学習の研究者の方でも楽しめるような内容になっています。皆さんが本書を活用し，それぞれの分野で成功を収めていただければ，幸いと考えています。

本シリーズの特徴

　本書というよりは，本シリーズの特徴を以下のようにまとめてみました。

身につける：ロジックを構築する

　数学で本質を把握し，プログラムを構成して，データを処理していきます。そのサイクルを繰り返すことによって，読者の皆さんの脳裏に「ロジック」を構築していきます。機械学習の知識だけではなく，その視点が身につきますので，新しいカーネルの技術が出現しても追従できます。100問を解いてから，「大変勉強になりました」と言う学生がほとんどです。

お話だけで終わらない：コードがあるのですぐにコード―（行動）に移せる

　機械学習の書籍でソースプログラムがないと，非常に不便です。また，パッケージがあっても，ソースプログラムがないとアルゴリズムの改良ができません。gitなどでソースが公開されている場合もありますが，MATLABやPythonしかなかったり，十分でない場合もあります。本書では，ほとんどの処理にプログラムのコードが書かれていて，数学がわからなくても，それが何を意味するかを理解できます。

使い方だけで終わらない：大学教授が書いた学術書

　パッケージの使い方や実行例ばかりからなる書籍も，よく知らない人がきっかけを掴めるなどの意味はありますが，手順にしたがって機械学習の処理を実行できても，どのような動作をしているかを理解できないので，満足感として限界があります。本書では，カーネルの各処理の数学的原理とそれを実現するコードを提示しているので，疑問の生じる余地がありません。本書は，どちらか

というと，アカデミックで本格的な書籍に属します。

100問を解く：学生からのフィードバックで改善を重ねた大学の演習問題

本書の演習問題は，大学の講義で使われ，学生からのフィードバックで改良を重ね，選びぬかれた最適な100問になっています。そして，各章の本文はその解説になっていて，本文を読めば，演習問題はすべて解けるようになっています。

書籍内で話が閉じている (self-contained)

定理の証明などで，詳細は文献○○を参照してください，というように書いてあって落胆した経験はないでしょうか。よほど興味のある読者（研究者など）でない限り，その参考文献をたどって調査する人はいないと思います。本書では，外部の文献を引用するような状況を避けるように，題材の選び方を工夫しています。また，証明は平易な導出にし，難しい証明は各章末の付録においています。本書では，付録まで含めれば，ほぼすべての議論が完結しています。

売りっぱなしではない：動画，オンラインの質疑応答，プログラムファイル

大学の講義では，slack で 24/365 体制で学生からの質問に回答していますが，本書では読者ページ https://bayesnet.org/books_jp を利用して，著者・読者で気軽にやりとりできるようになっています。また，各章 10〜15分の動画を公開しています。さらに，本書にあるプログラムは，git からダウンロードできるようになっています。

線形代数と機械学習の一般知識

機械学習や統計学を学習するうえでネックになるのが，線形代数です。研究者向きのものを除くと，線形代数の知識を仮定しているものは少なく，本質に踏み込めない書籍がほとんどです。そのため，本シリーズ第1号の『統計的機械学習の数理 100 問 with R』，『同 with Python』では，第0章として，線形代数という章を用意しています。14 ページしかありませんが，例だけでなく，証明もすべて掲載しています。ご存知の方はスキップしていただいて結構ですが，自信のない方は休みの日を1日使って読まれてもよいかと思います。また，『統計的機械学習の数理 100 問 with R』，『同 with Python』には機械学習の入門的な知識が含まれています。不安な方は，適宜御覧ください。

謝辞

共立出版の皆様，特に本シリーズの担当編集者の大谷早紀氏には，本書の出版に際して，数式やプログラムのチェックなど多岐にわたりお世話いただいた。また，大阪大学大学院生の張秉元君，楊天楽君，新村亮介君，亀井友裕君，田坂理英子さん，小田島啓人君，藤井大貴君には，数式やプログラムの論理ミスを指摘してもらった。さらに，セミナーや講習会で関数データ解析に関してご助言いただいた松井秀俊博士（滋賀大学），山本倫生博士（岡山大学），寺田吉壱博士（大阪大学）

の3氏には，この場を借りて御礼申し上げたい。

目　次

第1章　正定値カーネル

　カーネル (kernel) というと，ある集合に含まれる要素間の類似性の尺度のようなイメージを持たれているかもしれない。本書では，正定値カーネルという数学的に定義されたカーネルを扱う。集合 E の要素 x, y を，再生核 Hilbert 空間という線形空間 H の要素（関数）$\Psi(x), \Psi(y)$ に対応させる。カーネル $k(x, y)$ は，線形空間 H での内積 $\langle \Psi(x), \Psi(y) \rangle_H$ に相当するものである。また，写像 Ψ として非線形なものを選ぶことによって，カーネルは種々の問題に応用することができる。集合 E は，カーネルが正定値性を満足すれば，実数ベクトルでなくても，文字列，木，グラフなどであってよい。後半では，確率および一般的な積分を定義した後，特性関数の正定値性（Bochner の定理）を利用したカーネルについて学ぶ。

1.1　行列の正定値性

　$n \geq 1$ として，正方行列 $A \in \mathbb{R}^{n \times n}$ は，転置をとっても等しい $(A^\top = A)$ とき[1]，対称 (symmetric) であるという。また，$A = B^\top B$ なる $B \in \mathbb{R}^{n \times n}$ が存在するとき，A は非負定値 (nonnegative definite) であるという。

命題1（非負定値行列）　対称行列 $A \in \mathbb{R}^{n \times n}$ において，以下の3条件は同値である。

(1) $A = B^\top B$ なる行列 $B \in \mathbb{R}^{n \times n}$ が存在
(2) 任意の $x \in \mathbb{R}^n$ について，$x^\top A x \geq 0$
(3) A のすべての固有値が非負

　証明　(1) $\implies$ (2) は $A = B^\top B \implies x^\top A x = x^\top B^\top B x = \|Bx\|^2 \geq 0$ より，(2) $\implies$ (3) は $x^\top A x \geq 0,\ x \in \mathbb{R}^n \implies A$ の固有値 λ およびその固有ベクトル $y \in \mathbb{R}^n$ について $0 \leq y^\top A y = y^\top \lambda y = \lambda \|y\|^2$ より，(3) $\implies$ (1) は $\lambda_1, \ldots, \lambda_n \geq 0 \implies A = PDP^\top = P\sqrt{D}\sqrt{D}P^\top = (\sqrt{D}P^\top)^\top \sqrt{D}P^\top$ より成立する。ただし，$D, \sqrt{D}, P$ は $\lambda_1, \ldots, \lambda_n$ を成分とする対角行列，$\sqrt{\lambda_1}, \ldots, \sqrt{\lambda_n}$ を成分とする対角行列，対応する固有ベクトルを列とする直交行列

---

[1] 行列 A の転置を $A^\top$ と書く。

とした。　　　　　　　　　　　　　　　　　　　　　　　　　　　　　　　　　　　□

　行列 A が非負定値であれば，A は対称行列である。本書では，非負定値（固有値がすべて非負）のうち，固有値がすべて正の行列を正定値行列とよぶ。

　本書で扱う行列は，実数を成分とするものである。ただし，Fourier 変換など複素数を含めて扱う場合に，下記がしばしば有用となる。

系1　非負定値行列 $A \in \mathbb{R}^{n \times n}$ は，任意の $z \in \mathbb{C}^n$ について，$z^\top A \bar{z} \geq 0$。ただし，$i = \sqrt{-1}$ を虚数単位として，$z = x + iy \in \mathbb{C}$ $(x, y \in \mathbb{R})$ の共役 $x - iy$ を $\bar{z}$ と書いた。

　証明　非負定値行列 $A \in \mathbb{R}^{n \times n}$ に対して $A = B^\top B$ なる $B \in \mathbb{R}^{n \times n}$ が存在するので，任意の $z = [z_1, \ldots, z_n] \in \mathbb{C}^n$ に対して

$$\sum_{i=1}^{n} \sum_{j=1}^{n} z_i A \overline{z_j} = z^\top B^\top B \bar{z} = (Bz)^\top \overline{Bz} = |Bz|^2 \geq 0$$

が成立する。　　　　　　　　　　　　　　　　　　　　　　　　　　　　　　　□

　命題1および系1の主張を R 言語を用いて数値的に確認してみましょう。

◆ 例1

```r
n = 3
B = matrix(rnorm(n^2), 3, 3)
A = t(B) %*% B
eigen(A)
```

```
eigen() decomposition
$values
[1] 4.39110234 0.30991246 0.07614846
$vectors
            [,1]         [,2]        [,3]
[1,] -0.5240328   0.83123427 0.1855780
[2,] -0.8043386  -0.55464891 0.2130822
[3,]  0.2800519  -0.03760552 0.9592480
```

```r
S = NULL
for (i in 1:10) {
  z = rnorm(n)
  y = drop(t(z) %*% A %*% z)
  S = c(S, y)
}
print(S)
```

```
[1]  0.1457017  9.4622216 21.4300930  0.9116660 14.3378729
[6]  7.1619008  7.7995278  0.5646901  5.1535156  0.9163690
```

1.2 カーネル

以下では，E を集合とする。データ処理に限らず，種々の情報処理で，2 変数関数 $k : E \times E \to \mathbb{R}$ を用いて，$k(x, y)$ が大きければ大きいほど $x, y \in E$ が類似していることを表現することがある。このような意味で用いられる関数 $k : E \times E \to \mathbb{R}$ をカーネル (kernel) とよぶ。

◆ 例 2（Epanechnikov カーネル） $\lambda > 0$ として，

$$k(x, y) = D\left(\frac{|x - y|}{\lambda}\right)$$

$$D(t) = \begin{cases} \dfrac{3}{4}(1 - t^2), & |t| \leq 1 \\ 0, & \text{その他} \end{cases}$$

によって定義される 2 変数関数をカーネル $k : E \times E \to \mathbb{R}$ として用いるものとする。そして，観測データ $(x_1, y_1), \ldots, (x_N, y_N) \in E \times \mathbb{R}$ から，以下のような関数を構成する（Nadaraya-Watson 推定量）。

$$\hat{f}(x) = \frac{\sum_{i=1}^{N} k(x, x_i) y_i}{\sum_{j=1}^{N} k(x, x_j)}$$

すなわち観測データとは別の $x_* \in E$ が与えられた際に，$y_1, \ldots, y_N$ に

$$\frac{k(x_*, x_1)}{\sum_{j=1}^{N} k(x_*, x_j)}, \ldots, \frac{k(x_*, x_N)}{\sum_{j=1}^{N} k(x_*, x_j)}$$

の重みづけをした値を $\hat{f}(x_*)$ の値として返す。$k(x, y)$ は $x, y \in E$ が類似していれば大きいことを仮定しているので，x_* と類似度の高い x_i に対しての y_i の重みが大きくなる。

新しい入力 $x_* \in E$ に対して，$x_i - \lambda \leq x_* \leq x_i + \lambda$ なる $i = 1, \ldots, N$ の y_i の間で $k(x_i, x_*)$ に比例した重みづけがなされる。λ が小さくなると，x_* の近傍にある (x_i, y_i) のみを用いて予測を行うことになる。下記のコードを実行した結果を図 1.1 に示す。

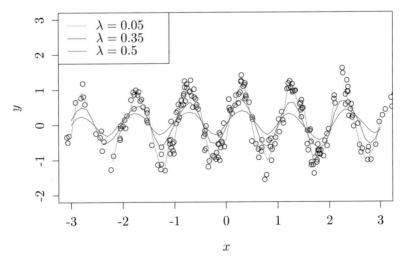

図 1.1 Nadaraya-Watson 推定量に Epanechnikov カーネルを適用し，$\lambda = 0.05, 0.35, 0.5$ で曲線を描いた。

```
1  n = 250; x = 2 * rnorm(n); y = sin(2*pi*x) + rnorm(n) / 4  # データ生成
2  D = function(t) max(0.75 * (1-t^2), 0)           # 関数定義 D
3  k = function(x, y, lambda) D(abs(x-y) / lambda)  # 関数定義 K
4  f = function(z, lambda) {                        # 関数定義 f
5    S = 0; T = 0
6    for (i in 1:n) {S = S + k(x[i], z, lambda) * y[i]; T = T + k(x[i], z, lambda)}
7    return(S / T)
8  }
9  plot(seq(-3, 3, length = 10), seq(-2, 3, length = 10), type = "n", xlab = "x", ylab = "y")
10 points(x, y)
11 xx = seq(-3, 3, 0.1)
12 yy = NULL; for (zz in xx) yy = c(yy, f(zz, 0.05)); lines(xx, yy, col = "green")
13 yy = NULL; for (zz in xx) yy = c(yy, f(zz, 0.35)); lines(xx, yy, col = "blue")
14 yy = NULL; for (zz in xx) yy = c(yy, f(zz, 0.50)); lines(xx, yy, col = "red")
15 title("Nadaraya-Watson 推定量")
16 legend("topleft", legend = paste0("lambda = ", c(0.05, 0.35, 0.50)),
17        lwd = 1, col = c("green", "blue", "red"))
```

1.3　正定値カーネル

本書で扱うカーネルは，下記で定義する正定値性を満足するものである。関数 $k : E \times E \to \mathbb{R}$ に関して，E から n 個の要素 $x_1, \ldots, x_n$ を取り出して構成される

$$\begin{bmatrix} k(x_1, x_1) & \cdots & k(x_1, x_n) \\ \vdots & \ddots & \vdots \\ k(x_n, x_1) & \cdots & k(x_n, x_n) \end{bmatrix} \in \mathbb{R}^{n \times n} \tag{1.1}$$

を関数 k の n 次の Gram 行列 (Gram matrix) という。

任意の $n \geq 1$ と任意の $x_1, \ldots, x_n \in E$ に対して，その n 次の Gram 行列が非負定値であるとき，k は正定値カーネル (positive definite kernel) であるという[2]。

◆ **例 3**　例 2 のカーネルは，正定値性を満足していない。実際，$\lambda = 2$, $n = 3$, $x_1 = -1$, $x_2 = 0$, $x_3 = 1$ のとき，$K_\lambda(x_i, y_i)$ を成分にもつ行列は，以下のように書ける。

$$\begin{bmatrix} k(x_1, x_1) & k(x_1, x_2) & k(x_1, x_3) \\ k(x_2, x_1) & k(x_2, x_2) & k(x_2, x_3) \\ k(x_3, x_1) & k(x_3, x_2) & k(x_3, x_3) \end{bmatrix} = \begin{bmatrix} 3/4 & 9/16 & 0 \\ 9/16 & 3/4 & 9/16 \\ 0 & 9/16 & 3/4 \end{bmatrix}$$

そして，その行列式は，$3^3/2^6 - 3^5/2^{10} - 3^5/2^{10} = -3^3/2^9$ と計算できる。また，一般に行列式は固有値の積に等しく，3 個の固有値の少なくとも 1 個が負であることがわかる。

◆ **例 4**　独立ではない同一分布にしたがう確率変数の列 $\{X_i\}_{i=1}^\infty$ について，$k(X_i, X_j)$ を X_i, X_j

---

[2] 本来は，非負定値カーネルとよぶべきであろうが，「正定値カーネル」と言う慣習が定着している。

の共分散とすれば，Gram 行列が有限個の X_j に関する共分散行列になり，k は正定値カーネルである。この事実を用いて，第 6 章で Gauss 過程の議論を行う。

正定値性を仮定することによって，本書で展開するカーネルの理論が適用される。本書でカーネルと言えば，正定値カーネルを意味するものとする。

正定値カーネルは，H を内積 $\langle \cdot, \cdot \rangle_H$ をもつある線形空間 (linear space)[3] とし，任意の写像 $\Psi : E \to H$ を用いて，

$$k(x, y) = \langle \Psi(x), \Psi(y) \rangle_H \tag{1.2}$$

で構成することが多い。Ψ を特徴写像 (characteristic map) とよぶ。線形空間 H は，本章では有限次 Euclid 空間 $H = \mathbb{R}^d$ および標準的な内積 $\langle x, y \rangle_{\mathbb{R}^d} = x^\top y$ $(x, y \in \mathbb{R}^d)$ を想定して問題ない。一般の線形空間および内積については次章で述べる。

命題 2 (1.2) で定義される $k : E \times E \to \mathbb{R}$ は E 上の正定値カーネルである。

証明 まず，$n = 1, 2, \ldots$ および $x_1, \ldots, x_n \in E$ を任意に固定し，そのときの行列 (1.1) を K とおく。このとき，内積の定義から任意の $z = [z_1, \ldots, z_n] \in \mathbb{R}^n$ に対して，

$$z^\top K z = \sum_{i=1}^{n} \sum_{j=1}^{n} z_i z_j \langle \Psi(x_i), \Psi(x_j) \rangle_H = \left\langle \sum_{i=1}^{n} z_i \Psi(x_i), \sum_{j=1}^{n} z_j \Psi(x_j) \right\rangle_H = \left\| \sum_{j=1}^{n} z_j \Psi(x_j) \right\|_H^2 \geq 0$$

とできる。ただし，$a \in H$ に対して，$\|a\|_H := \langle a, a \rangle_H^{1/2}$ とおいた。 $\square$

命題 3 行列 A, B が非負定値であれば，その Hadamard 積（対応する成分どうしを掛ける）$A \circ B$ も非負定値である。

証明は章末の付録を参照されたい。

命題 3 は，以下の命題 4 の (2) を示す際に有用である。

命題 4 $k_1, k_2, \ldots$ が正定値カーネルであれば，以下の $E \times E \to \mathbb{R}$ も正定値カーネルである。

(1) $ak_1 + bk_2$ $(a, b \geq 0)$

(2) $k_1 k_2$

(3) $\{k_i\}$ が収束するとき，その極限[4]

(4) E が 1 個の要素 $a \geq 0$ をもつとき（定数関数）

(5) 任意の $f : E \to \mathbb{R}$ について，$f(x) k(x, y) f(y)$ $(x, y \in E)$

なお，(3) は，極限 $k_\infty(x, y) := \lim_{i \to \infty} k_i(x, y)$ $(x, y \in E)$ が正定値性を満足することを主張している。

証明 $ak_1 + bk_2$ が正定値カーネルになることは，$A, B \in \mathbb{R}^{n \times n}$ として，

$$x^\top A x \geq 0, \ x^\top B x \geq 0 \Longrightarrow x^\top (aA + bB)x \geq 0$$

---

[3] 本書では，ベクトル空間 (vector space) と線形空間を同じ意味で用いる。
[4] $k_i(x, y)$ の各 $(x, y) \in E$ が収束するという意味での極限。

による。$k_1 k_2$ が正定値カーネルになることは，非負定値行列 $A = (A_{i,j}), B = (B_{i,j})$ の Hadamard 積 $A \circ B$ が非負定値となること（命題3）による。(3) は，まず

$$B_\infty = \sum_{j=1}^n \sum_{h=1}^n z_j z_h k_\infty(x_j, x_h) = -\epsilon$$

なる正整数 n, $x_1, \ldots, x_n \in E$, $z_1, \ldots, z_n \in \mathbb{R}$, $\epsilon > 0$ の存在を仮定する。このとき，$B_i :=$ $\sum_{j=1}^n \sum_{h=1}^n z_j z_h k_i(x_j, x_h) \geq 0$ は，$i \to \infty$ で B_∞ との差をいくらでも0に近づけることができるはずであるが，$\epsilon > 0$ 以上の差があり，それ以上縮めることはできない（矛盾）。したがって，$B_\infty \geq 0$ となる。また，定数関数の場合，(1.1) の成分がすべて $a \geq 0$ なので，

$$\begin{bmatrix} a & \cdots & a \\ \vdots & \ddots & \vdots \\ a & \cdots & a \end{bmatrix} = \begin{bmatrix} \sqrt{a/n} & \cdots & \sqrt{a/n} \\ \vdots & \ddots & \vdots \\ \sqrt{a/n} & \cdots & \sqrt{a/n} \end{bmatrix}^\top \begin{bmatrix} \sqrt{a/n} & \cdots & \sqrt{a/n} \\ \vdots & \ddots & \vdots \\ \sqrt{a/n} & \cdots & \sqrt{a/n} \end{bmatrix}$$

と書ける。また，最後の主張は，行列 (1.1) を A, $f(x_1), \ldots, f(x_n)$ を対角成分にもつ対角行列を D とおくと，任意の $x \in \mathbb{R}^n$ について，$x^\top A x \geq 0$ であれば，$x^\top D A D x \geq 0$ が成立することによる。実際，$y^\top A y \geq 0$ で $y = Dx$ とおけばよい。□

このほか，$x, y \in E$ として，$k(x, y) = 1$ を命題4に代入した $f(x)f(y)$ や，$k(x, x) > 0$, $x \in E$ のとき，$f(x) = \{k(x, x)\}^{-1/2}$ を命題4に代入した

$$\frac{k(x, y)}{\sqrt{k(x, x)k(y, y)}} \tag{1.3}$$

なども正定値カーネルになる。さらに，(1.1) で $n = 2$, $x_1 = x$, $x_2 = y$ とおいた値は非負定値であり，(1.3) の絶対値は1を超えない。(1.3) を，$k(x, y)$ を正規化して得られた正定値カーネルとよぶ。

◆ **例 5（線形カーネル）** $E = \mathbb{R}^d$ として，非負定値行列 $A = B^\top B \in \mathbb{R}^{d \times d}$, $B \in \mathbb{R}^{d \times d}$ を用いて，$k(x, y) = x^\top A y = \langle Bx, By \rangle_H$ $(x, y \in \mathbb{R}^d)$ と書けるカーネルは，命題2の写像 Ψ が $E \ni x \mapsto Bx \in H$ の場合に相当し，正定値カーネルである。また，A が単位行列の場合，写像 Ψ は恒等写像となる。その意味で，正定値カーネルは，内積 $k(x, y) = x^\top y$ の拡張ということができる。

◆ **例 6（指数型）** $\beta > 0$, $n \geq 0$, $x, y \in \mathbb{R}^d$ として，

$$k_m(x, y) = 1 + \beta x^\top y + \frac{\beta^2}{2}(x^\top y)^2 + \cdots + \frac{\beta^m}{m!}(x^\top y)^m \quad (m \geq 1) \tag{1.4}$$

は正定値カーネルの積の多項式で，その各係数が非負であるので，命題4の (1), (2) より，正定値カーネルになる。また，

$$k_\infty(x, y) := \exp(\beta x^\top y) = \lim_{m \to \infty} k_m(x, y)$$

は，(1.4) がその m 次までのテーラー展開であることから，命題4の (3) より，正定値カーネルになる。

◆ **例 7（Gaussカーネル）** $x, y \in \mathbb{R}^d$ として，

$$k(x, y) := \exp\left\{-\frac{1}{2\sigma^2}\|x - y\|_2^2\right\}, \quad \sigma > 0 \tag{1.5}$$

は，

$$\exp\left\{-\frac{1}{2\sigma^2}\|x - y\|_2^2\right\} = \exp\left\{-\frac{\|x\|_2^2}{2\sigma^2}\right\}\exp\left\{\frac{x^\top y}{\sigma^2}\right\}\exp\left\{-\frac{\|y\|_2^2}{2\sigma^2}\right\}$$

と書ける。したがって，命題 4 の (5) および $\beta = \sigma^{-2}$ として $\exp(\beta x^\top y)$ が正定値カーネルであることより，正定値カーネルになる。

◆ **例 8（多項式カーネル）** $x, y \in \mathbb{R}^d$ $(d = 1, 2, \ldots)$ として，

$$k_{m,d}(x, y) := (x^\top y + 1)^m \tag{1.6}$$

は，正定値カーネル（線形カーネル $x^\top y$）の多項式で，その各係数が非負であるので，命題 4 の (1), (2) より，正定値カーネルである。

◆ **例 9** (1.3) によって，線形カーネルを正規化すると，$a \in \mathbb{R}^n$ について，$\|a\| := (a, a)^{1/2}$ とおくと $x^\top y/\|x\|\|y\|$ になる。Gauss カーネル (1.5) は，正規化しても同じ値になる。また，多項式カーネルは，正規化すると

$$\left(\frac{x^\top y + 1}{\sqrt{x^\top x + 1}\sqrt{y^\top y + 1}}\right)^m$$

となる。

第 3 章で証明するが，命題 2 の逆が成立する。すなわち，正定値カーネルには $k(x, y) = \langle \Psi(x), \Psi(y)\rangle_H$ なる特徴写像 $\Psi : E \to H$ が存在する。

◆ **例 10（多項式カーネル）** $m, d \geq 1$ として，$k_{m,d}(x, y) = (x^\top y + 1)^m$ $(x, y \in \mathbb{R}^d)$ の特徴写像は，

$$\Psi_{m,d}(x_1, \ldots, x_d) = \left(\sqrt{\frac{m!}{m_0! m_1! \cdots m_d!}} x_1^{m_1} \cdots x_d^{m_d}\right)_{m_0, m_1, \ldots, m_d \geq 0}$$

である。ただし，その成分の添字 $(m_0, m_1, \ldots, m_d)$ は，$m_0, m_1, \ldots, m_d \geq 0, m_0 + m_1 + \cdots + m_d = m$ の範囲を動き，成分 $(m_0, m_1, \ldots, m_d)$ に何らかの順序が仮定されているものとする。多項定理

$$\left(\sum_{i=0}^d z_i\right)^m = \sum_{m_0 + m_1 + \cdots + m_d = m} \frac{m!}{m_0! m_1! \cdots m_d!} z_1^{m_1} \cdots z_d^{m_d} \quad (z_0 = 1)$$

を用いると，

$$(x^\top y + 1)^m = \langle \Psi_{m,d}(x), \Psi_{m,d}(y)\rangle_H$$

が成立することがわかる $(x_0 = y_0 = 1)$。たとえば，

$$\Psi_{2,1}(x_1, x_2) = [1, x_1, x_2]$$
$$\Psi_{2,2}(x_1, x_2) = [1, x_1^2, x_2^2, \sqrt{2}\,x_1, \sqrt{2}\,x_2, \sqrt{2}\,x_1 x_2]$$

となる。実際,

$$\langle \Psi_{1,2}(x_1, x_2), \Psi_{2,1}(y_1, y_2) \rangle_H = 1 + x_1 y_1 + x_2 y_2 = 1 + x^\top y = k(x, y)$$

$$\langle \Psi_{2,2}(x_1, x_2), \Psi_{2,2}(y_2, y_2) \rangle_H = 1 + x_1^2 y_1^2 + x_2^2 y_2^2 + 2x_1 y_1 + 2x_2 y_2 + 2x_1 x_2 y_1 y_2$$

$$= (1 + x_1 y_1 + x_2 y_2)^2 = (1 + x^\top y)^2 = k(x, y)$$

が成立する。

◆ 例 11（無限次元多項式カーネル） $0 < r \leq \infty$ とし，$f : (-r, r) \to \mathbb{R}$ が

$$f(x) = \sum_{n=0}^{\infty} a_n x^n, \quad x \in (-r, r)$$

とテーラー展開できる C^∞ 関数であるとし[5]，$E := \{x \in \mathbb{R}^d \mid \|x\|_2 < \sqrt{r}\}\ (d \geq 1)$ とする。$a_0 > 0,\ a_1, a_2, \ldots \geq 0$ のとき，$x, y \in E$ について，$f(x^\top y)$ は正定値カーネルである。指数型は無限次元多項式カーネルであり，正定値カーネルである。

◆ 例 12 例2で，Gauss カーネルを Nadaraya-Watson 推定量に適用する（図1.2）。

```
K = function(x, y, sigma2) exp(-norm(x-y, "2") ^ 2 / 2 / sigma2)
f = function(z, sigma2) {  # 関数定義 f
  S = 0; T = 0
  for (i in 1:n) {S = S + K(x[i], z, sigma2) * y[i]; T = T + K(x[i], z, sigma2)}
  return(S / T)
}
```

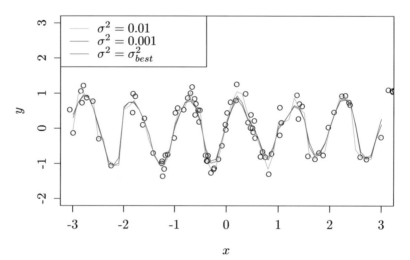

図 1.2 Nadaraya-Watson で N サンプル以外の点での x の値を予測して平滑化。クロスバリデーションで，Gauss カーネルの最適なパラメータを選択している。

---

[5] 無限回微分可能な関数。

表1.1　クロスバリデーションにおけるローテーション。各グループは N/k 個のサンプルから
なる。ここでは，サンプル ID によって，$1 \sim \dfrac{N}{k}, \dfrac{N}{k}+1 \sim \dfrac{2N}{k}, \ldots, (k-2)\dfrac{N}{k}+1 \sim$
$(k-1)\dfrac{N}{k}, (k-1)\dfrac{N}{k}+1 \sim N$ というように，k 個のグループに分かれている。

	グループ 1	グループ 2	$\cdots$	グループ $k-1$	グループ k
第 1 回	テスト	推定	$\cdots$	推定	推定
第 2 回	推定	テスト	$\cdots$	推定	推定
	$\vdots$	$\vdots$	$\ddots$	$\vdots$	$\vdots$
第 $k-1$ 回	推定	推定	$\cdots$	テスト	推定
第 k 回	推定	推定	$\cdots$	推定	テスト

　カーネルのパラメータの値は，クロスバリデーション (cross-validation, CV) でその最適値を求めることが多い[6]。パラメータの値が連続値であれば，有限個の候補を選び，それぞれに対して，以下のようにして評価値を求め，評価値の最も優れたパラメータを用いる。N 個のサンプルを K 個のグループに分け，$K-1$ グループに属するサンプルで推定を行い，残り 1 グループに属するサンプルでテストを行い，スコアを求める（表1.1）。この操作を，テストのグループを変えながら K 回行い，それらのスコアの和を求める。そのようにして 1 個のパラメータに関しての性能が評価できる。同様の操作をすべてのパラメータの候補に対して行う。

　パラメータ σ^2 は，クロスバリデーションでその最適値を求める。それ以外に，$\sigma^2 = 0.01, 0.001$ についても実行してみた。

```
1  n = 100; x = 2 * rnorm(n); y = sin(2*pi*x) + rnorm(n) / 4  # データ生成
2  # sigma2 = 0.01, 0.001 の曲線の図示
3  plot(seq(-3, 3, length = 10), seq(-2, 3, length = 10), type = "n", xlab = "x", ylab = "y")
4  points(x, y)
5  xx = seq(-3, 3, 0.1)
6  yy = NULL; for (zz in xx) yy = c(yy, f(zz, 0.001)); lines(xx, yy, col = "green")
7  yy = NULL; for (zz in xx) yy = c(yy, f(zz, 0.01)); lines(xx, yy, col = "blue")
8  # 最適な lambda の値の計算
9  m = n / 10
10 sigma2.seq = seq(0.001, 0.01, 0.001); SS.min = Inf
11 for (sigma2 in sigma2.seq) {
12   SS = 0
13   for (k in 1:10) {
14     test = ((k-1)*m+1):(k*m); train = setdiff(1:n, test)
15     for (j in test) {
16       u = 0; v = 0;
17       for (i in train) {
18         kk = K(x[i], x[j], sigma2); u = u + kk * y[i]; v = v + kk    # カーネルの適用
19       }
20       if (v != 0) {z = u / v; SS = SS + (y[j]-z)^2}
```

---

[6] 鈴木讓『統計的機械学習の数理100問 with R』（機械学習の数理100問シリーズ 1），共立出版，第3章。

```
21        }
22      }
23      if (SS < SS.min) {SS.min = SS; sigma2.best = sigma2}
24    }
25    paste0("Best sigma2 = ", sigma2.best)
26
27    yy = NULL; for (zz in xx) yy = c(yy, f(zz, sigma2.best)); lines(xx, yy, col = "red")
28    title("Nadaraya-Watson 推定量")
29    legend("topleft", legend = paste0("sigma2 = ", c(0.01, 0.001, "sigma2.best")),
30           lwd = 1, col = c("green", "blue", "red"))
```

1.4　確率

　本節では，確率の可測性の概念と Riemann 積分を拡張した Lebesgue 積分を導入する。

　集合演算（和集合，積集合，補集合）で閉じた集合からなる集合が存在するとき，その各要素を事象という。

◆ **例 13**　$E = \{1, 2, 3, 4, 5, 6\}$（さいころの目）として，集合演算で閉じた部分集合からなる集合

$$\{E, \{\}, \{1, 3\}, \{5\}, \{2, 4, 6\}, \{1, 3, 5\}, \{2, 4, 5, 6\}, \{1, 2, 3, 4, 6\}\}$$

を考える。これら 8 要素のいずれかについて，和集合，積集合，補集合に施した場合，その結果はすでにこの 8 要素のいずれかになる。その意味で，これら 8 要素は集合演算で閉じているといえる。$\{1, 3\}$ や $\{2, 4, 5, 6\}$ は事象であるが，$\{2, 4\}$ は事象ではない。他方，全体集合 E を同じとして，$\{1\}, \{2\}, \{3\}, \{4\}, \{5\}, \{6\}$ を事象に含めれば，2^6 個の事象を考えることになる。全体集合 E が同じでも，その事象の集合 $\mathcal{F}$ の選び方が異なれば，事象であるか否かが異なる。

　以下では，全体集合 E だけでなく，集合演算で閉じている E の部分集合（事象）の集合 $\mathcal{F}$ を定義してから，議論を始めることになる。

　任意の開区間 (a, b)，$a, b \in \mathbb{R}$ は，実数全体 $\mathbb{R}$ の部分集合である。複数の開区間に集合演算（和集合，積集合，補集合）を施せば開区間ではなくなるが，やはり $\mathbb{R}$ の部分集合になる。開集合から集合演算によって得られる $\mathbb{R}$ の部分集合を $\mathbb{R}$ の Borel 集合といい，$\mathbb{B}$ と書く。Borel 集合にさらに集合演算を適用して得られる集合も Borel 集合になる。

◆ **例 14**　各 $a, b \in \mathbb{R}$ について，$\{a\} = \bigcap_{n=1}^{\infty} (a - 1/n, a + 1/n)$, $[a, b) = \{a\} \cup (a, b)$, $(a, b] = \{b\} \cup (a, b)$, $[a, b] = \{a\} \cup (a, b]$, $\mathbb{R} = \bigcup_{n=0}^{\infty} (-2^n, 2^n)$, $\mathbb{Z} = \bigcup_{n=0}^{\infty} \{-n, n\}$, $[\sqrt{2}, 3) \cup \mathbb{Z}$ などは Borel 集合である。

　以上のように，全体集合 E および事象の集合 $\mathcal{F}$ が定義されたとする。このとき，以下の 3 条件を満足する $\mu: \mathcal{F} \to [0, 1]$ を確率 (probability) とよぶ。

(1) $\mu(A) \geq 0$, $A \in \mathcal{F}$

(2) $A \cap B = \{\} \implies \mu(A \cup B) = \mu(A) + \mu(B)$

(3) $\mu(E) = 1$

また，3番目の条件を除いたものを測度 (measure)，$\mu(E)$ が有限の値をとるものを有限測度 (finite measure) とよぶ．上記のように定義された $(E, \mathcal{F}, \mu)$ をそれぞれ確率空間 (probability space)，測度空間 (measure space) とよぶ．

確率空間もしくは測度空間で，関数 $X : E \to \mathbb{R}$ は，任意の Borel 集合 B に対して $\{e \in E \mid X(e) \in B\}$ が事象，すなわち $\mathcal{F}$ の要素であるとき，X は可測 (measurable) であるといい，特に確率空間の場合，確率変数という．可測であるか否か，確率変数であるか否かは，$(E, \mathcal{F})$ のみに依存して，μ にはよらない．

可測性の概念は，初学者には理解が困難かもしれないが，関数 $X : E \to \mathbb{R}$ が E の関数ではなく，$\mathcal{F}$ の関数になるという理解をすればよいと思われる．

◆ **例 15（さいころの目）** $E = \{1, 2, 3, 4, 5, 6\}$ について，$X : E \to \mathbb{R}$ が，

$$X(e) = \begin{cases} 1, & e = 1, 3, 5 \\ 0, & e = 2, 4, 6 \end{cases}$$

であるとき，$\mathcal{F} = \{\{1, 3, 5\}, \{2, 4, 6\}, \{\}, E\}$ であれば X は確率変数となる．実際，X が可測であるので，Borel 集合 $B = \{1\}, [-2, 3), [0, 1)$ に対して，

$$\{e \in E \mid X(e) \in \{1\}\} = \{1, 3, 5\}$$
$$\{e \in E \mid X(e) \in [-2, 3)\} = E$$
$$\{e \in E \mid X(e) \in [0, 1)\} = \{2, 4, 6\}$$

このほか，どのように Borel 集合 B を選んでも，集合 $\{e \in E \mid X(e) \in B\}$ が，$\{1, 3, 5\}, \{2, 4, 6\}, \{\}, E$ のいずれかになる．他方，$\mathcal{F} = \{\{1, 2, 3\}, \{4, 5, 6\}, \{\}, E\}$ であれば，X は確率変数とはならない．

以下では，関数 $f : E \to \mathbb{R}$ が可測であるとして，Lebesgue 積分 $\int_E f d\mu$ を定義する．最初に f が非負の値をとることを仮定する．排反な $\mathcal{F}$ の列 $\{B_k\}$ に対して，

$$\sum_k \left(\inf_{e \in B_k} f(e) \right) \mu(B_k) \tag{1.7}$$

が定義できるが，$\bigsqcup_k B_k = E$ であってこの $\{B_k\}$ について上限をとった値

$$\sup_{\{B_k\}} \sum_k \left(\inf_{e \in B_k} f(e) \right) \mu(B_k)$$

が有限の値をとるとき，可測関数 f の $(E, \mathcal{B}, \mu)$ における Lebesgue 積分 (Lebesgue integral) といい，$\int_E f d\mu$ と書く．関数 f が非負でない一般の場合は，$E_+ := \{e \in E \mid f(e) \leq 0\}$，$E_- := \{e \in E \mid f(e) \geq 0\}$ に分けて $f_+ := f$，$f_- := -f$ について上記の定義を行い，$\int f_+ d\mu$，$\int f_- d\mu$ がともに有限の値をとるとき，$\int f d\mu := \int f_+ d\mu - \int f_- d\mu$ を Lebesgue 積分という．

確率変数で考える場合，確率 $\mu(\cdot)$ は Borel 集合が事象となる．確率変数 X について，各 $x \in \mathbb{R}$ についての事象 $X \leq x$ の確率

$$F_X(x) := \mu([-\infty, x)) = \int_{(-\infty, x]} d\mu$$

を分布関数 (distribution function) という。分布関数が

$$F_X(x) = \int_{-\infty}^x f_X(t)dt$$

と書ける場合，f_X を X の確率密度関数という。Borel 集合 B の区間幅の和を 0 に近づけると，どのように近づけても，それに対応する確率 $\mu(B)$ が 0 に近づくとき，μ は絶対連続 (absolutely continuous) であるという。確率密度関数が存在する必要十分条件は，確率 μ が絶対連続であることである。また，X が有限個の値をとる場合，確率密度関数は存在せず，μ は絶対連続ではない。確率変数 X が $a_1 < \cdots < a_m$ の値をとるとき，分布関数は

$$F_X(x) = \sum_{j:a_j \leq x} \mu(\{a_j\})$$

と書ける。

◆ **例 16**　X を標準正規分布にしたがう確率変数とすると，任意の $x \in \mathbb{R}$ について，$\epsilon > 0$ を 0 に近づけると，$F_X(x+\epsilon) - F_X(x-\epsilon)$ も 0 に近づくので，絶対連続である。X が $0, 1$ の値をとるとき，$\epsilon > 0$ を 0 に近づけると，$F_X(1+\epsilon) - F_X(1-\epsilon)$ が 0 に近づかないので，絶対連続ではない。

　　Lebesgue 積分を用いると，離散や連続を区別しないで確率の計算が表示できる。

◆ **例 17**　$E = \mathbb{R}$ として，X の平均は，確率密度関数 f_X が存在する場合，$\int_E x d\mu = \int_{-\infty}^{\infty} t f_X(t)dt$ と書ける。X が $a_1 < \cdots < a_m$ の値をとるとき，$\int_E x d\mu = \sum_{j=1}^m a_j \mu(\{a_j\})$ となる。

1.5　Bochner の定理

　　カーネルが $x, y \in E$ の差の関数であるとき，それが確率統計で扱う特性関数になっていることを学ぶ。Bochner の定理は，次章以降で何度か応用される。

　　Gauss カーネルのように，1変数関数 $\phi : E \to \mathbb{R}$ を用いて $k(x, y) = \phi(x-y)$ と表されるカーネルがよく用いられる。k が正定値カーネルであることは，任意の $n \geq 1$, $x_1, \ldots, x_n \in E$, 任意の $z = [z_1, \ldots, z_n] \in \mathbb{R}^n$ について

$$\sum_{i=1}^n \sum_{j=1}^n z_i z_j \phi(x_i - x_j) \geq 0 \tag{1.8}$$

が成立することと同値である。

　　まず，$i = \sqrt{-1}$ を虚数単位としたときに，確率変数 X の特性関数 $\varphi : \mathbb{R}^d \to \mathbb{C}$ を

$$\varphi(t) := \mathbb{E}[\exp(it^\top X)] = \int_E \exp(it^\top x)d\mu(x), \quad t \in \mathbb{R}^d$$

を特性関数 (characteristic function) という。ただし，$\mathbb{E}[\cdot]$ で平均の操作を表すものとする。μ が絶対連続である（確率密度関数が存在する）とき，$\varphi(t) := \mathbb{E}[\exp(it^\top X)] = \int_E \exp(it^\top x)f_X(x)dx$ は確率密度関数 $f_X(x) = \dfrac{d\mu(x)}{dx}$ の Fourier 変換であり，$\varphi(x)$ から Fourier 逆変換

$$f_X(x) = \frac{1}{2\pi} \int_{-\infty}^{\infty} \varphi(t)e^{-ixt}dt$$

によって $f_X(x)$ が復元できる。

◆ **例 18**　平均 μ, 分散 σ^2 の正規分布 $f(x) = \dfrac{1}{\sqrt{2\pi}} \exp\left\{-\dfrac{(x-\mu)^2}{2\sigma^2}\right\}$ の特性関数は

$$\begin{aligned}
\varphi(t) &= \frac{1}{\sqrt{2\pi}} \int_{-\infty}^{\infty} \exp\{itx\} \exp\left\{-\frac{(x-\mu)^2}{2\sigma^2}\right\} dx \\
&= \frac{1}{\sqrt{2\pi}} \int_{-\infty}^{\infty} \exp\left[-\frac{\{x-(\mu+it\sigma^2)\}^2}{2\sigma^2}\right] dx \cdot \exp\left\{i\mu t - \frac{t^2\sigma^2}{2}\right\} \\
&= \exp\left\{i\mu t - \frac{t^2\sigma^2}{2}\right\}
\end{aligned}$$

となる。パラメータ $\alpha > 0$ の Laplace 分布 $f(x) = \dfrac{\alpha}{2} \exp\{-\alpha|x|\}$ の特性関数は

$$\begin{aligned}
\int_{-\infty}^{\infty} \exp\{itx\}\frac{\alpha}{2}\exp\{-\alpha|x|\}dx &= \frac{\alpha}{2}\left\{\int_{-\infty}^{0} \exp[(it+\alpha)x]dx + \int_{0}^{\infty} \exp[(it-\alpha)x]dx\right\} \\
&= \frac{\alpha}{2}\left\{\left[\frac{e^{(it+\alpha)x}}{it+\alpha}\right]_{-\infty}^{0} - \left[\frac{e^{(it-\alpha)x}}{it-\alpha}\right]_{0}^{\infty}\right\} = \frac{\alpha^2}{t^2+\alpha^2}
\end{aligned}$$

命題 5（Bochner）　関数 $\phi : \mathbb{R}^n \to \mathbb{R}$ が連続であるとする。このとき，任意の $n \geq 1$, $x = [x_1, \ldots, x_n] \in \mathbb{R}^n$，任意の $z = [z_1, \ldots, z_n] \in \mathbb{R}^n$ について (1.8) が成立することと，ϕ が確率 μ に関する特性関数を定数倍したものに一致すること，すなわち，

$$\phi(t) = \int_E \exp(it^\top x)d\eta(x), \quad t \in \mathbb{R}^n \tag{1.9}$$

なる有限測度 η が存在することは同値である。

証明は章末の付録を参照されたい。

カーネルは E の要素間の類似度を評価するので，定数倍は問題としないことが多い。以下では，命題 5 のカーネル k を適当な定数で割って，対応する有限測度 η が確率 μ となるとき，μ をカーネル k の確率とよぶ。また，特性関数の値域は $\mathbb{C}^n$ になるが，本書では，$k(\cdot, \cdot)$ が実数を値域とするもののみを扱っている。

以下では，ノルム $\|t\|_2$ は $t = [t_1, \ldots, t_d] \in \mathbb{R}^d$ について $\sqrt{\sum_{j=1}^d t_j^2}$ をあらわすものとする。

◆ **例 19（Gauss カーネル）**　$k(x, y) = \exp\left\{-\dfrac{1}{2\sigma^2}\|x-y\|_2^2\right\}$, $x, y \in \mathbb{R}^d$ は，平均 0, 共分散行列 $(\sigma^2)^{-1}I \in \mathbb{R}^{d \times d}$ の正規分布の特性関数 $\exp\left\{-\dfrac{\|t\|_2^2}{2\sigma^2}\right\}$, $t = x - y \in \mathbb{R}^d$ と一致する。

◆ **例 20（Laplace カーネル）**　$k(x, y) = \dfrac{1}{2\pi} \cdot \dfrac{1}{\|x-y\|_2^2 + \beta^2}$, $x, y \in \mathbb{R}^n$ は，パラメータ $\alpha = \beta > 0$ の Laplace 分布の特性関数 $\dfrac{\beta^2}{\|t\|_2^2 + \beta^2}$, $t = x - y \in \mathbb{R}^n$ と定数倍（$[2\pi\beta^2]^{-1}$ 倍）を除いて一致する。

確率密度関数が存在する分布に対して，同様にカーネルを構成できる。しかし，本書のように，実

数値をとるカーネルに限定すると，正規分布で平均を0にするというように，特性関数が実数値を
とるようにパラメータを設定しなければならない。

1.6 文字列，木，グラフのカーネル

第4章で検討するように，説明変数の空間 E を，特徴写像 $\Psi : E \to H$ に射影させて，別の線形
空間 (RKHS) における内積（カーネル）によって類似度を評価する方法が，機械学習もしくはデー
タサイエンスの分野で多く用いられてきた。集合 E の要素間の類似度が的確に表現され，回帰お
よび分類の処理の性能が向上される。以下では，カーネルを構成する方法として，たたみ込みカー
ネルおよび周辺化カーネルをあげ，その構成例として文字列カーネル，木カーネル，グラフカーネ
ルをあげる。

まず，集合 $E_1, \ldots, E_d$ に対して，正定値カーネル $k_1, \ldots, k_d$ が定義され，ある集合 E と写像
$R : E_1 \times \cdots \times E_d \to E$ が定義されているものとする。このとき，カーネル $E \times E \ni (x, y) \mapsto$
$k(x, y) \in \mathbb{R}$ を

$$k(x, y) = \sum_{R^{-1}(x)} \sum_{R^{-1}(y)} \prod_{i=1}^{d} k_i(x_i, y_i) \tag{1.10}$$

で定義する。ここで，$\sum_{R^{-1}(x)}$ は $R(x_1, \ldots, x_d) = x$ なる $(x_1, \ldots, x_d) \in E_1 \times \cdots \times E_d$ に関する
和であるとする。(1.10) の形式のカーネルはたたみ込みカーネル (convolutional kernel)[12] とよ
ばれる。各 $k_i(x_i, y_i)$ が正定値であるので，$k(x, y)$ も正定値である（命題4）。

◆ **例 21（文字列カーネル）** 各文字が Σ の要素であるような文字列からなる集合のうち，長さが
p の文字列の集合を Σ^p，有限長の文字列の集合（長さ0も含む）を $\Sigma^* := \bigcup_i \Sigma^i$ と書くものとす
る。たとえば，$\Sigma = \{A, T, G, C\}$ であれば，$AGGCGTG \in \Sigma^7$ となる。このとき，$x, y \in \Sigma^*$ に
対して，カーネル

$$k(x, y) := \sum_{u \in \Sigma^p} c_u(x) c_u(y)$$

を定義する。ただし，$c_u(x)$ で $x \in \Sigma^*$ における $u \in \Sigma^p$ の頻度であるとした。R言語で書くと，た
とえば以下のようになる。

```
string.kernel = function(x, y) {
  m = nchar(x)
  n = nchar(y)
  S = 0
  for (i in 1:m) for (j in i:m) for (k in 1:n)
    if (substring(x, i, j) == substring(y, k, k+j-i)) S = S + 1
  return(S)
}
```

そして，下記のように実行することができる。

```
C = c("a", "b", "c")
```

```
2  m = 10; w = sample(C, m, rep = TRUE)
3  x = NULL; for (i in 1:m) x = paste0(x, w[i])
4  n = 12; w = sample(C, n, rep = TRUE)
5  y = NULL; for (i in 1:m) y = paste0(y, w[i])
```

```
1  x
```

```
[1] "bacacbcaaa"
```

```
1  y
```

```
[1] "bbbbcacbab"
```

```
1  string.kernel(x, y)
```

```
[1] 39
```

$d = 3$, $E_1 = E_3 = \Sigma^*$, $E_2 = \Sigma^p$ とし, $(x_1, x_2, x_3) \in E_1 \times E_2 \times E_3$ を連結すると $R(x_1, x_2, x_3) = x \in E$ とみなすことができる。そして, $x_2 = u$ となるものが x に $c_u(x)$ 個, $y_2 = u$ となるものが y に $c_u(y)$ 個あれば, $k_1(x_1, y_1) = k_3(x_3, y_3) = 1$, $k_2(x_2, y_2) = I(x_2 = y_2 = u)$ とすることによって,

$$c_u(x)c_u(y) = \sum_{R(x_1, x_2, x_3) = x} \sum_{R(y_1, y_2, y_3) = y} 1 \cdot I(x_2 = y_2 = u) \cdot 1$$

$$k(x, y) = \sum_u c_u(x)c_u(y) = \sum_{R(x_1, x_2, x_3) = x} \sum_{R(y_1, y_2, y_3) = y} 1 \cdot I(x_2 = y_2) \cdot 1$$

となり, 文字列カーネルが (1.10) で表現できることがわかる。ただし, $I(A)$ は条件 A を満足すれば 1, しなければ 0 となる関数であるとした。

◆ **例 22 (木カーネル)** 木 x, y の各頂点にラベルが割り当てられている。共通の部分木 (頂点のラベルが一致し, ラベル間の結合が一致する木の一部) がどれだけ含まれているかによって, x, y の類似度を評価したい。木の形状およびラベルの値から部分木の集合が定まる。x, y における部分木 t の頻度を $c_t(x), c_t(y)$ と書くものとする。このとき,

$$k(x, y) := \sum_t c_t(x)c_t(y) \tag{1.11}$$

は正定値になる。実際, 木 $x_1, \ldots, x_n \in E$ および任意の $z_1, \ldots, z_n \in \mathbb{R}$ について,

$$\sum_{i=1}^n \sum_{j=1}^n z_i z_j k(x_i, x_j) = \sum_t \left\{ \sum_{i=1}^n z_i c_t(x_i) \right\}^2 \geq 0$$

となる。そして, 木 x, y の頂点の集合を V_x, V_y として, t が u を頂点にもつ部分木であれば $I(u, t) =$

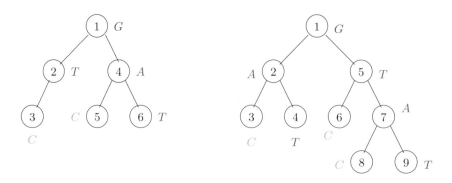

図1.3 木カーネルで，類似性を評価。ともに A, G, C, T というラベルが貼られている。

1，そうでなければ $I(u,t) = 0$ と書くと，(1.11) は，$c_t(x) = \sum_{u \in V_x} I(u,t)$，$c_t(y) = \sum_{v \in V_y} I(v,t)$ と書けるので

$$k(x,y) = \sum_{u \in V_x} \sum_{v \in V_y} \sum_t I(u,t)I(v,t) = \sum_{u \in V_x} \sum_{v \in V_y} c(u,v)$$

と書ける。ただし，頂点 $u \in V_x$，$v \in V_y$ を根とする共通の部分木の個数を $c(u,v) = \sum_t I(u,t)I(v,t)$ とした。各頂点 $v \in V$ にはラベル $l(v)$ が貼られていて，それが一致するかどうかをみる。

(1) u,v の子孫をそれぞれ $u_1, \ldots, u_m$，$v_1, \ldots, v_n$ として，以下のいずれかの条件が成立すれば，$c(u,v) = 0$

    (a) $l(u) \neq l(v)$

    (b) $m \neq n$

    (c) $l(u_i) \neq l(v_i)$ なる $i = 1, \ldots, m$ が存在

(2) それ以外の場合は，

$$c(u,v) = \prod_{i=1}^{m} \{1 + c(u_i, v_i)\}$$

であると定義する。図1.3では，頂点に A, T, G, C のいずれかのラベルが貼られているものとする。たとえば，R言語で以下のように書くことができる。ただし，木の同じレベルの頂点には，同じラベルが割り当てられることがないことを仮定している。また，再帰的な関数であることに注意したい。$C(1,1)$ を求める際に，関数が $C(4,2)$ の値を要求している。

```
1  C = function(i, j) {
2    S = s[[i]]; T = t[[j]]
3    # 木 s の頂点 i もしくは木 t の頂点 j のラベルが一致しない場合, 0 を返す。
4    if (S[[1]] != T[[1]]) return(0)
5    # 木 s の頂点 i もしくは木 t の頂点 j が子孫をもたない場合, 0 を返す。
6    if (is.null(S[[2]])) return(0)
7    if (is.null(T[[2]])) return(0)
8    if (length(S[[2]]) != length(T[[2]])) return(0)
```

```
9    U = NULL; for (x in S[[2]]) U = c(U, s[[x]][[1]]); U1 = sort(U)
10   V = NULL; for (y in T[[2]]) V = c(V, t[[y]][[1]]); V1 = sort(V)
11   m = length(U)
12   # 子孫のラベルが一致しない場合, 0 を返す。
13   for (h in 1:m) if(U1[h] != V1[h]) return(0)
14   U2 = S[[2]][order(U)]
15   V2 = T[[2]][order(V)]
16   W = 1; for (h in 1:m) W = W * (1 + C(U2[h], V2[h]))
17   return(W)
18 }
19 k = function(s, t) {
20   m = length(s); n = length(t)
21   kernel = 0
22   for (i in 1:m) for (j in 1:n) if(C(i, j) > 0) kernel = kernel + C(i, j)
23   return(kernel)
24 }
```

```
1  # 木をリストで記述。ラベルとその子孫(ベクトルで表示)
2  s = list()
3  s[[1]] = list("G", c(2, 4)); s[[2]] = list("T", 3);     s[[3]] = list("C", NULL)
4  s[[4]] = list("A", c(5, 6)); s[[5]] = list("C", NULL); s[[6]] = list("T", NULL)
5  t = list()
6  t[[1]] = list("G", c(2, 5)); t[[2]] = list("A", c(3, 4)); t[[3]] = list("C", NULL)
7  t[[4]] = list("T", NULL);    t[[5]] = list("T", c(6, 7)); t[[6]] = list("C", NULL)
8  t[[7]] = list("A", c(8, 9)); t[[8]] = list("C", NULL);    t[[9]] = list("T", NULL)
9
10 for (i in 1:6) for (j in 1:9) if (C(i, j) > 0) print(c(i, j, C(i, j)))
```

```
[1] 1 1 2
[1] 4 2 1
[1] 4 7 1
```

```
1  k(s, t)
```

```
[1] 4
```

したがって, それらの和 4 がカーネルの値になる。

　他方, 離散の値をとる確率変数 X, Y について, そのとりうる値の集合がそれぞれ E_X, E_Y であって, X のもとでの Y の条件付き確率が $P(y|x)$ $(x \in E_X, y \in E_Y)$ であり, $E_{XY} := E_X \times E_Y$ について $k_{XY} : E_{XY} \times E_{XY} \to \mathbb{R}$ が与えられているとき, $x, x' \in E_X$ に対して,

$$k(x, x') := \sum_{y \in E_Y} \sum_{y' \in E_Y} k_{XY}((x, y), (x', y'))P(y|x)P(y'|x'), \quad x, x' \in E_X \qquad (1.12)$$

を周辺化カーネルとよぶ (津田他 [28])。周辺化カーネルは, 正定値カーネルである。実際, k_{XY}

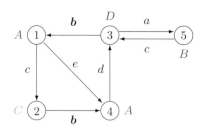

図 1.4　グラフカーネルで，類似性を評価。

が正定値カーネルであることを仮定すると，

$$k_{XY}((x,y),(x',y')) = \langle \Psi((x,y)), \Psi((x',y')) \rangle$$

なる特徴写像 $\Psi: E_{XY} \ni (x,y) \mapsto \Psi(x,y)$ が存在する。したがって，

$$k(x,x') := \sum_{y \in E_Y} \sum_{y' \in E_Y} P(y|x)P(y'|x') \langle \Psi((x,y)), \Psi((x',y')) \rangle$$

$$= \left\langle \sum_{y \in E_Y} P(y|x)\Psi((x,y)), \sum_{y' \in E_Y} P(y'|x')\Psi((x,y)) \right\rangle$$

なる特徴写像 $E_X \ni x \mapsto \sum_{y \in E_Y} P(y|x)\Psi((x,y))$ が存在する。また，X のもとでの Y の条件付き確率密度関数 f が存在するとき，(1.12) は，以下のように定義される。

$$k(x,x') := \int_{y \in E_Y} \int_{y' \in E_Y} \int k_{Y|X}((x,y),(x',y')) f(y|x)f(y'|x')dydy'$$

◆ **例 23（グラフカーネル（鹿島他 [18]））**　ある頂点から別の頂点までの経路の集合によって，有向グラフ（巡回経路があってもよい）G_1, G_2 の類似度をあらわすカーネルを構成する。長さが m の経路は，頂点および辺の集合を V, E として，頂点と辺の列 $(v_0, e_1, \ldots, e_m, v_m)$, $v_0, v_1, \ldots, v_m \in V$, $e_1, \ldots, e_m \in E$ によってあらわされているものとする。そして，頂点，辺ともラベルが設定されており，そのラベルによってマッチングを行う。また，その列 $\pi = (v_0, e_1, \ldots, e_m, v_m)$ の確率 $p(\pi) := p(v_0)p(v_1|v_0) \cdots p(v_m|v_{m-1})$ を定義する必要がある。ランダムウォークといって，最初の頂点 v_0 は頂点の個数が $|V|$ であれば $p(v_0) = 1/|V|$ で選び，それ以降はその頂点で止まるか，もしくはその頂点からの有向辺で結ばれた頂点の中から等しい確率で選ぶ。たとえば，止まる確率を p として，v 連結している頂点が $|V(v)|$ 個あれば，隣接している頂点に推移する確率は，$(1-p)/|V(v)|$ となる。たとえば，図1.4で，$1 \to 4 \to 3 \to 5 \to 3$ に関しては，$A, e, A, d, D, a, B, c, D$ というラベルが貼られている。この有向経路の生じる確率は，$p = 1/3$ であれば

```
1  k = function(s, p) prob(s, p) / length(node)
2  prob = function(s, p) {
3    if (length(node[s[1]]) == 0) return(0)
4    if (length(s) == 1) return (p)
5    m = length(s)
6    if (is.element(s[2], node[[s[1]]])) return((1-p) / length(node[s[1]]) * prob(s[2:m], p))
```

```
7      else return(0)
8  }
```

を用いて実行し，下記の値が得られる。

```
1  node = list()
2  node[[1]] = c(2, 4); node[[2]] = 4; node[[3]] = c(1, 5); node[[4]] = 3; node[[5]] = 3
3  k(c(1, 4, 3, 5, 3), 1/3)
```

```
[1] 0.01316872
```

これを実行すると頂点が5個あるので，最初 $1/5$ を掛ける。次からは $2/3$ に推移する頂点の候補の数の逆数を掛ける。最後は $1/3$ を掛けて

$$\frac{1}{5} \cdot \left(\frac{2}{3} \cdot \frac{1}{2}\right) \cdot \left(\frac{2}{3} \cdot 1\right) \cdot \left(\frac{2}{3} \cdot \frac{1}{2}\right) \cdot \left(\frac{2}{3} \cdot 1\right) \cdot \frac{1}{3} = \frac{2^4}{5 \times 3^5}$$

となる。

これらの値は有向グラフ G_1, G_2 で異なるので，$p(\pi|G_1), p(\pi|G)$ のようにあらわす。また，経路 π のラベル列（長さ $2m+1$）を $L(\pi)$ であらわす。このとき，グラフカーネルは，以下で定義される。

$$k(G_1, G_2) := \sum_{\pi_1} \sum_{\pi_2} p(\pi_1|G_1)p(\pi_2|G_2)I[L(\pi_1) = L(\pi_2)]$$

$k_{XY}((G_1, \pi_1), (G_2, \pi_2)) = I[L(\pi_1) = L(\pi_2)]$ とおけば，周辺化カーネルになっていることもわかる。

付録：命題の証明

Fubini の定理，Lebesgue の優収束定理，Levy の収束定理は一般的な定理で，多くの書籍で証明が記載されているので，それらの証明は割愛した。命題5の証明は，Ito[14] によった。

命題3の証明

非負定値行列 A の固有値 $\lambda_i \geq 0$ を成分とする対角行列を D，相互に直交して大きさ1の固有ベクトル u_i を列ベクトルとする直交行列を U とおくと，$A = UDU^\top = \sum_{i=1}^{n} \lambda_i u_i u_i^\top$ と書ける。同様に，μ_i, v_i $(i = 1, \ldots, n)$ を行列 B の固有値，固有ベクトルとおくと，$B = \sum_{i=1}^{n} \mu_i v_i v_i^\top$ と書ける。このとき，まず

$$(u_i u_i^\top) \circ (v_j v_j^\top) = (u_{i,k} u_{i,l} \cdot v_{j,k} v_{j,l})_{k,l} = (u_{i,k} v_{j,k} \cdot u_{i,l} v_{j,l})_{k,l} = (u_i \circ v_j)(u_i \circ v_j)^\top$$

が成立する。この行列は，非負定値である。実際，$u_i \circ v_j = [y_1, \ldots, y_n] \in \mathbb{R}^n$ とおくと，任意の $z_1, \ldots, z_n$ について，$(u_i \circ v_j)(u_i \circ v_j)^\top$ の (h, l) 成分が $y_h y_l$ であるから，$\sum_{h=1}^{n} \sum_{l=1}^{n} z_h z_l y_h y_l = (\sum_{h=1}^{n} z_h y_h)^2 \geq 0$ が成立する。行列 A, B が非負定値であるから，各 $i, j = 1, \ldots, n$ に対して，

$\lambda_i \mu_j \geq 0$ であり，

$$A \circ B = \sum_{i=1}^{n} \sum_{j=1}^{n} \lambda_i \mu_j (u_i u_i^\top) \circ (v_j u_j^\top) = \sum_{i=1}^{n} \sum_{j=1}^{n} \lambda_i \mu_j (u_i \circ v_j)(u_i \circ v_j)^\top$$

は非負定値である。   □

命題 5 の証明

　証明は，簡単のため，$\phi(0) = \eta(E) = 1$ の場合のみ行う。一般の場合もほぼ同様に導出できる。(1.9) が成立するとき，

$$\sum_{j=1}^{n} \sum_{k=1}^{n} z_j z_k \phi(x_j - x_k) = \int_E \sum_{j=1}^{n} z_j e^{ix_j t} \sum_{k=1}^{n} z_k e^{-ix_k t} d\eta(t) = \int_E \left| \sum_{j=1}^{n} z_j e^{ix_j t} \right|^2 d\eta(t) \geq 0$$

となり，(1.8) が成立する。逆に (1.8) が成立するとき，$\phi(x_i - x_j)$ を (i, j) 成分とする行列は非負定値であり，対称行列であるため，$\phi(x) = \phi(-x)$, $x \in \mathbb{R}$ が成立する。$n = 2$, $x_1 = u$, $x_2 = 0$ とおくと，

$$[z_1, z_2] \begin{bmatrix} 1 & \phi(u) \\ \phi(u) & 1 \end{bmatrix} \begin{bmatrix} z_1 \\ z_2 \end{bmatrix}$$

であり，この行列の行列式が非負であるので，$\phi(u)^2 \leq 1$ となる。ϕ は全区間で有界であり，連続でもあることから，一様連続である。また，$e^{-\|t\|^2/n} e^{-ixt}$ も一様連続である。以下では，

$$f_n(x) = \frac{1}{2\pi} \int_{-\infty}^{\infty} \phi(t) e^{-\|t\|^2/n} e^{-ix^\top t} dt$$

が確率密度関数になることを示し，さらにその特性関数 ϕ_n が $n \to \infty$ で ϕ に近づくことを示す。それが導かれれば，Levy の収束定理 [14] によって，収束先である ϕ が特性関数であることが示されたことになる。以下では，$d = 1$ の場合を最初に示す。

$$f_n(x) = \frac{1}{2\pi} \int_{-\infty}^{\infty} \phi(t) e^{-t^2/n} e^{-ixt} dt$$

まず，$a > 0$ として，

$$\int_{-a}^{a} f_n(x) dx = \frac{1}{2\pi} \int_{-a}^{a} \int_{-\infty}^{\infty} \phi(t) e^{-t^2/n} e^{-ixt} dt dx = \frac{1}{2\pi} \int_{-\infty}^{\infty} \phi(t) e^{-t^2/n} \frac{2 \sin at}{t} dt$$

となる。ただし，最後の変形には Fubini の定理を用いた。そして，$b > 0$ として，$\int_0^b \sin(at) da = \dfrac{1 - \cos bt}{t} \geq 0$, $\int_{-\infty}^{\infty} \dfrac{1 - \cos t}{t^2} dt = \pi$, $\phi(0) = 1$ より，$b \to \infty$ で

$$\frac{1}{b} \int_0^b \left\{ \int_{-a}^{a} f_n(x) dx \right\} da = \frac{1}{b} \int_0^b \frac{1}{2\pi} \int_{-\infty}^{\infty} \phi(t) e^{-t^2/n} \frac{2 \sin at}{t} da dt$$

$$= \frac{1}{2\pi} \int_{-\infty}^{\infty} \phi(t) e^{-t^2/n} \frac{2(1 - \cos tb)}{t^2 b} dt$$

$$= \frac{1}{2\pi} \int_{-\infty}^{\infty} \phi\left(\frac{u}{b}\right) e^{-(u/b)^2/n} \frac{2(1-\cos u)}{u^2} du \to 1$$

となる。ただし，最後の変形には優収束定理を用いた。一般に単調増加で上に有界な $g : \mathbb{R} \to \mathbb{R}$ に対して，

$$\lim_{y \to \infty} \frac{1}{y} \int_0^y g(x)dx = \lim_{x \to \infty} g(x)$$

が成立することに注意すれば，$\int_{-\infty}^{\infty} f_n(x)dx = 1$ が成立することがわかる。

次に，$\phi_n \to \phi \ (n \to \infty)$ を示す：

$$\phi_n(z) := \lim_{a \to \infty} \int_{-a}^{a} e^{iza} \frac{1}{2\pi} \int_{-\infty}^{\infty} \phi(t) e^{-t^2/n} e^{-ita} dt$$

$$= \lim_{a \to \infty} \frac{1}{2\pi} \int_{-\infty}^{\infty} \phi(t) e^{-t^2/n} \frac{2\sin a(t-z)}{t-z} dt$$

$$= \lim_{b \to \infty} \frac{1}{b} \int_0^b da \frac{1}{2\pi} \int_{-\infty}^{\infty} \phi(t) e^{-t^2/n} \frac{2\sin a(t-z)}{t-z} dt$$

$$= \lim_{b \to \infty} \frac{1}{2\pi} \int_{-\infty}^{\infty} \phi(t) e^{-t^2/n} \frac{2(1-\cos b(t-z))}{b(t-z)^2} dt$$

$$= \lim_{b \to \infty} \frac{1}{2\pi} \int_{-\infty}^{\infty} \phi\left(z+\frac{s}{b}\right) e^{-(z+s/b)^2/n} \frac{2(1-\cos s)}{s^2} ds = \phi(z) e^{-z^2/n} \to \phi(z)$$

一般の $d \geq 1$ についても，$\|t\|_2^2 = t_1^2 + \cdots + t_d^2$，

$$\int_{-a_1}^{a_1} \cdots \int_{-a_d}^{a_d} e^{-i(x_1 t_1 + \cdots + x_d t_d)} dx_1 \cdots dx_d = \frac{2\sin a_1 x_1}{t_1} \cdots \frac{2\sin a_d x_d}{t_d}$$

および

$$\int_0^{b_i} \frac{2\sin a_i x_i}{t_i} da_i = \frac{2(1-\cos t_i b_i)}{t_i^2 b_i} \quad (i=1,\ldots,d)$$

を用いれば，ほぼ同じ導出が得られる。 □

問題 1〜15

□ **1**　対称行列 $A \in \mathbb{R}^{n \times n}$ について，以下の 3 条件が同値であることを示せ。

(a) $A = B^\top B$ なる行列正方行列 B が存在

(b) 任意の $x \in \mathbb{R}^n$ について，$x^\top A x \geq 0$

(c) A のすべての固有値が非負

また，実数を成分とする正方行列 $B \in \mathbb{R}^{n \times n}$ を乱数を用いて生成し，非負定値行列 $A = B^\top B$ を求め，$x \in \mathbb{R}^n$ を乱数を用いて 5 個生成し，それぞれの A の 2 次形式 $x^\top A x$ が非負であることを確認せよ。

□ **2**　$\lambda > 0$ として，

$$k(x, y) = D\left(\frac{|x - y|}{\lambda}\right)$$

$$D(t) = \begin{cases} \dfrac{3}{4}(1 - t^2), & |t| \leq 1 \\ 0, & \text{その他} \end{cases}$$

によって定義されるカーネル $k : E \times E \to \mathbb{R}$ を，Epanechnikov カーネルという。$\lambda > 0$ における $(x, y) \in E \times E$ のカーネル値を R 言語で

```
1  k = function(x, y, lambda) D(abs(x-y) / lambda)
```

と定義するとき，関数 D を R 言語で定義せよ。さらに，関数 k を用いて，Nadaraya-Watson 推定量による $z \in E$ における予測値を出力する関数 f を定義せよ。ただし，z, λ を f の入力とし，関数 k および $(x_1, y_1), \dots, (x_N, y_N)$ は大域としてよい。そして，下記を実行して，関数 D, f の動作を確認せよ。

```
1  n = 250; x = 2 * rnorm(n); yy = sin(2*pi*x) + rnorm(n) / 4
2  plot(seq(-3, 3, length = 10), seq(-2, 3, length = 10), type = "n",
3      xlab = "x", ylab = "y")
4  points(x, y)
5  xx = seq(-3, 3, 0.1)
6  yy = NULL; for (zz in xx) yy = c(yy, f(zz, 0.05)); lines(xx, yy, col = "green")
7  yy = NULL; for (zz in xx) yy = c(yy, f(zz, 0.50)); lines(xx, yy, col = "red")
8  title("Nadaraya-Watson 推定量")
9  legend("topleft", legend = paste0("lambda = ", c(0.05, 0.35, 0.50)),
10         lwd = 1, col = c("green", "blue", "red"))
```

また，Epanechnikov カーネルを，Gauss カーネル，指数カーネル，多項式カーネルに置き換えて実行せよ。

☐ **3** $A \in \mathbb{R}^{3 \times 3}$ の行列式がその 3 個の固有値の積になることを示せ．また，行列式が負であれば，非負定値とはならないことを示せ．

☐ **4** 2 個の同じ大きさの非負定値行列の Hadamard 積が非負定値になることを示せ．また，そのことを用いて，正定値カーネルの積として定義されるカーネルが，正定値カーネルになることを示せ．

☐ **5** すべての成分が非負実数で同一ある正方行列が非負定値であることを示せ．また，そのことを用いて，非負の定数の値を出力するカーネルが正定値カーネルであることを示せ．

☐ **6** 多項式カーネル $k_{3,2}(x, y) = (x^\top y + 1)^3$, $x, y \in \mathbb{R}^2$ の特徴写像 $\Psi_{3,2}(x_1, x_2)$ を求め，

$$k_{3,2}(x, y) = \Psi_{3,2}(x_1, x_2)^\top \Psi_{3,2}(x_1, x_2)$$

を示せ．

☐ **7** 命題 4 を用いて，Gauss カーネル，多項式カーネル，指数型が正定値カーネルとなることを示せ．また，正定値カーネルを正則化して得られるカーネルが，正定値カーネルになることを示せ．指数型，Gauss カーネルは正規化するとどのようなカーネルになるか．

☐ **8** 下記は，データを生成させて，Nadaraya-Watson 推定量で回帰する際に，最適なパラメータ σ^2 を選択している．その際に，10 個のグループに分けている．サンプル数と同じ数だけのグループにするように処理 (leave-one-out) を変更し，続く処理を実行して最適な σ^2 での曲線を表示せよ．

```
1  k = function(x, y, sigma2) exp(-(x-y)^2 / 2 / sigma2)
2  n = 100; x = 2 * rnorm(n); y = sin(2*pi*x) + rnorm(n) / 4  # データ生成
3  m = n / 10
4  sigma2.seq = seq(0.001, 0.01, 0.001); SS.min = Inf
5  for (sigma2 in sigma2.seq) {
6    SS = 0
7    for (h in 1:10) {
8      test = ((h-1)*m + 1):(h*m); train = setdiff(1:n, test)
9      for (j in test) {
10       u = 0; v = 0
11       for (i in train) {
12         kk = k(x[i], x[j], sigma2); u = u + kk * y[i]; v = v + kk
13       }
14       if (v != 0) {z = u / v; SS = SS + (y[j]-z)^2}
15     }
16   }
17   if (SS < SS.min) {SS.min = SS; sigma2.best = sigma2}
18 }
19 paste0("Best sigma2 = ", sigma2.best)
```

```
20  plot(seq(-3, 3, length = 10), seq(-2, 3, length = 10), type = "n",
21      xlab = "x", ylab = "y")
22  points(x, y)
23  xx = seq(-3, 3, 0.1); yy = NULL
24  for (zz in xx) yy = c(yy, f(zz, sigma2.best)); lines(xx, yy, col = "red")
25  title("Nadaraya-Watson 推定量")
```

□ **9** 確率空間 $(E, \mathcal{F}, \mu)$ で，$E = \{1, 2, 3, 4, 5, 6\}$ について，$X : E \to \mathbb{R}$ が，

$$X(e) = \begin{cases} 1, & e = 1, 3, 5 \\ 0, & e = 2, 4, 6 \end{cases}$$

であるとき，$\mathcal{F} = \{\{1, 2, 3\}, \{4, 5, 6\}, \{\}, E\}$ であれば，X は確率変数とはならない（可測ではない）ことを示せ。

□ **10** 平均 μ，分散 σ^2 の正規分布 $f(x) = \dfrac{1}{\sqrt{2\pi}} \exp\left\{ -\dfrac{(x-\mu)^2}{2\sigma^2} \right\}$ の特性関数を求め，それが実数の値をとるための条件を求めよ。パラメータ $\alpha > 0$ の Laplace 分布 $f(x) = \dfrac{\alpha}{2} \exp\{-\alpha|x|\}$ についてはどうか。

□ **11** 図1.3で，左側の（同じ）木 2 個どうしのカーネルの値を求めよ。プログラムを実行して求めてよい。

□ **12** 長さ 10 の 2 進列 2 個 x, y をランダムに発生させ，文字列カーネル $k(x, y)$ の値を求めよ。

```
1  string.kernel = function(x, y) {
2    m = nchar(x)
3    n = nchar(y)
4    S = 0
5    for (i in 1:m) for (j in i:m) for (k in 1:n)
6      if (substring(x, i, j) == substring(y, k, k+j-i)) S = S + 1
7    return(S)
8  }
```

□ **13** 文字列カーネル，木カーネル，周辺化カーネルが正定値であることを示せ。また，文字列カーネルがたたみ込みカーネル，グラフカーネルが周辺化カーネルであることを示せ。

☐ **14** 図 1.4 の有向グラフで，ランダムウォークを考えた場合，下記の経路の確率はどのように計算されるか。ただし，止まる確率は $p = 1/3$ とする。

(a) $3 \to 1 \to 4 \to 3 \to 5$

(b) $1 \to 2 \to 4 \to 1 \to 2$

(c) $3 \to 5 \to 3 \to 5$

☐ **15** 下記のグラフカーネルの計算アルゴリズムを用いた場合に，どのような不具合が生じるか。不具合の生じる実行例を示せ。

```
1  k = function(s, p) prob(s, p) / length(node)
2  prob = function(s, p) {
3    if (length(node[s[1]]) == 0) return(0)
4    if (length(s) == 1) return(p)
5    m = length(s)
6    S = (1 - p) / length(node[s[1]]) * prob(s[2:m], p)
7    return(S)
8  }
```

第2章 Hilbert 空間

機械学習やデータサイエンスの問題を考える場合，予備知識として，大学初年度程度の微分積分と線形代数程度で十分な場合が多い。しかし，カーネルに関しては，距離空間とその完備性，次元が有限ではない線形代数などの知識が必要である。これらは，数理を専攻していないと，勉強する機会が少なく，また短い期間で習得しにくいかもしれない。本章では，カーネルの理解に必要な Hilbert 空間，射影定理，線形作用素，コンパクト作用素（の一部）を習得することを目的としている。有限次元の線形空間とは異なり，一般の Hilbert 空間では，完備性の吟味が必要となる。

2.1 距離空間と完備性

M を集合とし，以下の4条件を満足する写像 $d : M \times M \to \mathbb{R}$ を距離，(M, d) を距離空間[1] という：$x, y, z \in M$ として，

(1) $d(x, y) \geq 0$
(2) $d(x, y) = 0 \iff x = y$
(3) $d(x, y) = d(y, x)$
(4) $d(x, z) \leq d(x, y) + d(y, z)$

E を距離空間 M の部分集合とする。任意の $x \in E$ について，$U(x, \epsilon) := \{y \in M \mid d(x, y) < \epsilon\} \subseteq E$ なる $\epsilon > 0$ が存在するとき E は開集合 (open set) であるという。また，任意の $\epsilon > 0$ について，$U(y, \epsilon) \cap E \neq \{\}$ が成立するとき，$y \in M$ は E の集積点 (convergence point) であるという。E が E の集積点をすべて含むとき，E は閉集合 (closed set) であるという。

◆ 例 24　集合 $M = [0, 1]$ は閉集合である。実際，$y \notin M$ の近傍 $U(y, \epsilon)$ は，その半径 ϵ を小さくとると，M と交わりをもたなくなる。したがって，M の集積点はすべて M に含まれている。逆に，$M = (0, 1)$ は開集合である。実際，$y \in M$ の近傍 $U(y, \epsilon)$ は，その半径 ϵ を小さくとると，M

---

[1] 距離 d を問題としないときや d が明らかな場合，(M, d) ではなく M を距離空間とよぶ。

に含まれる。他方，区間 $(0, 1), (0, 1], [0, 1)$ に $\{0\}, \{1\}$ を加えると，閉集合 $[0, 1]$ が得られる。

　E を含む M の最小の閉集合を E の閉包 (closure) といい，$\overline{E}$ と書く。閉集合でなければ，E に含まれていない集積点が存在する。閉包は，E の集積点全体である。また，$\overline{E} = M$ であるとき，E は M で稠密 (dense) であるという。「任意の $\epsilon > 0$ と $x \in M$ について，$d(x, y) < \epsilon$ なる $y \in E$ が存在する」「M の各点が E の集積点である」なども同値な定義である。

　さらに，M が稠密な可算個の要素からなる部分集合 E をもつとき，M は可分 (separable) であるという。

◆ **例 25**　$d(x, y) = |x - y|$ $(x, y \in \mathbb{R})$，距離空間 $(\mathbb{R}, d)$ に対して，無理数 $a \in \mathbb{R} \setminus \mathbb{Q}$ は $\mathbb{Q}$ の集積点である。実際，任意の $\epsilon > 0$ について，$(a - \epsilon, a + \epsilon)$ はその区間内に有理数 $b \in \mathbb{Q}$ を含む。したがって，$\mathbb{Q}$ が含んでいない $\mathbb{Q}$ の集積点が存在し，$\mathbb{Q}$ は $\mathbb{R}$ における閉集合ではない。また，$\mathbb{Q}$ の閉包は，$\mathbb{R}$ である（$\mathbb{Q}$ は $\mathbb{R}$ で稠密である）。さらに，$\mathbb{Q}$ は可算集合であるので，$\mathbb{R}$ は可分である。

　(M, d) を距離空間とし，M の列 $\{x_n\}$ が[2] ある $x \in M$ に対して $d(x_n, x) \to 0$ $(n \to \infty)$ となるとき，$\{x_n\}$ が $x \in M$ に収束するといい，$x_n \to x$ と書く。また，$d(x_m, x_n) \to 0$ $(m, n \to \infty)$，すなわち $\sup_{m, n \geq N} d(x_m, x_n) \to 0$ $(N \to \infty)$ となるとき，$\{x_n\}$ は Cauchy 列であるという。

　$\{x_n\}$ が何らかの $x \in M$ に収束すれば Cauchy 列になるが，逆は成立しない。M の任意の Cauchy 列 $\{x_n\}$ が何らかの M の要素に収束するとき，距離空間 (M, d) は完備 (complete) であるという。また，任意の $x, y \in M$ について $d(x, y) < C$ となる正の定数 C が存在するとき，距離空間 (M, d) は有界であるという。さらに上に有界であるとき，その最小値を上限 (upper limit)，下に有界であるとき，その最大値を下限 (lower limit) という．

◆ **例 26**　任意の Cauchy 列は有界である。実際，任意の $\epsilon > 0$ について，$m, n \geq N$ で $d(x_m, x_n) < \epsilon$ となるように $N := N(\epsilon)$ を選べるので，

$$\min\{x_1, \ldots, x_{N-1}, x_N - \epsilon\} \leq x_n \leq \max\{x_1, \ldots, x_{N-1}, x_N + \epsilon\}$$

が成立する。

◆ **例 27**　$\mathbb{Q}$ は完備ではない。数列 $a_1 = 1$, $a_{n+1} = \dfrac{1}{2} a_n + \dfrac{1}{a_n}$ $(n \geq 1)$ によって得られる $\{a_n\}$ は $a_n \in \mathbb{Q}$ である。また，$a_n \to \sqrt{2} \notin \mathbb{Q}$ となり（問題 17），$\mathbb{Q}$ の要素には収束していない。他方，収束しているので $\{a_n\}$ は Cauchy 列である。

命題 6　$\mathbb{R}$ は完備である。

　証明　$\{x_n\}$ が $\mathbb{R}$ の Cauchy 列であれば，$|x_N - x_n| < \epsilon$ となり，$\{x_n\}$ は有界な列となる（例 26）。その $\{x_n\}_{n=s}^{\infty}$ の上限，下限をそれぞれ l_s, m_s と書くと，単調な $\mathbb{R}$ の列 $\{m_s\}, \{l_s\}$ は，同一の極限をもつ。実際，$l_s - m_s = \sup\{|x_p - x_q| \mid p, q \geq s\}$ は仮定によっていくらでも小さくすることができる。したがって，$\mathbb{R}$ は完備である。　　　　　　　　　　　　　　　　□

---

[2] 各 n に対して $x_n \in M$ となる列 $\{x_n\}$.

有限次元であれば，次元ごとに完備性を確認すればよく，一般の $p \geq 1$ で，$\mathbb{R}^p$ は完備である。

集合 M の各点 P に近傍を対応させる $U(\cdot)$ を任意に設定したときに，それらの有限個の和集合で M を部分集合として含むものが存在するとき，M はコンパクト (compact) であるという[3]。

◆ **例 28** $M = (0,1)$ とする。各 $x \in (0,1)$ で近傍 $\left(\frac{1}{2}x, \frac{3}{2}x\right)$ を定義すると，$x_1, \ldots, x_n$ をどのように選んでも $(0,1) \not\subseteq \bigsqcup_{i=1}^{n} \left(\frac{1}{2}x_i, \frac{3}{2}x_i\right)$ となるので，区間 $(0,1)$ はコンパクトではない。

命題 7 (Heine-Borel) $\mathbb{R}^p$ において，有界閉集合 M は，コンパクトである。

証明 各点 P の近傍 $U(P)$ を任意に固定したときに，有界閉集合 M の有限個の $U(P)$ で覆うことができないとして，矛盾を導く。$M \subseteq \mathbb{R}^p$ を含む閉区間（直方体）の各辺を 2 等分すると，その 2^p 個の小さい直方体の中の少なくとも 1 個は，有限個の $U(P)$ で覆えない。この操作を繰り返していくと，その直方体の体積が十分小さくなり，中心が何らかの $P^* \in M$ に収束し，P^* は $U(P^*)$ 1 個で覆われる。このことは，仮定と矛盾する。 □

$(M_1, d_1), (M_2, d_2)$ を距離空間として，任意の $\epsilon > 0$ と $x, y \in M_1$ について，

$$d_1(x,y) < \delta(x, \epsilon) \implies d_2(f(x), f(y)) < \epsilon \tag{2.1}$$

なる $\delta(x, \epsilon)$ が存在するとき，写像 $f : M_1 \to M_2$ は $x \in M_1$ で連続 (continuous) であるという。また，$x \in M_1$ に依存しない $\delta(x, \epsilon)$ が存在する（$\delta(\epsilon)$ と書く）とき，f は一様連続 (uniformly continuous) であるという。

◆ **例 29** 区間 $(0,1]$ で定義される $f(x) = 1/x$ は，その区間で連続ではあるが，一様連続ではない（図 2.1）。実際，y を固定してから x を y に近づければ，$d_2(f(x), f(y)) = \left|\frac{1}{x} - \frac{1}{y}\right|$ をいくらでも小さくできるので，関数 f は $(0,1]$ で連続である。しかし，x を y に近づけて $d_2(f(x), f(y))$ を一定値以下にしようとする際に，任意の $\epsilon > 0$ について，y が 0 に近ければ近いほど，$d_1(x,y) = |x - y|$ を小さくする必要がある。そして，y の値によらず，$d_1(x,y) < \delta$ にすれば $d_2(f(x), f(y)) < \epsilon$ とできるような δ は存在しない。したがって，一様連続ではない。

命題 8 有界閉集合で連続な関数は，一様連続である。

証明 f を有界閉集合 M を定義域とする連続関数とし，$\epsilon > 0$ を任意に固定すれば，

$$d_1(x,z) < \Delta(z) \implies d_2(f(x), f(z)) < \epsilon \tag{2.2}$$

なる $\Delta(z)$ が各 $z \in M$ に対して存在する。命題 7 より，そのような近傍を有限個用意して M を覆うことができる。それらを $U_1, \ldots, U_m$（中心を $z_1, \ldots, z_m$）とする。そして，$x, y \in M$ を

---

[3] この定義は，距離空間を仮定している（全有界と同義）。一般の位相空間では，開集合の集合 $\{U_\lambda\}_{\lambda \in \Lambda}$ に対し，その和集合が M を含むとき，$\{U_\lambda\}_{\lambda \in \Lambda}$ を M の開被覆 (open cover) といい，M の任意の被覆 $\{U_\lambda\}_{\lambda \in \Lambda}$ に対して，その有限個の和集合で M を覆えるとき，M をコンパクトであるという。

$$f(x) = 1/x$$

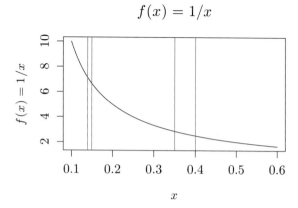

図 2.1 $f(x) = 1/x$ は $(0,1]$ で一様連続ではない。$|f(x) - f(y)|$ の値を一定値以下にしたいとき，x, y が0から離れているとき（青線）と比べて，0に近いとき（赤線）では $|x - y|$ の値を小さくとらないと，その条件が満たされない。すなわち，$\delta > 0$ の値が x, y の位置に依存する。

$d_1(x, y) < \delta := \dfrac{1}{2} \min_{1 \le i \le m} \Delta(z_i)$ となるように選ぶものとする。x は $U_1, \ldots, U_m$ のいずれかに属するので，$x \in U_i$ であるとする。このとき，距離の性質より，

$$d_1(x, z_i) < \frac{1}{2}\Delta(z_i) < \Delta(z_i)$$
$$d_1(y, z_i) \le d_1(x, y) + d_1(x, z_i) < \Delta(z_i)$$

が成立する。これらと，f が連続であることを用いると，(2.2) より，

$$d_2(f(x), f(y)) \le d_2(f(x), f(z_i)) + d_2(f(y), f(z_i)) < \epsilon + \epsilon = 2\epsilon$$

が成立する。$\epsilon > 0$ は任意であり，δ は x, y に依存しないので，f は一様連続である。　　□

◆ **例 30** 「閉区間 $[a, b]$ で連続な関数には，定積分が存在する」は，命題8があってはじめて証明できる。$a < b$ を等間隔に n 等分して，$a = x_0 < \cdots < x_n = b$ とおき，任意の $\epsilon > 0$ に対して，

$$\Delta := \left\{ \sum_{i=1}^{n} \frac{b-a}{n} \sup_{x_{i-1} < x < x_i} f(x) \right\} - \left\{ \sum_{i=1}^{n} \frac{b-a}{n} \inf_{x_{i-1} < x < x_i} f(x) \right\} < \epsilon$$

とできれば十分である。一様連続であるため，$|f(x) - f(y)| < \epsilon/(b-a)$，$x, y \in [x_{i-1}, x_i]$ を要請されれば，各区間で $\delta = x_i - x_{i-1} = \dfrac{b-a}{n}$ を小さくすればよい（n を大きくすればよい）。そのようにして，Δ を任意の $\epsilon > 0$ 以内にすることができる。

2.2　線形空間と内積空間

　集合 V は，以下の2条件を満足するとき，線形空間[4]であるという。任意の $x, y \in V$，$\alpha \in \mathbb{R}$ について，

---

[4] ベクトル空間 (vector space) と同義である。

(1) $x + y \in V$

(2) $\alpha x \in V$

◆ **例 31** $x = [x_1, \ldots, x_d],\ y = [y_1, \ldots, y_d] \in \mathbb{R}^d$ の和を $x + y = [x_1 + y_1, \ldots, x_d + y_d]$, 定数倍を $\alpha x = [\alpha x_1, \ldots, \alpha x_d]\ (\alpha \in \mathbb{R})$ で定義するとき, d 次元ユークリッド空間 $\mathbb{R}^d$ は線形空間をなす.

◆ **例 32** (L^2 空間) $\int_0^1 f(x)^2 dx$ が有限の値をとる関数 $f : [0, 1] \to \mathbb{R}$ の集合 $L^2[0, 1]$ は, $\int_0^1 f(x)^2 dx < \infty$, $\int_0^1 g(x)^2 dx < \infty$ であるとき, $\alpha \in \mathbb{R}$ として,

$$\int_0^1 \{f(x) + g(x)\}^2 dx \leq 2 \int_0^1 f(x)^2 dx + 2 \int_0^1 g(x)^2 dx < \infty$$

$$\int_0^1 \{\alpha f(x)\}^2 dx = \alpha^2 \int_0^1 f(x)^2 dx < \infty$$

とできるので, 線形空間である.

次に, V を線形空間として, 以下の 4 条件を満足する $\langle \cdot, \cdot \rangle : V \times V \to \mathbb{R}$ を内積 (norm) という: $x, y, z \in V$ と $\alpha, \beta \in \mathbb{R}$ について,

(1) $\langle x, x \rangle \geq 0$

(2) $\langle \alpha x + \beta y, z \rangle = \alpha \langle x, z \rangle + \beta \langle y, z \rangle$

(3) $\langle x, y \rangle = \langle y, x \rangle$

(4) $\langle x, x \rangle = 0 \iff x = 0$

◆ **例 33** 例 31 の線形空間 $\mathbb{R}^d$ について, $x = [x_1, \ldots, x_d],\ y = [y_1, \ldots, y_d] \in \mathbb{R}^d$ に対して,

$$\langle x, y \rangle = \sum_{i=1}^d x_i y_i$$

は内積になる. 実際, 最初の 3 条件は満足している. 最後の条件は,

$$\langle x, x \rangle = 0 \iff \sum_{i=1}^d x_i^2 = 0 \iff x = 0$$

より成立する.

線形空間が決まっても, その内積を選ぶ必要がある. ある内積を仮定した線形空間を内積空間 (inner-product space) という.

◆ **例 34** (L^2 空間の内積) 例 32 の線形空間 $L^2[0, 1]$ について, $f, g \in L^2[0, 1]$ に対して,

$$\langle f, g \rangle = \int_0^1 f(x)g(x)dx$$

は内積にはならない. 実際, 内積の最初の 3 個の条件は満足するが, $f(1/2) = 1$ で, $f(x) = 0,\ x \neq 1/2$ であっても,

$$\langle f, f \rangle = \int_0^1 f(x)^2 dx = 0$$

が成立する。厳密には，$\int_0^1 \{f(x) - g(x)\}^2 dx = 0$ であるとき，そのときに限り f と g を同一視することによって内積空間を構成する[5]。通常はこのことを意識することはほとんどないものと思われる。

V を線形空間として，以下の 4 条件を満足する $\|\cdot\| : V \to \mathbb{R}$ をノルム (norm) という：$x, y \in V$ と $a \in \mathbb{R}$ について，

(1) $\|x\| \geq 0$

(2) $\|av\| = |a| \, \|x\|$

(3) $\|x + y\| \leq \|x\| + \|y\|$　（三角不等式）

(4) $\|x\| = 0 \iff x = 0$

V のノルムが定義されれば，距離を $d(x, y) = \|x - y\|$ とした距離空間が定義できる。V の内積が定義されていれば，ノルムを

$$\|x\| = \langle x, x \rangle^{1/2} \tag{2.3}$$

で定義することができる。これを内積に誘導されたノルムとよぶ。

例 32 と例 34 では，説明のために，$E = [0, 1]$ において Riemann 積分を用いて L^2 空間を定義したが，一般には，測度空間 $(E, \mathcal{F}, \mu)$ において，

$$\int_E f^2 d\mu \tag{2.4}$$

が有限の値をとる f の集合として $L^2(E, \mathcal{F}, \mu)$ が定義される[6]。

◆ **例 35（一様ノルム）**　$[a, b]$ で連続な関数の集合は，線形空間をなす。一様ノルム

$$\|f\| := \sup_{x \in [a, b]} |f(x)| \quad (f \in C[a, b])$$

は，内積から誘導されたノルムではないが，ノルムの条件を満足する。実際，$\|f\| = 0$ は，$f(x) = 0 \; (x \in [a, b])$ を意味する。

本書では，Cauchy-Schwarz の不等式：$x, y \in V$ について，

$$|\langle x, y \rangle| \leq \|x\| \, \|y\| \tag{2.5}$$

を頻繁に用いる。(2.5) は，$y = 0$ なら自明に成立する。$y \neq 0$ であれば，y と $z := x - \dfrac{\langle x, y \rangle}{\|y\|^2} y$ の内積が 0 であるので，

$$\|x\|^2 = \left\| z + \frac{\langle x, y \rangle}{\|y\|^2} y \right\|^2 = \|z\|^2 + \left\| \frac{\langle x, y \rangle}{\|y\|^2} y \right\|^2 \geq \frac{\langle x, y \rangle^2}{\|y\|^2}$$

---

[5] $L^2[0, 1]$ を $L_0 := \{f \mid \int_0^1 f(x)^2 dx = 0\}$ で割った商空間で考え，$f - g \in L_0$ であるとき，$f \sim g$（同値）であるとみなす。

[6] $(E, \mathcal{F}, \mu)$ を明示しなかったり，$L^2[a, b]$ というように閉区間 $[a, b]$ を明示する場合がある。

が成立する。ただし，等号は $z = 0$ のとき，すなわち x, y の一方が他方の定数倍であるときに成立する。また，(2.3) がノルムになることも示すことができる。そして，ノルムの三角不等式は，(2.5) より，

$$\|x + y\|^2 = \|x\|^2 + 2|\langle x, y \rangle| + \|y\|^2 \leq \|x\|^2 + 2\|x\|\,\|y\| + \|y\|^2 = (\|x\| + \|y\|)^2$$

によって確認される。また，Cauchy-Schwarz の不等式は，証明に内積の4番目の性質を用いていないので，内積の最初の3個の性質を満足していれば適用できる。

Cauchy-Schwarz の不等式を用いると，内積の連続性が証明できる。

命題 9（内積の連続性） $\{x_n\}, \{y_n\}$ を内積空間 V の列，$x, y \in V$ として，$n \to \infty$ のとき，$x_n \to x$ および $y_n \to y$ であれば，$\langle x_n, y_n \rangle \to \langle x, y \rangle$ が成立する。ただし，ノルム $\|\cdot\|$ は V の内積によって誘導されるノルムである。

証明 $n \to \infty$ で，$\|x_n\| \leq \|x\| + \|x_n - x\| \to \|x\|$ および

$$|\langle x_n, y_n \rangle - \langle x, y \rangle| \leq |\langle x_n, y_n - y \rangle| + |\langle x_n - x, y \rangle| \leq \|x_n\| \cdot \|y_n - y\| + \|x_n - x\| \cdot \|y\| \to 0$$

が成立する。$\qquad\square$

2.3 Hilbert 空間

ノルムが定義され，その距離について完備なベクトル空間を Banach 空間という。

内積空間であって，それに誘導されるノルムに関して完備であるとき，その Banach 空間を Hilbert 空間とよぶ。

また，以下では，定義域 E で連続な関数の集合を $C(E)$ と書くものとする。

◆ **例 36** $p \geq 1$ として，ベクトル空間 $\mathbb{R}^p$ は，通常の内積のもとで完備であり，Hilbert 空間である。他方，ベクトル空間 $\mathbb{Q}^p$ は，通常の内積のもとで完備ではなく，Hilbert 空間にはならない。

◆ **例 37** 連続な関数 $[0, 1] \to \mathbb{R}$ の集合は，線型空間 $C[0, 1]$ となる。内積の定義は，L^2 の場合と同様であるとする。

$$f_n(t) := \begin{cases} 0, & 0 \leq t \leq \dfrac{1}{2} \\[2mm] n\left(t - \dfrac{1}{2}\right), & \dfrac{1}{2} < t < \dfrac{1}{2} + \dfrac{1}{n} \\[2mm] 1, & \dfrac{1}{2} + \dfrac{1}{n} \leq t \leq 1 \end{cases}$$

$m \geq n$ として，

$$\|f_n - f_m\|_2^2 = \int_0^1 |f_n(t) - f_m(t)|^2 dt = \int_{\frac{1}{2}}^{\frac{1}{2} + \frac{1}{n}} |f_n(t) - f_m(t)|^2 dt$$

$$= \int_{\frac{1}{2}}^{\frac{1}{2} + \frac{1}{m}} \left[n\left(t - \frac{1}{2}\right) - m\left(t - \frac{1}{2}\right) \right]^2 dt + \int_{\frac{1}{2} + \frac{1}{m}}^{\frac{1}{2} + \frac{1}{n}} \left[n\left(t - \frac{1}{2}\right) - 1 \right]^2 dt$$

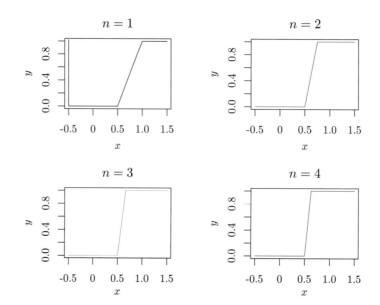

図 2.2　例 37 で $f_n \to f$ に収束する様子。有限の n では連続関数であるが，極限では不連続になる。

$$= \frac{(n-m)^2}{3m^3} - \frac{(n-m)^3}{3m^3 n} = \frac{(n-m)^2}{3m^2 n} < \frac{1}{3n} \to 0$$

となるので，$\{f_n\}$ は $C[0,1]$ における Cauchy 列である（図 2.2）。しかし，f_n は，連続ではない関数

$$f(t) := \begin{cases} 0, & 0 \le t \le \dfrac{1}{2} \\ 1, & \dfrac{1}{2} < t \le 1 \end{cases}$$

に収束する（$f \notin C[0,1]$）:

$$\|f_n - f\|^2 = \int_0^1 \|f_n(t) - f(t)\|^2 dt = \int_{\frac{1}{2}}^{\frac{1}{2}+\frac{1}{n}} \left[n\left(t - \frac{1}{2}\right) - 1 \right]^2 dt = \frac{1}{3n} \to 0$$

　上記のように，$C[a,b]$ は L^2 ノルムでは完備ではないが，一様ノルムでは完備であることが知られている。

命題 10　$C[a,b]$ は一様ノルムで完備である。

証明　$\{f_n\}$ を $C[a,b]$ における Cauchy 列であるとする。すなわち，$N \to \infty$ で

$$\sup_{m,n \ge N} \sup_{x \in [a,b]} |f_m(x) - f_n(x)| \to 0 \tag{2.6}$$

このとき，各 $x \in [a,b]$ で，実数列 $\{f_n(x)\}$ も Cauchy 列になるので，$\{f_n(x)\}$ は収束する（命題 6）。各 $x \in E$ での収束先 $\lim_{n \to \infty} f_n(x)$ を $f(x)$ と書くものとする。また，$\sup_{n \ge N} f_n(x)$ は上から，$\inf_{n \ge N} f_n(x)$ は下から $f(x)$ に収束するので，(2.6) より，

$$|f_N(x) - f(x)| \le \sup_{n \ge N} f_n(x) - \inf_{n \ge N} f_n(x) = \sup_{m,n \ge N} |f_m(x) - f_n(x)|$$

が任意の $x \in [a,b]$ について 0 に一様に収束するので，$C[a,b]$ は完備である。 □

一様ノルムは内積に誘導されたノルムではないので，Banach 空間ではあるが，Hilbert 空間ではない。

命題 11 $C[a,b]$ は一様ノルムで可分である。

この命題の証明には，以下の一般的な命題 12 [26, 27, 30, 31] を用いる。ここで，線形空間 A が多元環 (algebra) であるとは，結合法則が成立する "$\cdot$" および交換法則が成立する "$+$" が定義され，$x,y,z \in A$ および $\alpha \in \mathbb{R}$ に対して

$$x \cdot (y + z) = x \cdot y + x \cdot z$$
$$(y + z) \cdot x = y \cdot x + z \cdot x$$
$$\alpha(x \cdot y) = (\alpha x) \cdot y$$

が成立することを意味する（演算 $\cdot$ が可換であれば最初の 2 個は同一視してよい）。一般的に考えると煩雑であるが，本書では，$+, \cdot$ として通常の加算，乗算を，A として，多項式の集合，連続関数の集合を想定しておけば十分である。

◆ **例 38（多項式環）** $+, \cdot$ を通常の加法，乗法（ともに可換）として，$x,y,z \in A$ を不定元（値の定まっていない変数）とした実数係数の多項式の集合，多項式環 $\mathbb{R}[x,y,z]$ は（可換な $\mathbb{R}$ 係数の）多元環である。$\mathbb{R}[x,y,z]$ は線形空間であるので，その要素の実数倍，要素間の和なども $\mathbb{R}[x,y,z]$ の要素である。また，$\mathbb{R}[x,y,z]$ の要素の間で，上記 3 法則が成立する。

命題 12（Stone-Weierstraß [26, 27, 30, 31]） E をコンパクト集合，A を多元環とする。以下の 2 条件が成立するとき，A は $C(E)$ で稠密である。

(1) すべての $f \in A$ に対して $f(x) = 0$ となる $x \in E$ が存在しない。

(2) $x,y \in E$ に対して $x \neq y$ であれば，$f(x) \neq f(y)$ となる $f \in A$ が存在する。

命題 12 は，本書で何度か引用する。証明は，紙面の都合で割愛するが，難しい導出は含まれていないのでぜひ試みられたい。この命題は，ニューラルネットワークで表現できる関数の集合が，任意の連続関数を近似することを証明する際にも用いられる。

命題 11 の証明 x に関する実数係数の多項式の集合 A は，命題 12 の 2 条件を満足する。したがって，A は $C[a,b]$ において稠密である。また，A の係数を $\mathbb{Q}$ に限定すれば，A は可算集合になり，$C[a,b]$ は可分である。 □

命題 13 $C[a,b]$ $(a < b)$ は，$L^2[a,b]$ において稠密である。

証明は章末の付録を参照されたい。排反な $B_1, \ldots, B_m \in \mathcal{F}$ および $h : \mathcal{F} \to \mathbb{R}_{\geq 0}$ を用いて，

$$\sum_{k=1}^{m} h(B_k) I(B_k) \tag{2.7}$$

の形で表現できる関数を（非負の）単関数 (simple function) とよぶ。第 1 章の (1.7) がそれにあたる。証明では，任意の $f \in L^2$ は単関数で近似できること，および任意の単関数が連続関数で近似できることを示している。　　　　　　　　　　　　　　　　　　　　　　　　　　　　　□

命題 14（Riesz-Fischer） L^2 は完備である[7]。すなわち，L^2 は Banach 空間であり，Hilbert 空間である。

ここでは概略を述べておく（証明は章末の付録を参照されたい）。「$\{f_n\}$ が L^2 の Cauchy 列 $\implies$ $\|f_n - f\| \to 0$ なる $f \in L^2$ が存在する」を示せばよい。L^2 の Cauchy 列 $\{f_n\}$ の収束先 f を定義し，$\|f_n - f\| \to 0$ および $f \in L^2$ を示す。

1. $\{f_n\}$ を任意の Cauchy 列とする。
2. $\|\sum_{k=1}^{\infty} |f_{n_{k+1}} - f_{n_k}|\|_2 < \infty$ なる列 $\{n_k\}$ が存在する。
3. $\mu\{x \in E \mid \lim_{k \to \infty} f_{n_k}(x) = f(x)\} = \mu(E)$ なる $f : E \to \mathbb{R}$ が存在することを示す。
4. $\|f_n - f\| \to 0$ および $f \in L^2[a, b]$ を示す。　　　　　　　　　　　　　　　□

内積空間 V の要素 $x, y \in V$ は，$\langle x, y \rangle = 0$ であれば直交している (orthogonal) という。V の列 $\{e_j\}$ が，各 j で $\|e_j\| = 1$ であって，相互に直交していれば，V の正規直交列 (orthonormal sequence) であるという。また，$\{e_j\}$ が正規直交列であって，各 $x \in V$ が何らかの $\{\alpha_j\}$ を用いて，$x = \sum_{j=1}^{\infty} \alpha_j e_j$ と書けるとき，$\{e_j\}$ を V の正規直交基底とよび，一般の正規直交列と区別する。

命題 15 Hilbert 空間 H の正規直交列 $\{e_j\}$ について以下が成立する。

(1) $\displaystyle\sum_{i=1}^{\infty} \langle x, e_i \rangle^2 \leq \|x\|^2$ （Bessel の不等式）

(2) $\displaystyle\sum_{i=1}^{\infty} \langle x, e_i \rangle e_i$ が収束

(3) $\displaystyle\sum_{i=1}^{\infty} \alpha_i e_i$ が収束 $\iff \displaystyle\sum_{i=1}^{\infty} \alpha_i^2 < \infty$

(4) $y = \displaystyle\sum_{i=1}^{\infty} \alpha_i e_i \implies \alpha_i = \langle y, e_i \rangle$

証明は章末の付録を参照されたい。

A をノルムが定義された線形空間 V の部分集合であるとする。$\overline{\mathrm{span}(A)}$ と書いて，A の各要素の線形結合 $\mathrm{span}(A)$ に閉包をとった V の部分集合をあらわすものとする。

$\{x_n\}$ が Hilbert 空間の列で，相互に線形独立であるとする。

$$v_i := x_i - \sum_{j=1}^{i-1} \langle x_i, e_j \rangle e_j, \quad e_i = v_i / \|v_i\| \quad (i = 1, 2, \dots)$$

---

[7] 一般の $p \geq 1$ で，L^p で完備であることが知られている。

とおく (Gram-Schmidt) と，$\{e_n\}$ は正規直交列で，$\overline{\mathrm{span}\{x_n\}} = \overline{\mathrm{span}\{e_n\}}$ が成立する。

命題 16 $\{e_j\}$ を Hilbert 空間 H の正規直交列として，以下の条件は同値である。

(1) $\{e_i\}$ が H の正規直交基底

(2) 任意の $x \in H$ について，$\langle x, e_i \rangle = 0$ $(i = 1, 2, \ldots)$ であれば，$x = 0$

(3) $\mathrm{span}(\{e_i\})$ が H で稠密

(4) Bessel の不等式（命題 15 の (1)）の等号が成立（Parseval の等式）

(5) 任意の $x, y \in H$ について，$\langle x, y \rangle = \sum_{k=1}^{\infty} \langle x, e_k \rangle \langle y, e_k \rangle$

(6) 任意の $x \in H$ について，$x = \sum_{j=1}^{\infty} \langle x, e_j \rangle e_j$

証明は章末の付録を参照されたい。

◆ **例 39（Fourier 級数展開）** 関数 $f \in L^2[-\pi, \pi]$ を

$$f_m(x) = a_0 + \sum_{n=1}^{m} (a_n \cos nx + b_n \sin nx) \tag{2.8}$$

で近似して，$\|f - f_m\|$ を最小にする $\{a_n\}$, $\{b_n\}$ を求め，m を十分大きくとれば，$\|f - f_m\| \to 0$ とできることが知られている。しかし，一般に $\|f - f_m\| = 0$ にはならない。すなわち，$A := \{1, \cos x, \sin x, \cos 2x, \sin 2x, \ldots\}$ として，$f \notin \mathrm{span}(A)$ であり，$\mathrm{span}(A)$ は閉集合ではない。そして，$\|f - f_m\| \to 0$ となる $f \notin \mathrm{span}(A)$，すなわち集積点をすべて加えて，閉包としたものが $\overline{\mathrm{span}(A)}$ となる。また，$\mathrm{span}(A)$ は $L^2[-\pi, \pi]$ で稠密である。そして，(2.8) における $\{1, \cos x, \sin x, \cos 2x, \sin 2x, \ldots\}$ をそれぞれの大きさで割った

$$\left\{ \frac{1}{\sqrt{2\pi}}, \frac{\cos x}{\sqrt{\pi}}, \frac{\sin x}{\sqrt{\pi}}, \frac{\cos 2x}{\sqrt{\pi}}, \frac{\sin 2x}{\sqrt{\pi}}, \ldots \right\}$$

は，Fourier 級数展開で表現できる関数からなる Hilbert 空間 $L^2[-\pi, \pi]$ の正規直交基底となる。ただし，$f, g \in H$ の内積を $\langle f, g \rangle := \int_{-\pi}^{\pi} f(x) g(x) dx$ とおき，$m, n > 0$ に対して $\int_{-\pi}^{\pi} \cos mx \sin nx \, dx = 0$, $\int_{-\pi}^{\pi} \cos^2 mx \, dx = \int_{-\pi}^{\pi} \sin^2 nx \, dx = \pi$ などを用いた。

命題 17 Hilbert 空間 H が可分であることと，正規直交基底をもつことは同値である。

証明 $\{e_j\}$ が H の正規直交基底であれば，任意の $x \in H$ が $x = \sum_{j=1}^{\infty} \langle x, e_j \rangle e_j$ と書ける。$E := \{x \in H \mid \langle x, e_j \rangle \in \mathbb{Q}, \ j = 1, 2, \ldots\}$ は稠密であり，可算である。実際，$\{\langle x, e_j \rangle\}$, $\{e_j\}$ は集合としてともに可算であり，その対からなる E も可算である。したがって，可分である。逆に，H が可分であれば，その含まれる稠密な可算集合から 1 次独立な列を抽出すると，Gram-Schmidt の方法によってさらに正規直交系列 $\{e_n\}$ が生成でき，その線形結合も H で稠密である。したがって，命題 16 より，$\{e_i\}$ は H の正規直交基底である。 $\square$

命題 17 は，以下の命題を意味する。

命題 18 $L^2[a,b]$ は L^2 ノルムのもとで，可分である。

本書では次章以降，扱う Hilbert 空間はすべて可分であることを仮定する。

2.4 射影定理

内積の定義された線形空間 V とその部分集合 M について，その直交補空間を

$$M^\perp := \{x \in V \mid \langle x,y \rangle = 0 \text{ for all } y \in M\}$$

で定義する。M_1, M_2 を

$$x_1 \perp x_2 \quad (x_1 \in M_1,\ x_2 \in M_2) \tag{2.9}$$

を満足する V の部分空間とするとき，M_1, M_2 の直交する直和を $M_1 \oplus M_2 := \{x_1 + x_2 \mid x_1 \in M_1,\ x_2 \in M_2\}$ と書く。また，(2.9) を仮定しない一般の直和を $M_1 + M_2$ と書くものとする。

命題 19 （射影定理） M を Hilbert 空間 H の閉集合である部分空間とする。任意の $x \in H$ に対して，$\|x - y\|$ を最小にする $y \in M$ が存在し，

$$\langle x - y, z \rangle = 0, \quad z \in M \tag{2.10}$$

を満たし，一意的である。

証明 $x = y + (x - y)$ $(y \in M,\ x - y \in M^\perp)$ と分解できる $y \in M$ について導出している。具体的には，下記の手順をふむ。

1.
$$\lim_{n \to \infty} \|x - y_n\|^2 = \inf_{y \in M} \|x - y\|^2$$

   なる M の列 $\{y_n\}$ が，Cauchy 列であることを示す。

2. $y_n \to y \in M$ なる y の存在を示す。

3. 任意の $0 < a < 1$ と $z \in M$ に対して，$2a\langle x - y, z - y \rangle \leq a^2 \|z - y\|^2$ となること，および $\langle x - y, z - y \rangle > 0$ であるとき，その不等式に矛盾が存在することを示す。

4. $\langle x - y, z \rangle \leq 0$ を示す。

5. z の代わりに $-z$ を代入して，命題を得る。

詳細は，章末の付録を参照されたい。 $\square$

(2.10) は，任意の $x \in H$ が，$x = y + (x - y)$ $(y \in M,\ x - y \in M^\perp)$ に一意に分解できること，すなわち

$$H = M \oplus M^\perp \tag{2.11}$$

を意味する。

◆ **例 40**   正定値カーネル $k : E \times E \to \mathbb{R}$ および各 $x \in E$ について，$k(x, \cdot) : E \to \mathbb{R}$ を E 上の関数とみなすことができる。一般に，$\{k(x, \cdot)\}_{x \in E}$ で張られた空間，およびその閉包

$H := \overline{\mathrm{span}(\{k(x,\cdot)\}_{x \in E})}$ は線形空間になる（その内積が $\langle k(x,\cdot), k(y,\cdot)\rangle_H = k(x,y)$ となること，および完備であることは，次章で示す）．また，$x_1, \ldots, x_N \in E$ として，$M := \mathrm{span}(\{k(x_i,\cdot)\}_{i=1}^N)$ は，有限次元線形空間をなす．H は

$$M^\perp = \{f \in H \mid \langle f, k(x_i,\cdot)\rangle_H = 0, \ i = 1, \ldots, N\}$$

を用いて，(2.11) のように書ける．また，$f = f_1 + f_2 \ (f_1 \in M, \ f_2 \in M^\perp)$ であれば，

$$\|f\|_H^2 = \|f_1\|_H^2 + \|f_2\|_H^2 + 2\langle f_1, f_2\rangle_H = \|f_1\|_H^2 + \|f_2\|_H^2 \ge \|f_1\|_H^2$$

が成立する（4.1 節）．

命題 20　H を Hilbert 空間，M をその部分集合[8]とするとき，

(1) $M^\perp$ は H の閉部分空間

(2) $M \subseteq (M^\perp)^\perp$

(3) M が部分空間であれば，$(M^\perp)^\perp = \overline{M}$

ただし，$\overline{M}$ は集合 M の閉包を表すものとする．

証明　(1): $M^\perp$ も線形空間である．内積の連続性（命題9）より，$M^\perp$ の列 $\{x_n\}$ について各 $a \in M$ で $x_n \to x \ (n \to \infty)$ であれば，

$$\langle x, a\rangle = \lim_{n \to \infty} \langle x_n, a\rangle = 0$$

となり，$M^\perp$ は閉である．(2):

$$x \in M \Longrightarrow \langle x, y\rangle = 0, \ y \in M^\perp \Longrightarrow x \in (M^\perp)^\perp$$

より，成立する．(3): (1) と (2) から，$M \subseteq (M^\perp)^\perp$ の両辺の閉包をとって，$\overline{M} \subseteq (M^\perp)^\perp$ とできる．そして，命題19から，任意の $x \in (M^\perp)^\perp$ が，$y \in \overline{M} \cap (M^\perp)^\perp = \overline{M}$, $z \in \overline{M}^\perp \cap (M^\perp)^\perp$ の和で書ける．しかし，$\overline{M}^\perp \cap (M^\perp)^\perp \subseteq M^\perp \cap (M^\perp)^\perp = \{0\}$ となり，$z = 0$ となって，(3) が示された． $\square$

2.5　線形作用素

　線形空間 X_1, X_2 をノルムが $\|\cdot\|_1, \|\cdot\|_2$ の線形空間とし，$T : X_1 \to X_2$ を X_1 の要素を X_2 の要素に線形的に変換する写像とする．これを，線形作用素 (linear operator) とよぶ．そして，像と核をそれぞれ

$$\mathrm{Im}(T) := \{Tx \mid x \in X_1\} \subseteq X_2$$
$$\mathrm{Ker}(T) := \{x \in X_1 \mid Tx = 0\} \subseteq X_1$$

---

[8] 部分空間とは限らない．

で定義し，像 $\mathrm{Im}(T)$ の次元を T の階数とよぶ．任意の $x \in X_1$ について

$$\|Tx\|_2 \leq C\|x\|_1$$

となるような定数 $C > 0$ が存在するとき，線形作用素 $T : X_1 \to X_2$ は有界 (bounded) であるという．そのような T の集合を $B(X_1, X_2)$ と書くものとする．また，$X_1 = X_2 = X$ の場合，$B(X_1, X_2)$ を $B(X)$ と書く．

命題 21　線形作用素 T が有界であることと，T が一様連続であることは同値である．

証明　一様連続であれば，$\|x\|_1 \leq \delta \Longrightarrow \|Tx\|_2 \leq 1$ となる $\delta > 0$ が存在する．$\left\|\frac{\delta x}{\|x\|}\right\| \leq \delta$ であるから，任意の $x \neq 0$ について，

$$\|Tx\|_2 = \left\|T\left(\frac{\delta x}{\|x\|_1}\right)\right\|_2 \frac{\|x\|_1}{\delta} \leq \frac{\|x\|_1}{\delta}$$

が成立する．他方，有界であれば，$x_n \to x \ (n \to \infty)$ なる任意の $\{x_n\} \ (x \in X_1)$ について，

$$\|T(x_n - x)\|_2 \leq C\|x_n - x\|_1$$

なる共通の定数 C が存在するので，一様連続である．　　　　　□

以下では，$T \in B(X_1, X_2)$ の作用素ノルム (operator norm) を

$$\|T\| := \sup_{x \in X_1, \, \|x\|_1 = 1} \|Tx\|_2 \tag{2.12}$$

で定義する．したがって，任意の $x \in X_1$ について

$$\|Tx\|_2 \leq \|T\| \, \|x\|_1$$

が成立する．

◆ **例 41**　$X_1 = \mathbb{R}^p, X_2 = \mathbb{R}^q$ として，ノルムがともに通常のユークリッドノルムであれば，線形作用素 $T : \mathbb{R}^p \to \mathbb{R}^q$ は，何らかの行列 $B \in \mathbb{R}^{q \times p}$ を用いて $T : x \mapsto Bx$ と書け，B が正方行列であれば，そのノルム $\|T\|$ が非負定値行列 $A := B^\top B$ の固有値の最大値の平方根になる．

$$\|T\|^2 = \max_{\|x\|=1} x^\top B^\top B x = \max_{\|x\|=1} \|Bx\|^2$$

◆ **例 42**　$L^2[0,1]$ における線形作用素 T を，

$$\int_0^1 \int_0^1 K^2(x,y) dx dy$$

が有界であるような $K : [0,1]^2 \to \mathbb{R}$ を用いて $\left(\int_0^1 \int_0^1 K^2(u,v) du dv < \infty\right)$

$$(Tf)(\cdot) = \int_0^1 K(\cdot, x) f(x) dx \tag{2.13}$$

で定義されるもの（積分作用素, integral operator）とする。ただし, $f \in L^2[0,1]$ であり, (2.13) も $L^2[0,1]$ の要素となり, T が有界であることも示される。実際,

$$|(Tf)(x)|^2 \leq \int_0^1 K^2(x,y)dy \int_0^1 f^2(y)dy = \|f\|_2^2 \int_0^1 K^2(x,y)dy$$

となり

$$\|Tf\|_2^2 = \int_0^1 |(Tf)(x)|^2 dx \leq \|f\|_2^2 \int_0^1 \int_0^1 K^2(x,y)dxdy$$

が成立する[9]。

特に, $X_2 = \mathbb{R}$ の線形作用素を, 線形汎関数 (linear functional) という。

命題 22 （Riesz の表現定理） H を内積およびノルムがそれぞれ $\langle \cdot, \cdot \rangle$, $\|\cdot\|$ である Hilbert 空間とする。各 $T \in B(H, \mathbb{R})$ について,

$$Tf = \langle f, e_T \rangle \quad (f \in H) \tag{2.14}$$

であって, $\|T\| = \|e_T\|$ となるような $e_T \in H$ が一意に存在する。

証明は章末の付録を参照されたい。

◆ **例 43 （RKHS）** $f \in H$ の $x \in E$ での値 $f(x)$ を求める写像 $T_x : H \to \mathbb{R}$ も線形である。実際,

$$T_x(af + bg) = (af + bg)(x) = af(x) + bg(x) = aT_x(f) + bT_x(g)$$

が成立する。以下では, T_x が各 $x \in E$ で有界であることを仮定する。このとき, 命題22より, 各 $x \in E$ で

$$f(x) = T_x(f) = \langle f, k_x \rangle$$

なる $k_x \in H$ が存在し, $\|T_x\| = \|k_x\|$ となる。

命題 23 （共役作用素） $i = 1, 2$ として, H_i を内積が $\langle \cdot, \cdot \rangle_i$ の Hilbert 空間であるとする。各 $T \in B(H_1, H_2)$ に対して,

$$\langle Tx_1, x_2 \rangle_2 = \langle x_1, T^* x_2 \rangle_1 \quad (x_1 \in H_1, \ x_2 \in H_2)$$

となるような $T^* \in B(H_2, H_1)$ が一意に存在する。

証明 $x_2 \in H_2$ を固定して, $\langle Tx_1, x_2 \rangle_2$ を $x_1 \in H_1$ の関数とみなすと, $x_1 \mapsto \langle Tx_1, x_2 \rangle \leq \|Tx_1\|_2 \|x_2\|_2$ より $x_1 \in H_1$ に関して有界な作用素となり, 命題22より, $x_2 \in H_2$ ごとに, $\langle Tx_1, x_2 \rangle_2 = \langle x_1, y(x_2) \rangle_1$ なる $y_2(x_2) \in H_1$ が一意に存在する。そこで, $T^* x_2 = y_2(x_2)$ と定義すれば, 線形写像になる。有界性は,

$$\|T^* x_2\|_1^2 = |\langle x_2, TT^* x_2 \rangle|_2 \leq \|T\| \, \|T^* x_2\|_1 \|x_2\|_2$$

---

[9] K を積分作用素のカーネルといい, 本書で扱う（正定値）カーネルとは区別する。

が成立することによる。   □

命題 23 の T^* を T の共役作用素 (adjoint operator) とよぶ。そして，特に $T^* = T$ であるとき，作用素 T は自己共役 (self-adjoint) であるという。

◆ **例 44** $H = \mathbb{R}^p$ とする。線形変換 $B(H)$ の各要素 T は，正方行列 $T \in \mathbb{R}^{p \times p}$ であらわせる。そして，

$$\langle Tx, y \rangle = x^\top T^\top y = \langle x, T^\top y \rangle$$

となり，共役作用素 T^* は転置行列 $T^\top$ を意味し，T が対称行列で書けることと作用素が自己共役であることが同値である。

◆ **例 45**   例 42 で検討した $L^2[0,1]$ における積分作用素については，Fubini の定理より

$$\langle Tf, g \rangle = \int_0^1 \int_0^1 K(x, y) f(x) g(y) dx dy = \left\langle f, \int_0^1 K(y, \cdot) g(y) dy \right\rangle$$

となるので，$y \mapsto (T^* g)(y) = \int_0^1 K(x, y) g(x) dx$ が共役作用素となる。特に，K が対称なら，作用素 T は自己共役になる。

2.6   コンパクト作用素

距離空間 (M, d) で，E を M の部分集合とする。E の任意の無限列が E の要素に収束する部分列をもつとき，E は点列コンパクト (sequentially compact) であるという[10]。

◆ **例 46** $E = \mathbb{R}$, $x, y \in \mathbb{R}$ に対して $d(x, y) = |x - y|$ のとき，E は点列コンパクトではない。実際，$x_n = n$ という収束する部分列をもたない列が存在する。$E = (0, 1]$ では，$x_n = 1/n \to 0 \notin (0, 1]$ $(n \to \infty)$ であり，収束する部分列の収束先は 0 しかない。したがって，$E = (0, 1]$ は点列コンパクトではない。

> **命題 24**   距離空間 (M, d) で，M の部分集合 E が点列コンパクトであることと，E がコンパクトであることは同値である。

この同値性の証明は，幾何学の多くの書籍で扱っているので，そちらを参照されたい。

本節では，コンパクト集合を点列コンパクト集合の用語を用いて説明する。

ノルムが定義された空間 X_1 から X_2 への有界線形作用素 $T \in B(X_1, X_2)$ と任意の有界な X_1 の列 $\{x_n\}$ に対して，$\{Tx_n\}$ が収束する部分列をもつとき，T はコンパクト (compact) であるという。

◆ **例 47**   Hilbert 空間 H の正規直交基底 $\{e_j\}$ は，$\|e_j\| = 1$ より，有界列である。しかし，それを恒等的にうつす写像では，任意の $i \neq j$ について，$\|e_i - e_j\| = \sqrt{2}$ であるため，H の正規直交基

---

[10] E の任意の $\{x_n\}$ が $x \in E$ に収束する部分列をもつことは，x が $\{x_n\}$ の集積点であることと同値になる。

底の列 $\{e_1, e_2, \ldots\}$ は，収束する部分列をもたない。したがって，恒等写像の作用素は，コンパクトではない。

命題 25 Hilbert 空間の間の線形有界作用素について，

(1) 有限階数の作用素はコンパクトである。

(2) 有限階数の作用素の列 $\{T_n\}$ で $\|T_n - T\| \to 0 \ (n \to \infty)$ となるものが存在すれば，T はコンパクトである[11]。

証明は章末の付録を参照されたい。

Hilbert 空間 H と $T \in B(H)$ について，

$$Te = \lambda e \tag{2.15}$$

なる $\lambda \in \mathbb{R}$ と $0 \neq e \in H$ が存在するとき，λ を T の固有値 (eigenvalue)，e を対応する固有ベクトル (eigenvector) という。このとき，以下の命題が成立する。

命題 26 $T \in B(H)$, $e_j \in \mathrm{Ker}(T - \lambda_j I)$ $(j = 1, 2, \ldots)$ であり，$\lambda_j \neq 0$ がすべて異なる値をもつとき，

(1) e_j は 1 次独立である。

(2) T が自己共役であれば，e_j は直交する。

証明は章末の付録を参照されたい。

◆ **例 48** $T \in B(H)$ をコンパクト作用素とするとき，各 $\lambda \neq 0$ について，固有空間 $\mathrm{Ker}(T - \lambda I)$ は有限次元である。実際，ある $\lambda \neq 0$ について，$\mathrm{Ker}(T - \lambda I)$ が無限次元であったとする。このとき，固有値 λ を共有する e_j が無限種類あり，それらに T を作用させると，例 47 の場合と同様に，$\{\lambda e_j\}$ が収束する部分列をもたないので，T はコンパクトにはならない。

◆ **例 49** T の異なる固有値で，その絶対値がある正の値より大きいものの個数は，有限個である。実際，$\lambda_1, \lambda_2, \ldots$ が絶対値が λ 以上になる固有値であったとする。$M_0 = \{0\}$, $e_j \in \mathrm{Ker}(T - \lambda_j I)$ として，$M_i := \mathrm{span}\{e_1, \ldots, e_i\}$ とおくと，$\{e_1, \ldots, e_i\}$ は 1 次独立であるので，$M_i \cap M_{i-1}^\perp$ は各 i で 1 次元となる。そこで, Gram-Schdmit の方法によって，正規直交系列 $x_i \in \mathrm{Ker}(T - \lambda_i I) \cap M_{i-1}^\perp$ $(i = 1, 2, \ldots)$ を定義すると，$i > k$ で

$$\|Tx_i - Tx_k\|^2 = \|Tx_i\|^2 + \|Tx_k\|^2 \geq 2\lambda^2$$

となり，$\{Tx_i\}$ が収束する部分列をもたない。

例 49 は，T の 0 でない固有値の集合は可算であることを意味する。

これまでの議論をまとめると，以下のようになる。

---

[11] 逆も成立するが，本書では用いないので，証明はしない。

命題 27　T を Hilbert 空間 H 上のコンパクトで自己共役な作用素とする。T の 0 でない固有値の集合は有限個か，0 に収束する列からなる。各固有値は有限個の重複度をもち，異なる固有値に対応する固有ベクトルは直交する。$\lambda_1, \lambda_2, \ldots$ を $|\lambda_1| \geq |\lambda_2| \geq \cdots$ となるように並べ替えた固有値の列とする。そして，$e_1, e_2, \ldots$ を対応する固有ベクトルとし，重複するものがあれば，Gram-Schmidt によって直交化させたものとする。このとき，$\{e_j\}$ は $\overline{\mathrm{Im}(T)}$ の正規直交基底であり，各 $x \in H$ について

$$Tx = \sum_{j=1}^{\infty} \lambda_j \langle x, e_j \rangle e_j \tag{2.16}$$

とできる。

　証明　下記の手順による。ただし，自己共役 ($T = T^*$) である。

(1)　$H = \mathrm{Ker}(T) \oplus \overline{\mathrm{Im}(T)}$ を示す。

(2)　$\overline{\mathrm{span}\{e_j \mid j \geq 1\}} \subseteq \overline{\mathrm{Im}(T)}$ を示す。

(3)　$\overline{\mathrm{span}\{e_j \mid j \geq 1\}} \supseteq \overline{\mathrm{Im}(T)}$ を示す。

詳細は，付録を参照されたい。　　　　　　　　　　　　　　　　　　　　　　　　□

　任意の $H \ni x = \sum_{i=1}^{\infty} \langle x, e_i \rangle e_i$ について，

$$\langle Tx, x \rangle = \left\langle \sum_{i=1}^{\infty} \lambda_i \langle x, e_i \rangle e_i, \sum_{j=1}^{\infty} \langle x, e_j \rangle e_j \right\rangle = \sum_{i=1}^{\infty} \lambda_i \langle x, e_i \rangle^2 \geq 0$$

すなわち，$\lambda_1 \geq 0, \lambda_2 \geq 0, \ldots$ であるとき，T は非負定値 (nonnegative definite) であるという。

命題 28　T が非負定値であれば，

$$\lambda_k = \max_{e \in \mathrm{span}\{e_1, \ldots, e_{k-1}\}^{\perp}} \frac{\langle Te, e \rangle}{\|e\|^2} \tag{2.17}$$

とできる。ただし，$k = 1$ のときは，Hilbert 空間全体 H の中での最大化である。

　証明　(2.16) および実際，固有値がすべて非負で，$\langle Te, e \rangle = \lambda_k \|e\|$ となることからしたがう。

　　　　　　　　　　　　　　　　　　　　　　　　　　　　　　　　　　　　　□

　H_1, H_2 を Hilbert 空間，$\{e_i\}$ を H_1 の正規直交基底，$T \in B(H_1, H_2)$ として，

$$\sum_{i=1}^{\infty} \|Te_i\|_2^2$$

が有限の値をとるとき，T を Hilbert-Schmidt (HS) 作用素といい，$B(H_1, H_2)$ の HS 作用素全体を $B_{HS}(H_1, H_2)$ と書く。

　$\langle T_1, T_2 \rangle_{HS} := \sum_{j=1}^{\infty} \langle T_1 e_j, T_2 e_j \rangle_2$ を $T_1, T_2 \in B_{HS}(H_1, H_2)$ の内積といい，

$$\|T\|_{HS} := \langle T, T \rangle_{HS}^{1/2} = \left\{ \sum_{i=1}^{\infty} \|Te_i\|_2^2 \right\}^{1/2}$$

を $T \in B_{HS}(H_1, H_2)$ の HS ノルムとよぶ。

命題 29 $T \in B(H_1, H_2)$ の HS ノルムは，正規直交基底 $\{e_i\}$ の選び方に依存しない。

証明 $\{e_{1,i}\}, \{e_{2,j}\}$ を H_1, H_2 の正規直交基底とし，$T_1, T_2 \in B(H_1, H_2)$ に対して，$T_k e_{1,i} = \sum_{j=1}^{\infty} \langle T_k e_{1,i}, e_{2,j} \rangle_2 \, e_{2,j}$, $T_k^* e_{2,j} = \sum_{i=1}^{\infty} \langle T_k^* e_{2,j}, e_{1,i} \rangle_1 e_{1,i}$, $k = 1, 2$ とおくと

$$\sum_{i=1}^{\infty} \langle T_1 e_{1,i}, T_2 e_{1,i} \rangle_2 = \sum_{i=1}^{\infty} \sum_{j=1}^{\infty} \langle T_1 e_{1,i}, e_{2,j} \rangle_2 \langle T_2 e_{1,i}, e_{2,j} \rangle_2$$

$$= \sum_{i=1}^{\infty} \sum_{j=1}^{\infty} \langle e_{1,i}, T_1^* e_{2,j} \rangle_1 \langle e_{1,i}, T_2^* e_{2,j} \rangle_1 = \sum_{i=1}^{\infty} \langle T_1^* e_{2,j}, T_2^* e_{2,j} \rangle_1$$

が成立する。すなわち，両辺とも，$\{e_{1,i}\}, \{e_{2,j}\}$ のとり方に依存しない。特に，$T_1 = T_2 = T$ とおくと，$\|T\|_{HS}^2$ が $\{\}$ は，$\{e_{1,i}\}, \{e_{2,j}\}$ に依存しないことがわかる。　　□

命題 30 HS 作用素は，コンパクトである。

証明 HS 作用素 $T \in B(H_1, H_2)$ と $x \in H_1$ について，

$$T_n x := \sum_{i=1}^{n} \langle Tx, e_{2,i} \rangle_2 \, e_{2,i}$$

とおく。ただし，$\{e_{2,i}\}$ は H_2 の正規直交基底であるとする。T_n の像が有限次元なので，T_n はコンパクトである。したがって，命題 25 (2) より $n \to \infty$ のとき $\|T - T_n\| \to 0$ を示せば十分である。しかし，$(T - T_n)x = \sum_{i=n+1}^{\infty} \langle Tx, e_{2,i} \rangle_2 \, e_{2,i}$ であるので，$\|x\|_1 \le 1$ のとき

$$\|(T - T_n)x\|_2^2 = \sum_{i=n+1}^{\infty} \langle Tx, e_{2,i} \rangle_2^2 = \sum_{i=n+1}^{\infty} \langle x, T^* e_{2,i} \rangle_1^2 \le \sum_{i=n+1}^{\infty} \|T^* e_{2,i}\|^2$$

となり，HS 作用素であるので，この右辺が 0 に収束する。　　□

◆ **例 50** HS ノルムは，$T \in B(\mathbb{R}^m, \mathbb{R}^n)$ $(m, n \ge 1)$ のように行列 $T = (T_{i,j})$ であらわされる場合，その mn 個の各成分の 2 乗和になる。実際，T が行列 $\mathbb{R}^{n \times m}$ であらわされ，$e_{X,i} \in \mathbb{R}^m$ を第 i 成分だけが 1 でほかが 0 の列ベクトル，$e_{Y,j} \in \mathbb{R}^n$ を第 j 成分だけが 1 でほかが 0 の列ベクトルとすれば，HS ノルムの 2 乗は

$$\|T\|_{HS}^2 = \sum_{i=1}^{n} \|T e_{X,i}\|^2 = \sum_{j=1}^{m} \|T^* e_{Y,j}\|^2 = \sum_{i=1}^{m} \sum_{j=1}^{n} T_{i,j}^2$$

となり，Frobenius ノルムになる。

以下では，$T \in B(H)$ について，$\{e_i\}$ を H の正規直交基底として，

$$\|T\|_{TR} := \sum_{j=1}^{\infty} \langle T e_j, e_j \rangle$$

が有限であるときに，$\|T\|_{TR}$ を T のトレースノルムといい，T をトレースクラス (trace class) という。HS ノルムの場合と同様に，正規直交基底 $\{e_j\}$ のとり方に依存せずに，トレースノルムの値が決まる。

命題 27 の (2.16) に，$x = e_j$ を代入すると，$Tx = \lambda e_j$ となり，

$$\|T\|_{TR} := \sum_{j=1}^{\infty} \langle Te_j, e_j \rangle = \sum_{j=1}^{\infty} \lambda_j$$

が成立する。他方，

$$\|T\|_{HS}^2 = \sum_{i=1}^{\infty} \|Te_i\|^2 = \sum_{j=1}^{\infty} \lambda_j^2$$

より，

$$\|T\|_{HS} \leq \left(\lambda_1 \sum_{i=1}^{\infty} \lambda_i \right)^{1/2} = \sqrt{\lambda_1 \|T\|_{TR}}$$

が成立する。したがって，以下の命題が成立する。

命題 31　$T \in B(H)$ がトレースクラスであれば，HS クラスである。したがって，$T \in B(H)$ がトレースクラスであれば，コンパクトである。

付録：命題の証明

命題 13 の証明

任意の $f \in L^2$ は単関数で近似できることと，任意の単関数が連続関数で近似できることを示す。以下では，ノルム $\|\cdot\|$ は L^2 ノルムを表すものとする。

$f \in L_2$ は可測であるから，f を非負の関数として，単関数の列 $\{f_n\}$

$$f_n(\omega) = \begin{cases} (k-1)2^{-n}, & (k-1)2^{-n} \leq f(\omega) < k2^{-n} \ (1 \leq k \leq n2^n) \\ n, & n \leq f(\omega) \leq \infty \end{cases}$$

が $0 \leq f_1(\omega) \leq f_2(\omega) \leq \cdots \leq f(\omega)$ であって，至るところで $|f_n(\omega) - f(\omega)|^2 \to 0$ となり，$|f_n(\omega) - f(\omega)|^2 \leq 4\{f(\omega)\}^2$ の右辺は積分をして有界であり，優収束定理より，

$$\|f_n - f\|_2^2 \to 0$$

が成立する。f が非負でない一般の場合にも拡張できることは，第 1 章における議論と同様に示すことができる。

他方，A を $[a,b]$ の部分閉集合とし，K_A をその指示関数 ($e \in A$ であれば $K_A(e) = 1$，それ以外で $K_A(e) = 0$) とする。$h(x) = \inf_{y \in A}\{|x-y|\}$，$g_n^A(x) = \dfrac{1}{1+nh(x)}$ とおくと，g_n^A は連続で，$x \in [a,b]$ で $g_n^A(x) \leq 1$，$x \in A$ で $g_n^A(x) = 1$，$x \in B := [a,b] \setminus A$ で $\lim_{n \to \infty} g_n^A(x) = 0$ となる。し

たがって，

$$\lim_{n \to \infty} \|g_n^A - K_A\| = \lim_{n \to \infty} \left(\int_B g_n^A(x)^2 dx \right)^{1/2} = \left(\int_B \lim_{n \to \infty} g_n^A(x)^2 dx \right)^{1/2} = 0$$

とできる。2番目の等号は，優収束定理によった。そして，A, A' を排反，$\alpha, \alpha' > 0$ として，$\alpha g_n^A + \alpha' g_n^{A'}$ は $\alpha K_A + \alpha' K_{A'}$ を近似する。実際，

$$\|\alpha g_n^A + \alpha' g_n^{A'} - (\alpha K_A + \alpha' K_{A'})\| \leq \alpha \|g_n^A - K_A\| + \alpha' \|g_n^{A'} - K_{A'}\|$$

とできる。したがって，任意の単関数に対して，それを近似する連続関数の列が存在する。 $\square$

命題14の証明

$\{f_n\}$ が L^2 の Cauchy 列，すなわち

$$\lim_{N \to \infty} \sup_{m,n \geq N} \|f_m - f_n\|_2 = 0 \tag{2.18}$$

であると仮定すると，

$$\left\| \sum_{k=1}^{\infty} |f_{n_{k+1}} - f_{n_k}| \right\|_2 \leq \sum_{k=1}^{\infty} \|f_{n_{k+1}} - f_{n_k}\|_2 < \infty$$

なる列 $\{n_k\}$ が存在する。すなわち，ほとんど至るところで，

$$\sum_{k=1}^{\infty} |f_{n_{k+1}}(x) - f_{n_k}(x)| < \infty \tag{2.19}$$

が成立する。任意の $r < t$ と $x \in E$ について，三角不等式から

$$|f_{n_r}(x) - f_{n_t}(x)| \leq \sum_{k=r}^{t-1} |f_{n_{k+1}}(x) - f_{n_k}(x)|$$

が成立する。これと (2.19) より，ほとんど至るところで，実数列 $\{f_{n_k}(x)\}_{k=1}^{\infty}$ が Cauchy 列になる。実数全体は完備（命題6）であるので，その収束先を $f(x)$ とおき，Cauchy 列にならない x については $f(x) = 0$ とおくことにする。そして，任意に $\epsilon > 0$ について，n を十分大きくとると，(2.18) より

$$\|f - f_n\|_2 = \int_E |f_n - f|^2 d\mu = \int_E \liminf_{k \to \infty} |f_n - f_{n_k}|^2 d\mu \leq \liminf_{k \to \infty} \int_E |f_n - f_{n_k}|^2 d\mu < \epsilon$$

とできる。ただし，最初の不等式は Fatou の補題によった。また，$f_n, f - f_n \in L^2$ で L^2 は線形空間であり，$f \in L_2$ となる。 $\square$

命題15の証明

(1):

$$0 \leq \left\| x - \sum_{i=1}^{n} \langle x, e_i \rangle e_i \right\|^2 = \|x\|^2 - \sum_{i=1}^{n} \langle x, e_i \rangle^2$$

がすべての n で成立することによる。　(2): $n > m$, $s_n := \sum_{k=1}^n \langle x, e_k \rangle e_k$ として，$n, m \to \infty$ で，

$$\|s_n - s_m\|^2 = \left\langle \sum_{k=m+1}^n \langle x, e_k \rangle e_k, \sum_{k=m+1}^n \langle x, e_k \rangle e_k \right\rangle = \sum_{k=m+1}^n |\langle x, e_k \rangle|^2$$

(1) よりこの値が 0 に収束する。　(3): $\{s_n\}, \{S_n\}$, $s_n := \sum_{i=1}^n \alpha_i e_i$, $S_n := \sum_{i=1}^n \alpha_i^2$ および $n > m$ について，

$$\|s_n - s_m\|^2 = \left\langle \sum_{k=m+1}^n \alpha_k e_k, \sum_{k=m+1}^n \alpha_k e_k \right\rangle = \sum_{k=m+1}^n \alpha_k^2 = S_n - S_m$$

より，$\{s_n\}$ が Cauchy $\iff$ $\{S_n\}$ が Cauchy となり，(3) が成立する。　(4): 内積の連続性（命題9）より，$y = \sum_{j=1}^\infty \alpha_j e_j$ について，$\langle y, e_i \rangle = \lim_{n \to \infty} \left\langle \sum_{i=1}^n \alpha_j e_j, e_j \right\rangle = \alpha_i$ が成立することによる。□

命題 16 の証明

(1) $\implies$ (6): $\{e_i\}$ が H の正規直交基底であるので，任意の $x \in H$ が $x = \sum_{i=1}^\infty \alpha_i e_i$ ($\alpha_i \in \mathbb{R}$) と書ける。命題 15 の (4) より，$\alpha_i = \langle x, e_i \rangle$ となり，(6) が得られる。　(6) $\implies$ (5): $x = \sum_{i=1}^\infty \langle x, e_i \rangle e_i$, $y = \sum_{i=1}^\infty \langle y, e_i \rangle e_i$ を $\langle x, y \rangle$ に代入して得られる。　(5) $\implies$ (4): (5) で $x = y$ とおく。　(4) $\implies$ (3): 各 $x \in H$ について，$n \to \infty$ で

$$\left\| x - \sum_{k=1}^n \langle x, e_k \rangle e_k \right\|^2 = \|x\|^2 - \sum_{k=1}^n |\langle x, e_k \rangle|^2 \to 0$$

となることによる。　(3) $\implies$ (2): $\langle x, e_k \rangle = 0$ ($k = 1, 2, \ldots$) であれば，$x \perp \mathrm{span}(\{e_k\})$ である。内積の連続性（命題9）より，これは $x \perp \overline{\mathrm{span}(\{e_k\})}$ を意味し，$\langle x, x \rangle = 0$ すなわち $x = 0$ を意味する。　(2) $\implies$ (1): 命題 15 の (2) より，各 $z \in H$ で $y = \sum_{i=1}^\infty \langle z, e_i \rangle e_i$ は収束するので，各 j で

$$\langle z - y, e_j \rangle = \langle z, e_j \rangle - \lim_{n \to \infty} \left\langle \sum_{i=1}^n \langle z, e_i \rangle, e_j \right\rangle = \langle z, e_j \rangle - \langle z, e_j \rangle = 0$$

である。(2) の仮定より，$z - y = 0$ となり，各 z が $\sum_{i=1}^\infty \langle z, e_i \rangle e_i$ と書ける。　　　　□

命題 19 の証明

M を H における閉部分空間であるとする。各 $x \in H$ について，$\|x - y\|$ を最小にする y は一意であって，すべての $z \in M$ について

$$\langle x - y, z - y \rangle \leq 0 \tag{2.20}$$

を満足することを示す。まず

$$\lim_{n \to \infty} \|x - y_n\|^2 = \inf_{y \in M} \|x - y\|^2 \tag{2.21}$$

なる M の列 $\{y_n\}$ が Cauchy 列であることを示す。M は線形空間であるので，$(y_n + y_m)/2 \in M$ であって

$$\|y_n - y_m\|^2 = 2\|x - y_n\|^2 + 2\|x - y_m\|^2 - 4\left\| x - \frac{y_n + y_m}{2} \right\|^2$$

$$\leq 2\|x - y_n\|^2 + 2\|x - y_m\|^2 - 4 \inf_{y \in M} \|x - y\|^2 \to 0$$

が成立し，$\{y_n\}$ は Cauchy 列である。そして，下限となる y が複数あると仮定し，それらを $u \neq v$ とおくと，たとえば $y_{2m-1} \to u$, $y_{2m} \to v$ なる $\{y_n\}$ も (2.21) を満足するが，Cauchy 列にはならないので，これまでの議論と矛盾する。したがって，下限となる y は一意である。以下では，y がその下限であるとする。

次に，任意の $0 < a < 1$ と $z \in M$ に対して，

$$\|x - \{az + (1-a)y\}\|^2 \geq \|x - y\|^2 \iff 2a\langle x - y, z - y \rangle \leq a^2 \|z - y\|^2$$

が成立する。このことより，$\langle x - y, z - y \rangle > 0$ であれば，十分小さな a に対して不等式が逆転して矛盾する。

最後に，(2.20) に $z = 0, 2y$ を代入すると，$\langle x - y, y \rangle = 0$ が得られる。したがって，(2.20) は，任意の $z \in M$ について，$\langle x - y, z \rangle \leq 0$ を意味する。そして，z の代わりに $-z$ を代入して，命題が得られる。 $\square$

命題 22 の証明

T が任意の要素を 0 にうつす場合，$e_T = 0$ とおけばよい。それ以外について，命題 20 の (1) より，$\mathrm{Ker}(T)^\perp$ は H の閉部分空間であって，$Ty = 1$ となる y を要素としてもつ。したがって，任意の $x \in H$ について，

$$T(x - (Tx)y) = Tx - TxTy = 0$$

とでき，$x - (Tx)y \in \mathrm{Ker}(T)$ となる。$y \in \mathrm{Ker}(T)^\perp$ であるので，$\langle x - (Tx)y, y \rangle = 0$ となり，

$$\langle x, y \rangle = Tx\langle y, y \rangle = Tx\|y\|^2$$

とできて，$e_T = y/\|y\|^2$ とおけばよい。

一意性は，e_T' も同じ条件を満たすとすれば，任意の $x \in H$ について，$\langle x, e_T - e_T' \rangle = 0$ となることからわかる。 $\square$

命題 25 の証明

(1): まず，$\{x_n\}$ が有界であれば，$\{Tx_n\}$ も有界である。そして，T の像が有限次元であれば，$\{Tx_n\}$ もコンパクト集合である（命題 7）[12]。 (2): いわゆる対角線論法を用いる。以下では，$\|\cdot\|_1, \|\cdot\|_2$ で，H_1, H_2 のノルムをあらわすものとする。$\{x_k\}$ を X_1 の有界列とする。T_1 のコンパクト性から，$\{T_1 x_{1,k}\}$ が $k \to \infty$ である $y_1 \in H_2$ に収束するような $\{x_{1,k}\} \subseteq \{x_{0,k}\} := \{x_k\}$ が存在する。また，$\{T_2 x_{2,k}\}$ が $k \to \infty$ である $y_2 \in H_2$ に収束するような $\{x_{2,k}\} \subseteq \{x_{1,k}\}$ が存在する。そして，これを繰り返していくと，H_2 の列 $\{y_n\}$ は収束する。実際，各 n で，十分大きな k_n に対して，

$$\|T_n x_{n,k} - y_n\|_2 < \frac{1}{n} \quad (k \geq k_n)$$

---

[12] 点列コンパクトの場合は Bolzano-Weierstrass の定理とよばれることが多い。しかし，距離空間では両者は一致する。

とできる。そして，$\{k_n\}$ を単調になるようにとると，

$$y_m - y_n = (y_m - T_m x_{n,k_n}) + (T_n x_{n,k_n} - y_n) + (T_m x_{n,k_n} - T x_{n,k_n}) + (T x_{n,k_n} - T_n x_{n,k_n})$$

したがって，$m, n \to \infty$ のとき，

$$\|y_m - y_n\| \leq \frac{1}{m} + \frac{1}{n} + \|T_m - T\| \cdot \|x_{n,k_n}\|_1 + \|T_n - T\| \cdot \|x_{n,k_n}\|_1 \to 0$$

H_2 は完備であるので，$\{y_n\}$ が収束する $y \in H_2$ が存在する。そして，$n \to \infty$ で

$$\|T x_{n,k_n} - y\|_2 \leq \|T - T_n\| \cdot \|x_{n,k_n}\|_1 + \|T_n x_{n,k_n} - y_n\|_2 + \|y_n - y\|_2 \to 0$$

となるので，$\{T x_n\}$ が H_2 に収束する部分列をもつことが示された。　　　　□

命題 26 の証明

$$\sum_{j=1}^{n} c_j e_j = 0 \Longrightarrow c_1 = c_2 = \cdots = c_n = 0 \tag{2.22}$$

を帰納法で示す。$n = 2$ のとき，$c_1 e_1 + c_2 e_2 = 0$ は $T(c_1 e_1 + c_2 e_2) = \lambda_1 c_1 e_1 + \lambda_2 c_2 e_2 = 0$ を意味するので，この 2 式および $\lambda_1 \neq \lambda_2$ より，$c_1 = c_2 = 0$ が成立する。したがって，(2.22) が成り立つ。$n = k$ で (2.22) が成立するとき，$\sum_{j=1}^{k+1} c_j e_j = 0$ および $\sum_{j=1}^{k+1} \lambda_j c_j e_j = 0$ は

$$0 = \lambda_{k+1} \sum_{j=1}^{k+1} c_j e_j - \sum_{j=1}^{k+1} \lambda_j c_j e_j = \sum_{j=1}^{k} (\lambda_{k+1} - \lambda_j) c_j e_j$$

を意味する。$\lambda_{k+1} \neq \lambda_j$ より，$c_j' = (\lambda_{k+1} - \lambda_j) c_j \neq 0$ として，$\sum_{j=1}^{k} c_j' e_j = 0$ および帰納法の仮定より，$c_1' = \cdots = c_k' = 0$，したがって $c_1 = \cdots = c_k = 0$ が成立する。また，このことは $c_{k+1} e_{k+1} = -\sum_{j=1}^{k} c_j e_j = 0$，すなわち $c_{k+1} = 0$ を意味する。さらに，この条件のもとで T が自己共役であれば，$i \neq j$ として，$\langle e_i, e_j \rangle = \langle e_i, \lambda_j^{-1} T e_j \rangle = \lambda_j^{-1} \langle T e_i, e_j \rangle = \lambda_j^{-1} \lambda_i \langle e_i, e_j \rangle$ および $\lambda_i \neq \lambda_j$ より，$\langle e_i, e_j \rangle = 0$ が成立する。すなわち，$\{e_j\}$ は相互に直交する。　　　　□

命題 27 の証明

最初に，

$$(\mathrm{Ker}(T))^{\perp} = \mathrm{Im}(T^*) \tag{2.23}$$

を示す。$x_1 \in \mathrm{Ker}(T)$，$x_2 \in H_2$ について $\langle x_1, T^* x_2 \rangle = \langle T x_1, x_2 \rangle = 0$ とでき，x_1 は $\mathrm{Im}(T^*)$ のどの要素とも直交するので，

$$\mathrm{Ker}(T) \subseteq (\mathrm{Im}(T^*))^{\perp}$$

が成立する。また，$x_1 \in (\mathrm{Im}(T^*))^{\perp}$ であれば，$T^*(T x_1) \in \mathrm{Im}(T^*)$ であるので，

$$\|T x_1\|_2 = \langle x_1, T^* T x_1 \rangle_1 = 0$$

より，$x_1 \in \mathrm{Ker}(T)$ となり，逆側の包含関係も示され，(2.23) が示された。さらに，命題 20 の (3) を適用すると，

$$(\mathrm{Ker}(T))^{\perp} = \overline{\mathrm{Im}(T^*)}$$

が成立する。$\mathrm{Ker}(T)$ は H の部分集合 $\mathrm{Im}(T^*)$ の直交補空間であって，命題 20 の (1) および (2.11) が適用できる。そして，$H := H_1 = H_2, T \in B(H)$ が自己共役 ($T^* = T$) であることから，(2.23) はさらに，

$$H = \mathrm{Ker}(T) \oplus \overline{\mathrm{Im}(T)}$$

と書ける。

したがって，(2.16) を示すには，下記を示せば十分である。

$$\overline{\mathrm{Im}(T)} = \overline{\mathrm{span}\{e_j \mid j \geq 1\}} \tag{2.24}$$

有限の $n = 1, 2, \ldots$ と $c_1, c_2, \ldots, c_n \in \mathbb{R}$ について，

$$\sum_{j=1}^n c_j e_j = T\left(\sum_{j=1}^n \lambda_j^{-1} c_j e_j\right)$$

であって，$\mathrm{span}\{e_j \mid j \geq 1\} \subseteq \mathrm{Im}(T)$ が成立する。両辺で閉包をとっても包含関係は逆転しないので，$\overline{\mathrm{span}\{e_j \mid j \geq 1\}} \subseteq \overline{\mathrm{Im}(T)}$ が示された。また，(2.11) より，

$$\overline{\mathrm{Im}(T)} = \overline{\mathrm{span}\{e_j \mid j \geq 1\}} \oplus N$$

というように分解できる。ただし，$N = \overline{\mathrm{span}\{e_j \mid j \geq 1\}}^\perp \cap \overline{\mathrm{Im}(T)}$ である。そして，$y \in \mathrm{span}\{e_j \mid j \geq 1\}$ に対して $Ty \in \overline{\mathrm{span}\{e_j \mid j \geq 1\}}$，また，$T$ が自己共役であるので，$x \in N$ に対して，

$$\langle Tx, y \rangle = \langle x, Ty \rangle = 0$$

すなわち，$Tx \in N$ が成り立つ。

次に，一般に

$$\|T\| = w(T) := \sup_{\|x\|=1} |\langle Tx, x \rangle| \tag{2.25}$$

が成立することに注意する。

$$
\begin{aligned}
|\langle Tx, y \rangle| &= \left|\frac{1}{4}\langle T(x+y), x+y \rangle - \frac{1}{4}\langle T(x-y), x-y \rangle\right| \\
&\leq \frac{1}{4}|\langle T(x+y), x+y \rangle| + \frac{1}{4}|\langle T(x-y), x-y \rangle| \\
&\leq \frac{1}{4}w(T)(\|x+y\|^2 + \|x-y\|^2) = \frac{1}{2}w(T)(\|x\|^2 + \|y\|^2)
\end{aligned}
$$

となり，この両辺について，$\|x\| = \|y\| = 1$ のもとで上限をとると，

$$\|T\| \leq \sup_{\|x\|=\|y\|=1} \langle Tx, y \rangle \leq w(T)$$

他方

$$w(T) \leq \sup_{\|x\|=1} \|Tx\| \cdot \|x\| = \sup_{\|x\|=1} \|Tx\| = \|T\|$$

が成立し，(2.25) が成立する。

　また, $\pm\|T\|$ のいずれかが T の固有値になることがわかる. 実際, (2.25) より, $\langle Tx_n, x_n \rangle \to \|T\|$ もしくは $\langle Tx_n, x_n \rangle \to -\|T\|$ となる H の列 $\{x_n\}$ で $\|x_n\| = 1$ となるものが存在する（上限, 下限は, その集合の集積点になる）. 前者の場合,

$$0 \le \|Tx_n - \|T\|x_n\|^2 = \|Tx_n\|^2 + \|T\|^2\|x_n\|^2 - 2\|T\|\langle Tx_n, x_n \rangle \to 0$$

と T のコンパクト性から $Tx_{n_k} \to y \in H_2$ なる $\{x_n\}$ の部分列 $\{x_{n_k}\}$ が存在し, $Tx_{n_k} - \|T\|\,x_{n_k} \to 0$ より, $\|T\|x_{n_k} \to \|T\|x$ なる $0 \ne x \in H_1$ が存在する. $\|T\|x = y = \lim_{k\to\infty} Tx_{n_k}$ より, $Tx = \|T\|x$ が成立し, $\|T\|$ が T の固有値である. 後者の場合, $-\|T\|$ が T の固有値となる.

　最後に, $\|Tx\| \ne 0$ となる $x \in N$ が存在すると仮定する. T_N を T の N への制限とすると, $\|T_N\| > 0$ となるが, $\|T_N\|$ または $-\|T_N\|$ が T の固有値となり, N 上の固有ベクトルが存在するため, $\{e_j\}_{j=1}^{\infty}$ の決め方に矛盾. したがって, $x \in N$ のとき, $Tx = 0$ となり, これは $N \subseteq \overline{\mathrm{Im}(T)} \cap \mathrm{Ker}(T) = \{0\}$ を意味するため, (2.16) が示された. 　　　　□

問題 16〜30

☐ **16** 下記の集合のうち，閉集合はどれか。また，閉集合でないものについては，その閉包を求めよ。

(a) $\displaystyle\bigcup_{n=1}^{\infty}\left[n-\frac{1}{n}, n+\frac{1}{n}\right]$

(b) $\{2, 3, 5, 7, 11, 13, \ldots\}$

(c) $\mathbb{R} \cap \overline{\mathbb{Z}}$

(d) $\{(x, y) \in \mathbb{R}^2 \mid x \geq 0 \text{ のとき } x^2 + y^2 < 1,\ x < 0 \text{ のとき } x^2 + y^2 \leq 1\}$

☐ **17** 数列 $a_1 = 1$, $a_{n+1} = \dfrac{1}{2}a_n + \dfrac{1}{a_n}$ が，$n \to \infty$ で $\sqrt{2}$ に収束することを示せ。

☐ **18** $\varepsilon > 0$ とする。有界閉集合 M を定義域とする関数 $f : M \to \mathbb{R}$ について，各 $z \in M$ で

$$d(x, z) < \Delta(z) \implies d(f(x), f(z)) < \epsilon$$

となるように $\Delta(z)$ を設定する。

(a) そのような近傍を有限個（$U_1, \ldots, U_m$ とする）用意して M を覆うことができるのはなぜか。

$x, y \in M$ を $d_1(x, y) < \delta := \dfrac{1}{2} \min_{1 \leq i \leq m} \Delta(z_i)$ となるように選ぶものとする（U_i の中心を z_i とする）。一般性を失うことなく，$x \in U_i$ とする。

(b) $d_1(x, z_i) < \dfrac{1}{2}\Delta(z_i) < \Delta(z_i)$ を示せ。

(c) $d_1(y, z_i) \leq d_1(x, y) + d_1(x, z_i) < \Delta(z_i)$ を示せ。

(d) $d_2(f(x), f(y)) \leq d_2(f(x), f(z_i)) + d_2(f(y), f(z_i)) < \epsilon + \epsilon = 2\epsilon$ を示せ。

(e) f が一様連続であることを示せ。

☐ **19** 有界閉集合で連続な関数が一様連続であることを用いて，閉区間 $[0, 1]$ で連続な関数は積分可能であることを示せ。

☐ **20** Cauchy-Schwarz の不等式 (2.5) において，等号成立の必要十分条件が，x, y の一方が他方の定数倍であることを示せ。

☐ **21** 1変数多項式環が多元環であることを示せ。また，$E = [0, 1]$ とし，E における x に関する多項式 $f(x)$ の集合が $C(E)$ において，一様ノルムに関して稠密であることを示せ。

□ **22** Riesz-Fischer の定理「L^2 空間が完備」（命題 14）は，以下の手順に沿って導出が行われている。付録の証明を参考にして，それぞれがどこに該当するかを示せ。

(a) $\{f_n\}$ を任意の Cauchy 列とする。

(b) $\|\sum_{k=1}^{\infty} |f_{n_{k+1}} - f_{n_k}|\|_2 < \infty$ なる列 $\{n_k\}$ が存在する。

(c) $\mu\{x \in E \mid \lim_{k \to \infty} f_{n_k}(x) = f(x)\} = \mu(E)$ なる $f : E \to \mathbb{R}$ が存在することを示す。

(d) $\|f_n - f\| \to 0$ および $f \in L^2[a,b]$ を示す。

□ **23** Fourier 級数展開の基底

$$\left\{ \frac{1}{\sqrt{2\pi}}, \frac{\cos x}{\sqrt{\pi}}, \frac{\sin x}{\sqrt{\pi}}, \frac{\cos 2x}{\sqrt{\pi}}, \frac{\sin 2x}{\sqrt{\pi}}, \cdots \right\}$$

が正規直交列であることを示せ。

□ **24** 命題 19 の（付録の）証明は，下記の手順を踏んでいる。(a) から (e) のそれぞれは，どのような導出になっているか。

(a)
$$\lim_{n \to \infty} \|x - y_n\|^2 = \inf_{y \in M} \|x - y\|^2$$

なる M の列 $\{y_n\}$ が，M に収束することを示す（$y_n \to y \in M$ とおく）。

(b) 任意の $0 < a < 1$ と $z \in M$ に対して，$2a\langle x - y, z - y\rangle \le a^2 \|z - y\|^2$ を示す。

(c) $\langle x - y, z - y\rangle > 0$ であるとき，その不等式に矛盾が存在することを示す。

(d) $\langle x - y, z\rangle \le 0$ を示す。

(e) z の代わりに $-z$ を代入して，命題を得る。

□ **25** 線形作用素のノルム (2.12) が三角不等式を満足することを示せ。

□ **26** 積分作用素 (2.13) が有界な線形作用素であることを示せ。また，k が対称のとき，自己共役であることを示せ。

□ **27** $M = \mathbb{R}$, d を Euclid 距離とする距離空間 (M, d) において，下記の $E \subseteq M$ が点列コンパクトでないことを示せ。また，コンパクトでないことも示せ。

(a) $E = [0, 1)$

(b) $E = \mathbb{Q}$

□ **28** 命題 27 の証明は，以下の手順を踏む。(a) から (c) のそれぞれは，具体的にどのような導出になっているか。

(a) $H = \mathrm{Ker}(T) \oplus \overline{\mathrm{Im}(T)}$ を示す。

(b) $\overline{\mathrm{span}\{e_j \mid j \geq 1\}} \subseteq \overline{\mathrm{Im}(T)}$ を示す。

(c) $\overline{\mathrm{span}\{e_j \mid j \geq 1\}} \supseteq \overline{\mathrm{Im}(T)}$ を示す。

また，なぜ (2.25) を示す必要があったのか。

□ **29** HS ノルムとトレースノルムがそれぞれ三角不等式を満足することを示せ。

□ **30** $T \in B(H)$ がトレースクラスであれば，HS クラスであること，およびコンパクトであることを示せ。

第 3 章　再生核 Hilbert 空間

これまで，正定値カーネル $k : E \times E \to \mathbb{R}$ によって特徴写像 $\Psi : E \ni x \mapsto k(x, \cdot)$ が得られることを学んだ。本章では，その像 $k(x, \cdot)$ $(x \in E)$ によって線形空間 H_0 を生成し，それを完備化して Hilbert 空間 H を構成する。H は，再生核 Hilbert 空間 (Reproducing Kernel Hilbert Space, RKHS) とよばれ，カーネル k について再生性を満足する（k が H の再生核である）。本章では，最初に，カーネル k と RKHS H が 1 対 1 に対応すること，H_0 が H で稠密であること（Moore-Aronszajn の定理）を理解する。さらに，RKHS の和で表現される RKHS を導入し，Sobolev 空間に適用する。後半では，積分作用素に関する Mercer の定理を証明し，その固有値，固有関数を計算する方法を学ぶ。本章は，本書の理論のコアであって，第 4 章以降はその応用に相当する。

3.1　RKHS

H を関数 $f : E \to \mathbb{R}$ を要素にもつ Hilbert 空間とする。

関数 $k : E \times E \to \mathbb{R}$ は以下の 2 条件を満足するとき，$\langle \cdot, \cdot \rangle_H$ を内積とする Hilbert 空間 H の再生核 (reproducing kernel) であるという。

(1) 各 $x \in E$ について，

$$k(x, \cdot) \in H \tag{3.1}$$

(2) 再生性：各 $f \in H$ と $x \in E$ について

$$f(x) = \langle f, k(x, \cdot) \rangle_H \tag{3.2}$$

H が再生核をもつとき，H は再生核 Hilbert 空間 (reproducing kernel Hilbert space, RKHS) であるという。再生性 (3.2) はカーネルトリックとよばれている。

◆ 例 51　$\{e_1, \ldots, e_p\}$ が有限次元 Hilbert 空間 H の正規直交基底であるとき，$x, y \in E$ に対して，

$$k(x, y) := \sum_{i=1}^{p} e_i(x) e_i(y) \tag{3.3}$$

とおくと, $k(x, \cdot) \in H$ であり, 各 $1 \leq j \leq p$ に対して,

$$\langle e_j(\cdot), k(x, \cdot)\rangle_H = \sum_{i=1}^{p} \langle e_j, e_i\rangle_H e_i(x) = e_j(x)$$

となる。このことは, 任意の $f(\cdot) = \sum_{i=1}^{p} f_i e_i(\cdot) \in H$ $(f_i \in \mathbb{R})$ に対して, $\langle f(\cdot), k(x, \cdot)\rangle_H = f(x)$ であることを意味し, 再生性が成立する。したがって, H は RKHS であり, (3.3) は再生核である。

命題 32 RKHS H の再生核 k は一意であり, 対称 $k(x, y) = k(y, x)$ であって, 非負定値である。

証明 k_1, k_2 が H の RKHS であれば, 再生性によって,

$$f(x) = \langle f, k_1(x, \cdot)\rangle_H = \langle f, k_2(x, \cdot)\rangle_H$$

すなわち,

$$\langle f, k_1(x, \cdot) - k_2(x, \cdot)\rangle_H = 0$$

がすべての $f \in H$, $x \in E$ について成立するので, $k_1 = k_2$ である (命題 16)。また, 再生核の対称性は内積の対称性から次のようにわかる。

$$k(x, y) = \langle k(x, \cdot), k(y, \cdot)\rangle_H = \langle k(y, \cdot), k(x, \cdot)\rangle_H = k(y, x)$$

再生核の非負定値性は, 以下のようにして示すことができる。

$$\sum_{i=1}^{n}\sum_{j=1}^{n} z_i z_j k(x_i, x_j) = \sum_{i=1}^{n}\sum_{j=1}^{n} z_i z_j \langle k(x_i, \cdot), k(x_j, \cdot)\rangle_H = \left\langle \sum_{i=1}^{n} z_i k(x_i, \cdot), \sum_{j=1}^{n} z_j k(x_j, \cdot) \right\rangle_H \geq 0$$

□

命題 33 H が RKHS であることと, $x \in E$ における $f \in H$ の値を求める線形汎関数 $T_x : H \to \mathbb{R}$ について, $T_x(f) = f(x)$ $(f \in H)$ が各 $x \in E$ で有界であることは同値である。

証明 H が再生核 k をもてば, 各 $x \in E$ で

$$\langle f(\cdot), k(x, \cdot)\rangle_H = T_x(f) \quad (f \in H)$$

となるので,

$$|T_x(f)| = |\langle f(\cdot), k(x, \cdot)\rangle_H| \leq \|f\| \cdot \|k(x, \cdot)\| = \|f\|\sqrt{k(x, x)}$$

が成立する。逆に線形汎関数 $T_x(f) = f(x)$ が有界であるとき, 命題 22 より,

$$\langle f(\cdot), k_x(\cdot)\rangle_H = f(x) \quad (f \in H)$$

なる $k_x : E \to \mathbb{R}$ が存在する。すなわち再生核が存在する。   □

命題 32 では, RKHS が決まれば再生核は一意であることを示したが, その逆を主張するのが下記の命題である。

命題 34（Aronszajn, 1950 [1]） $k : E \times E \to \mathbb{R}$ が正定値カーネルであるとき，その k を再生核にもつ Hilbert 空間 H は一意である。また，$k(x, \cdot) \in H$ $(x \in E)$ が成立し，それらで生成された線形空間は，H 内で稠密となる。

この証明は，以下の手順で行う。

1. $H_0 := \mathrm{span}\{k(x, \cdot) \mid x \in E\}$ の内積 $\langle \cdot, \cdot \rangle_{H_0}$ を定義する。

2. H_0 における任意の Cauchy 列 $\{f_n\}$ と各 $x \in E$ について，実数列 $\{f_n(x)\}$ が Cauchy 列になるので，その収束する値 $f(x) := \lim_{n \to \infty} f_n(x)$ が決まる（命題 6）。そのような f の集合を H とする。

3. 線形空間 H の内積 $\langle \cdot, \cdot \rangle_H$ を定義する。

4. H_0 が H で稠密であることを示す。

5. H における任意の Cauchy 列 $\{f_n\}$ が $n \to \infty$ で，H のある要素に収束すること（H の完備性）を示す。

6. k が H の再生核であることを示す。

7. そのような H が一意であることを示す。

詳細は章末の付録を参照されたい[1]。 $\qquad\square$

◆ 例 52（線形カーネル） $\langle \cdot, \cdot \rangle_E$ を $E := \mathbb{R}^d$ の内積として，線形空間

$$H := \{\langle x, \cdot \rangle_E \mid x \in E\}$$

は，次元が有限なので完備である（命題 6）。また，H は $k(x, y) = \langle x, y \rangle_E$ $(x, y \in E)$ を再生核とする RKHS である。

◆ 例 53 E を有限集合 $\{x_1, \ldots, x_n\}$，$k : E \times E \to \mathbb{R}$ を正定値カーネルとするとき，線形空間

$$H := \left\{ \sum_{i=1}^{n} \alpha_i k(x_i, \cdot) \,\middle|\, \alpha_1, \ldots, \alpha_n \in \mathbb{R} \right\}$$

は，再生核 Hilbert 空間である。そして，Gram 行列

$$K := \begin{bmatrix} k(x_1, x_1) & \cdots & k(x_1, x_n) \\ \vdots & \ddots & \vdots \\ k(x_n, x_1) & \cdots & k(x_n, x_n) \end{bmatrix}$$

を用いて，$f(\cdot), g(\cdot) \in H$ の内積を，$f(\cdot) = \sum_{j=1}^{n} a_j k(x_j, \cdot) \in H$, $a = [a_1, \ldots, a_n]^\top \in \mathbb{R}^n$, $g(\cdot) = \sum_{j=1}^{n} b_j k(x_j, \cdot) \in H$, $b = [b_1, \ldots, b_n]^\top \in \mathbb{R}^n$ として，

$$\langle f(\cdot), g(\cdot) \rangle_H = a^\top K b$$

と定義する。このとき，各 $i = 1, 2, \ldots$ の x_i について，

---

[1] 証明は [29] を参考にしている。

$$\langle f(\cdot), k(x_i, \cdot)\rangle_H = [a_1, \ldots, a_n]Ke_i = \sum_{j=1}^{n} a_j k(x_j, x_i) = f(x_i) \quad \text{（再生性）}$$

が成立する。ここで，第 i 成分だけ 1，それ以外で 0 となる n 次元列ベクトルを e_i とおいた。

◆ **例 54（多項式カーネル）**　$\langle\cdot,\cdot\rangle_E$ を E の内積として，$(\langle x,\cdot\rangle_E + 1)^d \in \mathbb{R}$ $(x \in E)$ で生成される線形空間 H_0 を完備化した Hilbert 空間 H は，$k(x,y) = (\langle x,y\rangle_E + 1)^d$ $(x,y \in E)$ を再生核とする RKHS である。

◆ **例 55（カーネルが 2 変量の差で表現できる場合）**　1.5 節で検討した $k(x,y) = \phi(x-y)$ と書けるカーネルは，常に実数の値をとるためには，正規分布や Laplace 分布などの確率密度関数は偶関数である必要がある。実際，$t \mapsto e^{i(x-y)t}$ の虚部が奇関数であるので，そのようになっていないと，カーネル k が虚数の値をとることがある。ここでは，そのような $\mathbb{C}$ 上の $F \in L^2(E,\eta)$ $(E = \mathbb{R})$ を用いて，$f(x) = \displaystyle\int_E F(t)e^{ixt}d\eta(t)$ と書ける $f : E \to \mathbb{R}$ からなる線形空間を考える。$F(t) \mapsto f(x) = \displaystyle\int_E F(t)e^{ixt}d\eta(t)$ は単射であり $\left(\displaystyle\int_E F(t)e^{ixt}d\eta(t) = 0 \text{であれば，逆フーリエ変換} F(t) = 0\right)$，その内積を $\langle f,g\rangle_H = \displaystyle\int_E F(t)\overline{G(t)}d\eta(t)$ $(F,G \in L^2(E,\eta))$ とすれば，$L^2(E,\eta)$ と

$$H = \left\{ E \ni x \mapsto \int_E F(t)e^{ixt}d\eta(t) \in \mathbb{R} \;\middle|\; F \in L^2(E,\eta) \right\}$$

は内積空間として同一視できる。また，H は再生核 $E \times E \to \mathbb{R}$，

$$k(x,y) = \int_E e^{-i(x-y)t}d\eta(t)$$

をもつ。実際，$k(x,y) = \displaystyle\int_E e^{-ixt}e^{iyt}d\eta(t)$ とできるので，$G(t) = e^{-ixt}$ とおくと，$f(y) = \displaystyle\int_E F(t)e^{iyt}d\eta(t),\, k(x,y) = \displaystyle\int_E G(t)e^{iyt}d\eta(t)$ に対して，

$$\langle f(\cdot), k(x,\cdot)\rangle_H = \int_E F(t)\overline{G(t)}d\eta(t) = \int_E F(t)e^{ixt}d\eta(t) = f(x)$$

が成立する。Gauss カーネルや Laplace カーネルなど，$k(x,y)$ が異なれば $\eta(t)$ が異なり，対応する RKHS H が異なってくる。

◆ **例 56**　$E = [0,1]$ として，$\displaystyle\int_0^1 F(u)^2 du < \infty$ となる実数値関数 F を用いて，$f(t) = \displaystyle\int_0^1 F(u)(t-u)_+^0 du$ と書ける関数 $f : E \to \mathbb{R}$ の集合 H を考える。ただし，$z \geq 0$ のとき $(z)_+^0 = 1$，$z < 0$ のとき $(z)_+^0 = 0$ をあらわすものとする。$f(t) = \displaystyle\int_0^1 F(u)(t-u)_+^0 du,\, g(t) = \displaystyle\int_0^1 G(u)(t-u)_+^0 du$ に対して内積を $\langle f,g\rangle_H = \displaystyle\int_0^1 F(u)G(u)du$ としたとき，線形空間 H はノルム $\|f\|^2 = \displaystyle\int_0^1 F(u)^2 du$ に対して完備になる（命題 14）。この Hilbert 空間 H は，$k(x,y) = \min\{x,y\}$ に関する RKHS で

ある。実際，各 $z \in E$ に対して，

$$\langle f(z), k(x,z) \rangle_H = \left\langle \int_0^1 F(u)(z-u)_+^0 du, \int_0^1 (x-u)_+^0 (z-u)_+^0 du \right\rangle_H = \int_0^1 F(u)(x-u)_+^0 du = f(x)$$

が成立する。

これまで，正定値カーネルに対応した RKHS を求めてきたが，Hilbert 空間 H が RKHS であるための必要条件が存在する。その条件が満足されなければ，RKHS ではないと主張できる。

命題 35　H を E 上の関数からなる RKHS として，$f, f_1, f_2, \ldots \in H$ について，$\lim_{n \to \infty} \|f_n - f\|_H = 0$ であれば，各 $x \in E$ について $\lim_{n \to \infty} |f_n(x) - f(x)| = 0$ が成立する。

証明　実際，
$$|f_n(x) - f(x)| \leq \|f_n - f\| \sqrt{k(x,x)}$$

とできる。　　　　　　　　　　　　　　　　　　　　　　　　　　　　　　　　　　　□

◆ 例 57　$H := L^2[0,1]$ は RKHS ではない。実際，$f_n(x) = x^n$ の列 $\{f_n\}$ について，$\|f_n\|_H^2 = \int_0^1 f_n^2(x)dx = \dfrac{1}{2n+1} \to 0$ でノルムは収束する。しかし，$f(x) = 0 \ (x \in E)$ に対して，$\|f_n - f\|_H \to 0$ であって，$|f_n(1) - f(1)| = 1 \not\to 0$ が成立する。これは，命題 35 より，H が RKHS であることと矛盾する。

このことは，$L^2[0,1]$ が大きすぎることを示唆しており，実際，次節で見るように，$L^2[0,1]$ に制限を加えた Sobolev 空間が，RKHS になっている。

3.2　Sobolev 空間

最初に，再生核 k_1, k_2 の和 $k_1 + k_2$ が，再生核になることを示す。
その準備として，以下を証明しておく。

命題 36　H_1, H_2 を Hilbert 空間としたときに，その直積 $F := H_1 \times H_2$ は，内積

$$\langle (f_1, f_2), (g_1, g_2) \rangle_F := \langle f_1, g_1 \rangle_{H_1} + \langle f_2, g_2 \rangle_{H_2} \quad (f_1, g_1 \in H_1, \ f_2, g_2 \in H_2) \tag{3.4}$$

のもとで，Hilbert 空間になる。

証明　$\|(f_1, f_2)\|_F^2 = \|f_1\|_{H_1}^2 + \|f_2\|_{H_2}^2$ より，

$$\|f_{1,n} - f_{1,m}\|_{H_1}, \|f_{2,n} - f_{2,m}\|_{H_2} \leq \sqrt{\|f_{1,n} - f_{1,m}\|_{H_1}^2 + \|f_{2,n} - f_{2,n}\|_{H_2}^2}$$
$$= \|(f_{1,n}, f_{2,n}) - (f_{1,m}, f_{2,m})\|_F$$

であり，

$$\{(f_{1,n}, f_{2,n})\} \text{ が Cauchy 列}$$

$$\Longrightarrow \{f_{1,n}\}, \{f_{2,n}\} \text{ が Cauchy 列}$$

$$\Longrightarrow \{f_{1,n}\}, \{f_{2,n}\} \text{ がある } f_1 \in H_1, f_2 \in H_2 \text{ に収束}$$

$$\Longrightarrow \|(f_{1,n}, f_{2,n}) - (f_1, f_2)\|_F = \|(f_{1,n} - f_1, f_{2,n} - f_2)\|_F$$

$$= \sqrt{\|f_{1,n} - f_1\|^2 + \|f_{2,n} - f_2\|^2} \text{ が } 0 \text{ に収束}$$

が成立し，F は完備である。　　　　　　　　　　　　　　　　　　　　□

ところで，H_1, H_2 の直和の線形空間を

$$H := H_1 \oplus H_2 := \{f_1 + f_2 \mid f_1 \in H_1, f_2 \in H_2\}$$

とし，F から H への線形写像 $u : F \ni (f_1, f_2) \mapsto f_1 + f_2 \in H$ を定義すると，F は $N := u^{-1}(0)$ とその直交補空間 $N^\perp$ の直和に分解できる。u を $N^\perp$ に制限した単射 v を用いて，H の内積

$$\langle f, g \rangle_H := \langle v^{-1}(f), v^{-1}(g) \rangle_F \tag{3.5}$$

を定義すれば，$N^\perp$ は Hilbert 空間 F の閉部分空間になる。

命題 37　Hilbert 空間 H_1, H_2 の直和 H が (3.5) の内積をもつとき，H は完備（Hilbert 空間）になる。

証明　F が Hilbert 空間（命題 36）で，$N^\perp$ はその閉部分空間であるから，$N^\perp$ は完備である。したがって，

$$\|f_n - f_m\|_H \to 0 \Longrightarrow \|v^{-1}(f_n - f_m)\|_F \to 0$$

$$\Longrightarrow \|v^{-1}(f_n) - g\|_F \to 0 \text{ なる } g \in F \text{ が存在する}$$

$$\Longrightarrow \|f_n - v(g)\|_H \to 0 \ (v(g) \in H)$$

が成立する。　　　　　　　　　　　　　　　　　　　　　　　　　　　□

命題 38（Aronszajn, 1950 [1]）　k_1, k_2 を，RKHS H_1, H_2 の再生核とする。このとき，$k = k_1 + k_2$ は，内積を (3.5) としたときの Hilbert 空間

$$H := H_1 \oplus H_2 := \{f_1 + f_2 \mid f_1 \in H_1, f_2 \in H_2\}$$

の再生核になり，$f \in H$ のノルムは

$$\|f\|_H^2 = \min_{f = f_1 + f_2, f_1 \in H_1, f_2 \in H_2} \{\|f_1\|_{H_1}^2 + \|f_2\|_{H_2}^2\} \tag{3.6}$$

となる。

この証明は，以下の手順で行う。

1. $f \in H$ を任意に固定し，$N^\perp \ni (f_1, f_2) := v^{-1}(f)$, $k(x, \cdot) := k_1(x, \cdot) + k_2(x, \cdot)$, $(h_1(x, \cdot), h_2(x, \cdot)) := v^{-1}(k(x, \cdot))$ を定義し，以下を示す。

$$\langle f_1, h_1(x, \cdot) \rangle_1 + \langle f_2, h_2(x, \cdot) \rangle_2 = \langle f_1, k_1(x, \cdot) \rangle_1 + \langle f_2, k_2(x, \cdot) \rangle_2$$

2. 1を用いて，k の再生性 $\langle f, k(x, \cdot)\rangle_H = f(x)$ を示す。

3. H のノルムが (3.6) になることを示す。

詳細は章末の付録を参照されたい。 □

以下では，RKHS の例として，Sobolev 空間を定義し，そのカーネルを求める。

$[0,1]$ で定義される単一変数 f は，f がいたるところ微分可能であり，$f' \in L^2[0,1]$ であるとき，そのような f の集合を $W_1[0,1]$ と書く。この場合，$f \in W_1[0,1]$ は，

$$f(x) = f(0) + \int_0^x f'(y)dy \tag{3.7}$$

と書ける。同様に，$q-1$ 回微分可能であり，$f^{(q-1)}$ が至るところ微分可能であり，$f^{(q)} \in L^2[0,1]$ であるような f の集合を $W_q[0,1]$ と書く。

$$\phi_i(x) := \frac{x^i}{i!} \quad (i = 0, 1, \ldots)$$

$$G_q(x,y) := \frac{(x-y)_+^{q-1}}{(q-1)!}$$

とおくと，各 $f \in W_q[0,1]$ は，以下のように Taylor 展開できる。

$$f(x) = \sum_{i=0}^{q-1} f^{(i)}(0)\phi_i(x) + \int_0^1 G_q(x,y)f^{(q)}(y)dy \tag{3.8}$$

実際，部分積分

$$\int_0^1 G_q(x,y)f^{(q)}(y)dy = \left[G_q(x,y)f^{(q-1)}(y)\right]_0^1 - \int_0^1 \left\{\frac{d}{dy}G_q(x,y)\right\}f^{(q-1)}(y)dy$$

$$= -\frac{x^{q-1}}{(q-1)!}f^{(q-1)}(0) + \int_0^1 G_{q-1}(x,y)f^{(q-1)}(y)dy$$

が成立し，これを (3.8) の右辺に繰り返し適用すると，(3.7) の右辺が得られる。また，変形には

$$\int_0^1 G_q(x,y)h(y)dy = \int_0^1 \frac{(x-y)_+^{q-1}}{(q-1)!}h(y)dy = \frac{1}{(q-1)!}\sum_{i=0}^{q-1}\binom{q-1}{i}x^i\int_0^x(-y)^{q-1-i}h(y)dy$$

における $(-y)^{q-1-i}$ を y で微分して

$$\int_0^1 \left\{\frac{d}{dy}G_q(x,y)\right\}h(y)dy$$

$$= \frac{1}{(q-2)!}\sum_{i=0}^{q-1}\binom{q-2}{i}\left\{-x^i\int_0^x(-y)^{q-2-i}h(y)dy\right\}$$

$$= -\int_0^1 G_{q-1}(x,y)h(y)dy$$

となることを用いた。以下では，$W_q[0,1]$ の各要素を

$$\sum_{i=0}^{q-1} \alpha_i \phi_i(x) + \int_0^1 G_q(x,y)h(y)dy \tag{3.9}$$

と書く。ただし $\alpha_0 = f(0), \ldots, \alpha_{q-1} = f^{(q-1)}(0) \in \mathbb{R}$, $h \in L^2[0,1]$ である。

$W_q[0,1]$ に対して，異なる内積でいくつか Hilbert 空間が定義されているが，ここでは以下の H_0, H_1 の直和で書ける Hilbert 空間 H について考える。

$$H_0 := \operatorname{span}\{\phi_0, \ldots, \phi_{q-1}\}$$

とし，内積は

$$\langle f, g \rangle_{H_0} = \sum_{i=0}^{q-1} f^{(i)}(0)g^{(i)}(0) \quad (f, g \in H_0)$$

で定義する。上記の $\langle \cdot, \cdot \rangle_{H_0}$ が内積の条件を満足し，また $\{\phi_0, \ldots, \phi_{q-1}\}$ が正規直交基底であることもわかる。内積空間 H_0 は次元が有限であるので，自明に Hilbert 空間になる。次に，もう1つの内積空間 H_1 を

$$H_1 := \left\{ \int_0^1 G_q(x,y)h(y)dy \;\middle|\; h \in L^2[0,1] \right\}$$

で定義する。$h \in L^2[0,1]$ であるから，$f, g \in H$ に対して，

$$\langle f, g \rangle_{H_1} = \int_0^1 f^{(q)}(y)g^{(q)}(y)dy$$

を内積として定義すれば，ある $f, g \in H_1$ に対して，

$$\|f_m - f_n\|_{H_1} \to 0 \iff \|f_m^{(q)} - f_n^{(q)}\|_{L^2[0,1]} \to 0$$

$$\|f_n - f\|_{H_1} \to 0 \iff \|f_n^{(q)} - f^{(q)}\|_{L^2[0,1]} \to 0$$

であり，命題14より，$\|f_m - f_n\|_{H_1} \to 0 \implies \|f_n - f\|_{H_1} \to 0$（完備性）がいえて，$H_1$ は Hilbert 空間である。また，

$$f(x) = \sum_{i=0}^{q-1} \alpha_i \phi_i(x) \in H_1 \implies h = f^{(q)} = 0$$

$$f(x) = \int_0^1 G_q(x,y)h(y)dy \in H_0 \implies \alpha_0 = f(0) = 0, \ldots, \alpha_{q-1} = f^{(q-1)}(0) = 0$$

より，$H_0 \cap H_1 = \{0\}$ となる。したがって，命題38より，$f = f_0 + f_1$, $g = g_0 + g_1$, $f_0, g_0 \in H_0$, $f_1, g_1 \in H_1$ に対して，内積は

$$\langle f, g \rangle_{W_q[0,1]} = \langle f_0 + f_1, g_0 + g_1 \rangle_{W_q[0,1]} = \langle f_0, g_0 \rangle_{H_0} + \langle f_1, g_1 \rangle_{H_1}$$

となる。

H_0, H_1 の再生核はそれぞれ，

$$k_0(x,y) := \sum_{i=0}^{q-1} \phi_i(x)\phi_i(y)$$

$$k_1(x, y) := \int_0^1 G_q(x, z) G_q(y, z) dz$$

となる。実際，k_0 は例 3.2 から，k_1 は，任意の $f(\cdot) = \displaystyle\int_0^1 G_q(\cdot, z) h(z) dz \in H$ および $x \in E$ に対して，

$$\langle f(\cdot), k_1(x, \cdot) \rangle_{H_1} = \left\langle \int_0^1 G_q(\cdot, z) h(z) dz, \int_0^1 G_q(x, z) G_q(\cdot, z) dz \right\rangle_{H_1}$$

$$= \int_0^1 G_q(x, z) h(z) dz = f(x)$$

が成立することからわかる（命題 32 より，一意性は保証されている）。

さらに，$x, y \in E$ に対して，

$$k(x, y) = k_0(x, y) + k_1(x, y)$$

なるカーネルをもつ $W_q[0, 1]$ を構成することができる。

3.3 Mercer の定理

$(E, \mathcal{F}, \mu)$ を測度空間として，積分作用素カーネル $K : E \times E \to \mathbb{R}$ が可測 (measurebla) な関数であることを仮定する。また，積分作用素のカーネル K は必ずしも正定値とは限らないものとする。

$\displaystyle\iint_{E \times E} K^2(x, y) d\mu(x) d\mu(y)$ が有限の値をとるとき，$f \in L^2(E, \mathcal{B}, \mu)$ に対し，積分作用素 T_K を

$$(T_K f)(\cdot) := \int_E K(x, \cdot) f(x) d\mu(x) \tag{3.10}$$

で定義する。そして，

$$\|T_K f\|^2 = \int_E \{(T_K f)(x)\}^2 d\mu(x)$$

$$\leq \iint_{E \times E} \{K(x, y)\}^2 d\mu(z) d\mu(y) \int_E \{f(z)\}^2 d\mu(z)$$

$$= \|f\|^2 \iint_{E \times E} \{K(x, y)\}^2 d\mu(x) d\mu(y)$$

である。したがって，$T_K \in B(L^2(E, \mathcal{B}, \mu))$ であり，

$$\|T_K\| \leq \left(\iint_{E \times E} K^2(x, y) d\mu(x) d\mu(y) \right)^{1/2}$$

が成立する。

以下では，$K : E \times E \to \mathbb{R}$ が連続であり，全体集合 E は $E = [0, 1]$ などのコンパクト集合であることを仮定する。すなわち，積分作用素のカーネル K が一様連続であることを仮定して議論を進める。

補題 1　各 $f \in L^2(E, \mathcal{F}, \mu)$ について，$T_K f(\cdot)$ は一様連続である。

　証明　$K : E \times E \to \mathbb{R}$ が一様連続であるから，任意の $x \in E$, $\epsilon > 0$ に対して，$|y - z|$ を小さくすることによって，$|K(x, y) - K(x, z)| < \epsilon$ とできる。すなわち，

$$\left| \int_E K(x, y) f(x) d\mu(x) - \int_E K(x, z) f(x) d\mu(x) \right| \leq \epsilon \|f\|$$

□

命題 39　T_K はコンパクト作用素である。

　証明　命題 12 によって，任意の $\epsilon > 0$ に対して，

$$\sup_{x, y \in E} |K(x, y) - K_{n(\epsilon)}(x, y)| < \epsilon$$

を満足するような $n(\epsilon) \geq 1$ と y の次数が $n(\epsilon)$ 以下の $\mathbb{R}$ 係数 2 変数多項式 $K_{n(\epsilon)}(x, y) := \sum_{i=1}^{n(\epsilon)} g_i(x) y^i$ が存在する。ただし，$g_1, \ldots, g_{n(\epsilon)}$ は $\mathbb{R}$ 係数 1 変数多項式であるとした。$n(\epsilon)$ を n と略記し，K_n に対応する積分作用素を T_{K_n} と書くと，

$$T_{K_n} f(\cdot) = \sum_{i=0}^{n} y^i \int_E f(x) g_i(x) d\mu(x)$$

より，$T_{K_n} f : H \in f \mapsto [\int_E f(x) g_0(x) d\mu(x), \ldots, \int_E f(x) g_n(x) d\mu(x)] \in \mathbb{R}^{n+1}$ とみなすことができ，T_{K_n} の階数は有限であって，命題 25 の (1) より，T_{K_n} はコンパクト作用素になる。また，

$$\|(T_{K_n} - T_K) f\|^2 = \int_E \left(\int_E [K_n(x, y) - K(x, y)] f(y) d\mu(y) \right)^2 d\mu(x) \leq \epsilon^2 \|f\|^2 \mu^2(E)$$

となり，命題 25 の (2) より，T_K はコンパクト作用素である。

□

　以下では，K は対称であると仮定する。このとき，例 45 より，T_K は自己共役である。したがって，命題 39 より，命題 27 の条件を満足する $\{\lambda_j\}, \{e_j\}$ を用いて，

$$T_K x = \sum_{j=1}^{\infty} \lambda_j < e_j, \quad x > e_j$$

とできる。そして，補題 1 は，以下の補題 2 を意味する。

補題 2

$$e_j(y) = \lambda_j^{-1} \int_E K(x, y) e_j(x) d\mu(x)$$

は y に関して一様連続である。

◆ **例 58（Brown 運動）**　$L^2[0, 1]$ の積分作用素で，$K(x, y) = \min\{x, y\}$ $(x, y \in E = [0, 1])$ について，固有値，固有関数 $\{(\lambda_j, e_j)\}$ を求める（Sobolev 空間 $W_1[0, 1]$ の部分空間 H_1）。

$$T_K f(x) = \int_0^1 K(x, y) f(y) dy = \int_0^x y f(y) dy + x \int_x^1 f(y) dy$$

となるので，固有方程式は，

$$\int_0^1 \min(x, y)e(y)dy = \lambda e(x) \tag{3.11}$$

$$\int_0^x ye(y)dy + x\int_x^1 e(y)dy = \lambda e(x)$$

となる。両辺を x で微分すると，

$$xe(x) + \int_x^1 e(y)dy - xe(x) = \lambda e'(x)$$

すなわち，

$$\int_x^1 e(y)dy = \lambda e'(x) \tag{3.12}$$

となり，これを再度 x で微分すると，$e(x) = -\lambda e''(x)$ となり，

$$e(y) = \alpha \sin(y/\sqrt{\lambda}) + \beta \cos(y/\sqrt{\lambda})$$

が得られる。(3.11) で $x = 0$ を代入すると $e(0) = 0$，すなわち $\beta = 0$ が得られ，(3.12) から $e'(1) = 0$，すなわち $\alpha \cos(1/\sqrt{\lambda}) = 0$ となり，

$$1/\sqrt{\lambda} = (2j-1)\pi/2 \quad (j = 1, 2, \ldots)$$

が得られる。したがって，固有値は

$$\lambda_j = \frac{4}{\{(2j-1)\pi\}^2} \tag{3.13}$$

正規直交固有関数は，

$$e_j(x) = \sqrt{2}\sin\left(\frac{(2j-1)\pi}{2}x\right) \tag{3.14}$$

となる。

◆ 例 59（**Zhu** *et al.*, **1998** [32]）K を Gauss カーネル

$$K(x, y) = \exp\left(\frac{-(x-y)^2}{2\sigma^2}\right)$$

として，積分作用素の有限測度を平均 0，分散 $\hat{\sigma}^2$ の Gauss 分布としたとき，その固有値および固有関数は，

$$\lambda_j = \sqrt{\frac{2a}{A}}B^j$$

$$e_j(x) = \exp(-(c-a)x^2)H_j(\sqrt{2c}\,x)$$

となる。ただし，H_j は j 次の Hermite 多項式

$$H_j(x) := (-1)^j \exp(x^2)\frac{d^j}{dx^j}\exp(-x^2)$$

Gauss カーネルの固有関数

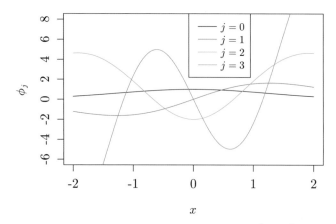

図 3.1　Gauss カーネルで，測度が Gauss 分布の場合の固有関数。$\sigma^2 = \hat{\sigma}^2 = 1$ とした。j が偶数では偶関数，j が奇数では奇関数になっている。

であるとし，$a^{-1} = 4\hat{\sigma}^2$, $b^{-1} = 2\sigma^2$, $c = \sqrt{a^2 + 2ab}$, $A = a + b + c$, $B = b/A$ とおいた。この証明は，困難ではないが，単調で長いので，章末の付録においた。

Gauss カーネルで，測度が平均 0 の正規分布の場合に，パラメータの比 $\beta := \dfrac{\hat{\sigma}^2}{\sigma^2} = \dfrac{b}{2a}$ のみから固有値が計算できる。

$$\sqrt{\frac{2a}{A}} B^j = \sqrt{\frac{2a}{a + b + \sqrt{a^2 + 2ab}}} \left(\frac{b}{a + b + \sqrt{a^2 + 2ab}} \right)^j$$

$$= \left[1/2 + \beta + \sqrt{1/4 + \beta} \right]^{-1/2} \left(\frac{\beta}{1/2 + \beta + \sqrt{1/4 + \beta}} \right)^j$$

等比数列になっていることがわかる。$\sigma^2 = \hat{\sigma}^2 = 1$ であれば，固有値は，

$$\lambda_j = \left(\frac{3 - \sqrt{5}}{2} \right)^{j + 1/2}$$

となる。また，$H_1(x) = 2x$, $H_2(x) = -2 + 4x^2$, $H_3(x) = 12x - 8x^3$ $(H_0(1) = 1$, $H_j(x) = 2xH_{j-1}(x) - H'_{j-1}(x))$,

$$c = \sqrt{a^2 + 2ab} = (4\hat{\sigma}^2)^{-1}\sqrt{1 + 4\hat{\sigma}^2/\sigma^2} = \frac{\sqrt{5}}{4}, \quad a = (4\hat{\sigma}^2)^{-1} = \frac{1}{4}$$

となる[2]。$j = 1, 2, 3$ の固有関数 ϕ_j を，図 3.1 に示す。下記のコードによった。

```
1  Hermite = function(j) {   # R 言語は添字が 1 から
2    if (j == 0) return(1)
3    a = rep(0, j + 2); b = rep(0, j + 2)
```

---

[2] Mercer の定理の固有値，固有関数の列は，添字を 1 から記述することが多い。

```
4   a[1] = 1
5   for (i in 1:j) {
6     b[1] = -a[2]
7     for (k in 1:(i + 1)) b[k + 1] = 2 * a[k] - (k + 1) * a[k + 2]
8     a = b
9   }
10  return(b[1:(j + 1)])   # Hermite 多項式の係数を出力
11 }
```

```
1  Hermite(2)                 # 2 次の Hermite 多項式
2  Hermite(3)                 # 3 次の Hermite 多項式
3  Hermite(4)                 # 4 次の Hermite 多項式
```

```
1  H = function(j, x) {
2    coef = Hermite(j)
3    S = 0
4    for (i in 0:j) S = S + coef[i + 1] * x ^ i
5    return(S)
6  }
```

```
1  cc = sqrt(5) / 4; a = 1 / 4
2  phi = function(j, x) exp(-(cc-a) * x ^ 2) * H(j, sqrt(2*cc) * x)
3  curve(phi(0, x), -2, 2, ylim = c(-2, 8), col = 1, ylab = "phi")
4  for (i in 1:3)
5    curve(phi(i, x), -2, 2, ylim = c(-2, 8), add = TRUE, ann = FALSE, col = i + 1)
6  legend("topright", legend = paste("j = ", 0:3), lwd = 1, col = 1:4)
7  title("Gauss カーネルの固有関数")
```

本節では，積分作用素に関する Mercer の定理を証明し，応用例を見る．本章のこれ以降では，K および T_K が非負定値であることが仮定される．

命題 40 積分作用素 T_K が非負定値であることと，$K : E \times E \to \mathbb{R}$ が非負定値，すなわちが K が正定値カーネルであることは同値である．

証明は章末の付録を参照されたい．

命題 41（Mercer [19]） $K : E \times E \to \mathbb{R}$ を連続な正定値カーネルとし，T_K を対応する積分作用素とする．$\{(\lambda_j, e_j)\}_{j=1}^{\infty}$ を T_K の (固有値, 固有ベクトル) の列とする．このとき，

$$K(x, y) = \sum_{j=1}^{\infty} \lambda_j e_j(x) e_j(y)$$

と書けて，和が絶対かつ一様収束する．

　　ここで，和が絶対収束するとは，各項に絶対値を付けても和が収束すること，一様収束は，$x, y \in E$ の値によらない誤差の上限が 0 に収束することを意味する。

　　証明　$K_n(x, y) := K(x, y) - \sum_{j=1}^{n} \lambda_j e_j(x) e_j(y)$ は連続であって，その積分作用素 T_{K_n} は非負定値である。実際，各 $f \in L^2(E, \mathcal{F}, \mu)$ について，

$$\langle T_{K_n} f, f \rangle = \langle T_K f, f \rangle - \sum_{j=1}^{n} \lambda_j \langle f, e_j \rangle^2 = \sum_{j=n+1}^{\infty} \lambda_j \langle f, e_j \rangle^2 \geq 0$$

が成り立つ。したがって，命題 40 より，K_n は非負定値で，$K_n(x, x) \geq 0$ となり，すべての $x \in E$ について，

$$\sum_{j=1}^{\infty} \lambda_j e_j^2(x) \leq K(x, x) \tag{3.15}$$

となる。また，任意の正の整数の集合 J について，

$$\sum_{j \in J} |\lambda_j e_j(x) e_j(y)| \leq \left(\sum_{j \in J} \lambda_j e_j^2(x) \right)^{1/2} \left(\sum_{j \in J} \lambda_j e_j^2(y) \right)^{1/2} \tag{3.16}$$

が成立するので，(3.15), (3.16) より，$x, y \in E$ について，

$$\sum_{j \in J} |\lambda_j e_j(x) e_j(y)| \leq \{K(x, x) K(y, y)\}^{1/2}$$

が成立する。また，(3.16) より，

$$\sum_{j=n+1}^{\infty} |\lambda_j e_j(x) e_j(y)| \leq \left(\sum_{j=n+1}^{\infty} \lambda_j e_j^2(x) \right)^{1/2} \left(\sum_{j=n+1}^{\infty} \lambda_j e_j^2(y) \right)^{1/2}$$

となり，この右辺は n とともに 0 に単調に収束する。ここで，E がコンパクトであって，以下の補題より，左辺の収束は一様収束になる。

　　補題 3（Dini）　E をコンパクト集合として，連続関数 $f_n : E \to \mathbb{R}$ が各点で単調に連続関数 f に収束するとき，その収束は一様収束である。

　　証明は章末の付録を参照されたい。

　　したがって，任意の $\epsilon > 0$ について，

$$\sup_{x, y \in E} \sum_{j=n+1}^{\infty} |\lambda_j e_j(x) e_j(y)| < \epsilon \tag{3.17}$$

となる n が存在し，和が絶対収束かつ一様収束になる。　　　　　　　　□

◆ **例 60（2 変量の差で表されるカーネル）**　$E = [-1, 1]$，$K : E \times E \to \mathbb{R}$ が $K(x, z) = \phi(x - z)$，$\phi : E \to \mathbb{R}$ と書けるときの積分作用素は $T_K f(x) = \displaystyle\int_E \phi(x - y) f(y) dy$ となる。この値は，た

たたみ込み $(g * h)(u) = \int_E g(u - v)h(v)$ を用いて，$(\phi * f)(x)$ とも書ける．以下では，ϕ の周期が 2 であること $\phi(x) = \phi(x + 2\mathbb{Z})$ を仮定する．この場合，$e_j(x) = \cos(\pi j x)$ が T_K の固有関数になる．実際，ϕ は偶関数であって周期的であるので

$$T_K e_j(x) = \int_E \phi(x - y)\cos(\pi j y)dy = \int_{-1-x}^{1-x} \phi(-u)\cos(\pi j(x + u))du = \int_E \phi(u)\cos(\pi j(x + u))du$$

とでき，加法定理 $\cos(\pi j(x + u)) = \cos(\pi j x)\cos(\pi j u) - \sin(\pi j x)\sin(\pi j u)$ から，

$$\begin{aligned} T_K e_j(x) &= \left\{ \int_E \phi(u)\cos(\pi j u)du \right\} \cos(\pi j x) - \left\{ \int_E \phi(u)\sin(\pi j u)du \right\} \sin(\pi j x) \\ &= \lambda_j \cos(\pi j x) \end{aligned}$$

とできる．ただし，$\lambda_j = \int_E \phi(u)\cos(\pi j u)du$ である．同様に，$\sin(\pi j x)$ も固有関数になり，λ_j が対応する固有値になる．したがって，Mercer の定理から

$$K(x, y) = \sum_{j=0}^{\infty} \lambda_j \{\cos(\pi j x)\cos(\pi j y) + \sin(\pi j x)\sin(\pi j y)\} = \sum_{j=0}^{\infty} \lambda_j \cos\{\pi j(x - y)\}$$

とできる．

◆ **例 61（多項式カーネル）** 例 8 の多項式カーネルで $m = 2$，$d = 1$ とし，$e(x) = a_0 + a_1 x + a_2 x^2$ とおいて，$E = [-1, 1]$ の場合の $K(x, y) = (1 + xy)^2$ の固有関数を求めてみる．

$$\int_E K(x, y)e(y)dy = \int_E (1 + xy)^2 e(y)dy = \int_E e(y)dy + \left\{ 2\int_E ye(y)dy \right\} x + \left\{ \int_E y^2 f(y)dy \right\} x^2$$

を $\lambda e(x)$ と比較して，

$$\begin{cases} \int_E (a_0 + a_1 y + a_2 y^2)dy &= \lambda a_0 \\ 2\int_E y(a_0 + a_1 y + a_2 y^2)dy &= \lambda a_1 \\ \int_E y^2(a_0 + a_1 y + a_2 y^2)dy &= \lambda a_2 \end{cases}$$

が得られるので，行列の固有方程式を解けばよい．

$$\begin{bmatrix} \int_E dy & \int_E ydy & \int_E y^2 dy \\ 2\int_E ydy & 2\int_E y^2 dy & 2\int_E y^3 dy \\ \int_E y^2 dy & \int_E y^3 dy & \int_E y^4 dy \end{bmatrix} \begin{bmatrix} a_0 \\ a_1 \\ a_2 \end{bmatrix} = \lambda \begin{bmatrix} a_0 \\ a_1 \\ a_2 \end{bmatrix}$$

次に，Mercer の定理の固有値・固有関数を求めるための（近似ではあるが）一般的な方法を述べておく．X を E における確率変数とし，積分作用素 $T_K \in B(H)$，$x \in E$，すなわち

$$T_K : L^2 \ni \phi \mapsto \int_E K(\cdot, x)\phi(x)d\mu(x) \in L^2$$

について,

$$T_K \phi_j = \lambda \phi_j$$

$$\int_E \phi_j \phi_k d\mu = \delta_{j,k}$$

なる $\lambda_1 \geq \lambda_2 \geq \cdots$ および $\phi_1, \phi_2, \ldots \in L^2$ が存在する。

これを，任意の $m \geq 1$, $x_1, \ldots, x_m \in E$ が確率 μ にしたがって発生したとして，

$$\frac{1}{m} \sum_{j=1}^{m} K(x_j, y) \phi_i(x_j) = \lambda_i \phi_i(y) \quad (y \in E, \ i = 1, 2, \ldots) \tag{3.18}$$

と近似することを考える。このとき，

$$\frac{1}{m} \sum_{i=1}^{m} \phi_j(x_i) \phi_k(x_i) = \delta_{j,k}$$

であり，(3.18) の y に $x_1, \ldots, x_m$ を代入すると，その Gram 行列を $K_m \in \mathbb{R}^{m \times m}$, その固有値 $\lambda_1^{(m)} = m\lambda_1, \ldots, \lambda_m^{(m)} = m\lambda_m$ を成分とする対角行列を Λ として

$$K_m U = U\Lambda$$

なる直交行列 $U \in \mathbb{R}^{m \times m}$ が存在する。そして，$\phi_i(x_j) = \sqrt{m}\, U_{j,i}$, $\lambda_i = \frac{\lambda_i^{(m)}}{m}$ を (3.18) に代入すると

$$\phi_i(\cdot) = \frac{\sqrt{m}}{\lambda_i^{(m)}} \sum_{j=1}^{m} K(x_j, \cdot) U_{j,i} \tag{3.19}$$

が得られる。$x_1, \ldots, x_m \in E$ の分布は積分作用素の測度 μ と一致する必要がある。なお，$\lambda_i^{(m)}/m$ が m を大きくすると λ_i に収束することが知られている。その証明および収束の仕方に関しては，Baker [3] (Theorem 3.4) を参照されたい。

この処理を R 言語で書くと以下のようになる。

◆ 例 62　下記のプログラムをもとに，Gauss カーネルを用いて，固有値，固有関数を求めた。ただし，積分作用素の定義で要求される測度は，乱数を与えたときの確率測度とした。同じ Gauss カーネルでも，異なる分布にしたがう $x_1, \ldots, x_N$ であれば，異なる固有値，固有ベクトルになる。そして，$N = 300$, $N = 1000$ で比較したところ，固有値はほぼ同じ値になった（図 3.2）。また，固有関数もほぼ同じになった（図 3.3）。

```r
# カーネルの定義
sigma = 1; k = function(x, y) exp(-(x - y) ^ 2 / sigma ^ 2)

# m サンプルの発生とグラム行列の設定
m = 300; x = rnorm(m) - 2 * rnorm(m) ^ 2 + 3 * rnorm(m) ^ 3
K = matrix(0, m, m)
for (i in 1:m) for (j in 1:m) K[i, j] = k(x[i], x[j])

```

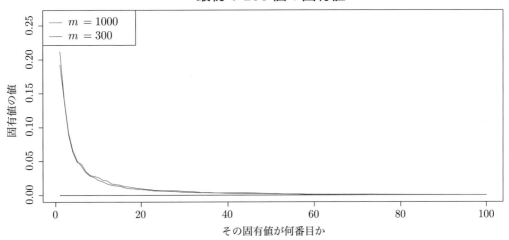

図 3.2 例 62 で求めた固有値。$m = 1000$ サンプルを用いた場合と，最初の $m = 300$ サンプルを用いた場合の比較。固有値の上位の値はほぼ一致していることがわかる。

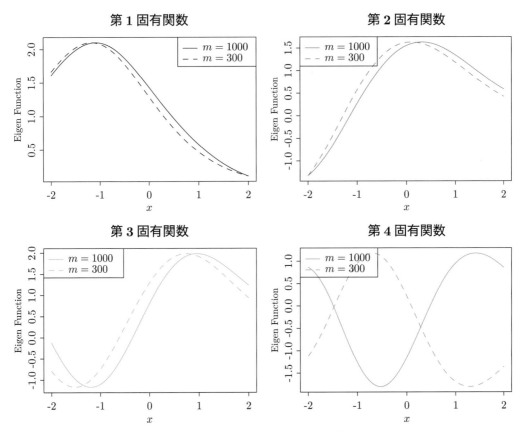

図 3.3 例 62 で求めた固有関数。$m = 1000$ サンプルを用いた場合と，最初の $m = 300$ サンプルを用いた場合の比較。固有値が最も大きな 3 個に関しては一致しているが，4 個目の関数は若干乖離がある。ただ，その場合でも，固有値はほぼ一致している。

```
 9  # 固有値・固有ベクトルの計算
10  eig = eigen(K)
11  lam.m = eig$values
12  lam = lam.m / m
13  U = eig$vector
14  alpha = array(0, dim = c(m, m))
15  for (i in 1:m) alpha[, i] = U[, i] * sqrt(m) / lam.m[i]
16
17  # グラフの表示
18  F = function(y, i) {
19    S = 0; for(j in 1:m) S = S + alpha[j, i] * k(x[j], y)
20    return(S)
21  }
22  i = 1  # i の値を変えて実行する
23  G = function(y) F(y, i)
24  plot(G, xlim = c(-2, 2))
25  title("Eigen Values and their Eigen Functions")
```

　最後に，Mercer の定理（命題 41）から得られる RKHS を提示しておく。例 57 では，L^2 空間では条件がゆるすぎて RKHS にはならないという指摘をした。下記の命題は，どのような制限を加えればよいのかを示唆している。

命題 42　$\{(\lambda_j, e_j)\}$ を正定値カーネル k の積分作用素の固有値，正規直交固有関数とする。このとき，

$$H = \left\{ \sum_{j=1}^{\infty} \beta_j e_j \;\middle|\; \sum_{j=1}^{\infty} \frac{\beta_j^2}{\lambda_j} < \infty \right\}$$

$$\langle f, g \rangle_H := \sum_{j=1}^{\infty} \frac{\displaystyle\int_E f(x) e_j(x) d\eta(x) \int_E g(x) e_j(x) d\eta(x)}{\lambda_j} \tag{3.20}$$

は RKHS を与える。

　すなわち，L^2 空間の要素 $\sum_{j=1}^{\infty} \beta_j e_j$，$\sum_{j=1}^{\infty} \beta_j^2 < \infty$ を，$\sum_{j=1}^{\infty} \beta_j^2 / \lambda_j < \infty$ を満足するものに制限すれば，RKHS になるという主張である。

証明　内積の定義 (3.20) から，$\langle e_i, e_j \rangle_H = \delta_{i,j} / \lambda_i$ と書けるので，

$$\int_E \left\{ \sum_{j=1}^{\infty} \beta_j e_j(x) \right\}^2 d\eta(x) < \infty \iff \sum_{j=1}^{\infty} \frac{\beta_j^2}{\lambda_j} < \infty$$

となり，H は Hilbert 空間である。そして，Mercer の定理から，$k(x, \cdot) = \sum_{j=1}^{\infty} \lambda_j e_j(x) e_j(\cdot)$ と書けるので，

$$\sum_{j=1}^{\infty} \frac{\{\lambda_j e_j(x)\}^2}{\lambda_j} = \sum_{j=1}^{\infty} \lambda_j e_j(x) e_j(x) = k(x, x) < \infty$$

となり，$k(x, \cdot) \in H$ である．最後に，$\int_E k(\cdot, y) e_j(y) d\eta(y) = \lambda_j e_j(\cdot)$ であるので，

$$\langle f, k(\cdot, x) \rangle_H = \sum_{j=1}^\infty \frac{1}{\lambda_j} \int_E f(y) e_j(y) d\eta(y) \int_E k(x, y) e_j(y) d\eta(y)$$

$$= \sum_{j=1}^\infty \left\{ \int_E f(y) e_j(y) d\eta(y) \right\} e_j(x) = f(x)$$

となり，再生性も示された． □

この証明からわかるように，Mercer の定理の固有ベクトル $\{e_j\}$ は L^2 空間では正規直交であるが，得られた RKHS では，ノルムが $\lambda_j^{-1/2}$ になる．$\{\beta_j\}$ を L^2 の場合より速く低減させたものが，RKHS であることがわかる．

付録：命題の証明

命題 34 の証明

$k : E \times E \to \mathbb{R}$ が Hilbert 空間 H の正定値カーネルであるとする．最初に，$k(x, \cdot)\ (x \in E)$ で張られる線形空間 H_0 で，

$$f(\cdot) = \sum_{i=1}^m a_i k(x_i, \cdot), \quad g(\cdot) = \sum_{j=1}^n b_j k(y_j, \cdot) \in H_0 \tag{3.21}$$

に対する操作

$$\langle f, g \rangle_{H_0} = \sum_{i=1}^m \sum_{j=1}^m a_i b_j k(x_i, y_j)$$

が内積になっていることを示す．まず，

$$\langle f, g \rangle_{H_0} = \sum_{i=1}^m a_i g(x_i) = \sum_{j=1}^m b_j f(x_j)$$

であるから，(3.21) における f, g の表現によらない．特に，$\langle f, g \rangle_{H_0}$ は対称である．k は正定値カーネルであるので，

$$\|f\|^2 = \sum_{i=1}^m \sum_{j=1}^n a_i a_j k(x_i, x_j) \geq 0$$

また，

$$|f(x)| = |\langle f(\cdot), k(x, \cdot) \rangle_{H_0}| \leq \|f\|_{H_0} \sqrt{k(x, x)}$$

より，$\|f\|_{H_0} = 0 \Longrightarrow f = 0$ が成立する．以下では，H_0 を完備化した線形空間 H を構成する．

$\{f_n\}$ を H_0 における Cauchy 列としたときに，任意の $x \in E,\ m, n \geq 1$ で

$$|f_m(x) - f_n(x)| \leq \|f_m - f_n\|_{H_0} \sqrt{k(x, x)}$$

より，$\{f_n(x)\}$ は Cauchy 列であり，実数列でもあるので，必ず収束先をもつ。以下では，各 $x \in E$ で H_0 の Cauchy 列 $\{f_n\}$ が収束する先が $f(x)$ であるような $f : E \to \mathbb{R}$ の集合を H とする。一般に，H_0 は H の部分集合である。以下では，H における内積を定義し，H が再生核 k をもつ RKHS であることを証明する。

補題4　H_0 における Cauchy 列 $\{f_n\}$ が各 $x \in E$ で 0 に収束すれば，

$$\lim_{n \to \infty} \|f_n\|_{H_0} = 0$$

が成立する。

補題4の証明　Cauchy 列は有界である（例26）ので，$\|f_n\| < B$ $(n = 1, 2, \dots)$ となる $B > 0$ が存在する。また，Cauchy 列であるから，任意の $\epsilon > 0$ で $n > N \implies \|f_n - f_N\| < \epsilon/B$ なる N が存在する。したがって，$f_N(x) = \sum_{i=1}^{p} \alpha_i k(x_i, x) \in H_0$, $\alpha_i \in \mathbb{R}$, $x_i \in E$ $(i = 1, 2, \dots)$ に対して，$n > N$ とおけば

$$\|f_n\|_{H_0}^2 = \langle f_n - f_N, f_n \rangle_{H_0} + \langle f_N, f_n \rangle_{H_0} \le \|f_n - f_N\|_{H_0} \|f_n\|_{H_0} + \sum_{i=1}^{p} \alpha_i \|f_n(x_i)\|_{H_0}^2$$

とできて，第1項は ϵ 未満，また $n \to \infty$ とすると各 $i = 1, \dots, p$ で $f_n(x_i) \to 0$ とでき，第2項は ϵ 以下にできる。すなわち，補題4が成立する。　　　　　　　　　　　　　　　　　□

H_0 における Cauchy 列 $\{f_n\}, \{g_n\}$ に対して，各 $x \in E$ に対する収束先が $f(x), g(x)$ である $f, g \in H$ が定義できる。そして，$\{\langle f_n, g_n \rangle_{H_0}\}$ は

$$|\langle f_n, g_n \rangle_{H_0} - \langle f_m, g_m \rangle_{H_0}| = |\langle f_n, g_n - g_m \rangle_{H_0} + \langle f_n - f_m, g_m \rangle_{H_0}|$$
$$\le \|f_n\|_{H_0} \|g_n - g_m\|_{H_0} + \|f_n - f_m\|_{H_0} \|g_m\|_{H_0}$$

となり，Cauchy 列であるので，実数列 $\{\langle f_n, g_n \rangle_{H_0}\}$ は収束する（命題6）。そして，収束先は，$f(x), g(x)$ $(x \in E)$ のみに依存する。実際，$\{f_n'\}, \{g_n'\}$ を各 $x \in E$ でそれぞれ f, g に収束する別の H_0 における Cauchy 列とすれば，$\{f_n - f_n'\}, \{g_n - g_n'\}$ も Cauchy 列になり，しかも各 $x \in E$ で 0 に収束するので，補題4が適用できて，$n \to \infty$ で $\|f_n - f_n'\|_{H_0}, \|g_n - g_n'\|_{H_0} \to 0$ が成立する。このことは，

$$|\langle f_n, g_n \rangle_{H_0} - \langle f_n', g_n' \rangle_{H_0}| = |\langle f_n, g_n - g_n' \rangle_{H_0} + \langle f_n - f_n', g_n' \rangle_{H_0}|$$
$$\le \|f_n\|_{H_0} \|g_n - g_n'\|_{H_0} + \|f_n - f_n'\|_{H_0} \|g_n'\|_{H_0} \to 0$$

を意味する。すなわち，$\{\langle f_n, g_n \rangle_{H_0}\}$ の収束先は系列 $\{f_n\}, \{g_n\}$ に依存せず，$f, g \in H$ のみに依存する。そこで，

$$\langle f, g \rangle_H := \lim_{n \to \infty} \langle f_n, g_n \rangle_{H_0}$$

を H の内積と定義する。内積の定義を満足していることは，まず，$\|f\|_H = \langle f, f \rangle_H = 0$ を仮定すると，各 $x \in E$ に対して $n \to \infty$ で

$$|f_n(x)| = |\langle f_n(\cdot), k(x, \cdot) \rangle| \le \sqrt{k(x, x)} \|f_n\|_{H_0} \to 0$$

なので，$|f(x)| = \lim_{n\to\infty} |f_n(x)| = 0$ となることからわかる．

また，$f \in H$ を H_0 における Cauchy 列 $\{f_n\}$ の各 $x \in E$ での $\lim_{n\to\infty} f_n(x)$ と定義したので，$n \to \infty$ で

$$\|f - f_n\|_H = \lim_{m\to\infty} \|f_m - f_n\|_{H_0} \to 0 \tag{3.22}$$

となり，H_0 は H において稠密である．

完備であることは，$\{f_n\}$ を H における Cauchy 列とすると，稠密性から H_0 の列 $\{f'_n\}$ が存在して，

$$\|f_n - f'_n\|_H \to 0 \quad (n \to \infty) \tag{3.23}$$

とできる．したがって，$m, n > N$ で $\|f_n - f'_n\|_H, \|f_m - f'_m\|_H, \|f_n - f_m\|_H < \epsilon/3$ とできて，

$$\|f'_n - f'_m\|_{H_0} = \|f'_n - f'_m\|_H \le \|f'_n - f_n\|_H + \|f_n - f_m\|_H + \|f_m - f'_m\|_H \le \epsilon \quad (f'_n, f'_m \in H_0 \subseteq H)$$

したがって，$\{f'_n\}$ は H_0 の Cauchy 列であって，その各 $x \in E$ での収束 $f(x)$ によって $f \in H$ を定義できる．そして，(3.22) より，$\|f - f'_n\|_H \to 0$ が成立し，これと (3.23) より，$n \to \infty$ で

$$\|f - f_n\|_H \le \|f - f'_n\|_H + \|f'_n - f_n\|_H \to 0$$

とできる．すなわち，H は完備である．

次に，k がその Hilbert 空間 H に対する再生核であることを示す．(3.1) は，各 $x \in E$ で $k(x, \cdot) \in H_0 \subseteq H$ よりただちに成立する．(3.2) に関しては，$f \in H$ は H_0 における Cauchy 列 $\{f_n\}$ の各 $x \in E$ の極限になるので，

$$f(x) = \lim_{n\to\infty} f_n(x) = \lim_{n\to\infty} \langle f_n(\cdot), k(x, \cdot)\rangle_{H_0} = \langle f, k(x, \cdot)\rangle_H$$

となり，成立する．

最後に，そのような H が一意であることを示す．H と同じ性質を満足する G が存在するとすれば，H は H_0 の閉包であるから，G は H を部分空間として含んでいる必要がある．H は閉であるので，(2.11) より，$G = H \oplus H^\perp$ と書ける．しかし，$k(x, \cdot) \in H$ $(x \in E)$ であって，$f \in H^\perp$ に対して $\langle f(\cdot), k(x, \cdot)\rangle_G = 0$ なので，$f(x) = 0$ $(x \in E)$ が成立する．すなわち，$H^\perp = \{0\}$ が成立する． $\square$

命題 38 の証明

まず，仮定より，$k(x, \cdot) = k_1(x, \cdot) + k_2(x, \cdot) \in H$ が各 $x \in E$ で成立する．各 $x \in E$ で $N^\perp \ni (h_1(x, \cdot), h_2(x, \cdot)) := v^{-1}(k(x, \cdot))$ を定義する．ただし，$h_1(x, \cdot), h_2(x, \cdot)$ は $x \in E$ で決まる H_1, H_2 の要素であるが，h_1, h_2 は必ずしも H_1, H_2 の再生核 k_1, k_2 ではないものとする．$k(x, \cdot) = k_1(x, \cdot) + k_2(x, \cdot)$ であるので，

$$h_1(x, \cdot) - k_1(x, \cdot) + h_2(x, \cdot) - k_2(x, \cdot) = k(x, \cdot) - k(x, \cdot) = 0$$

が成立し，$z := (h_1(x, \cdot) - k_1(x, \cdot), h_2(x, \cdot) - k_2(x, \cdot)) \in N$ が成り立ち，各 $f \in H$ の $N^\perp \ni (f_1, f_2) := v^{-1}(f)$ について，

$$0 = \langle 0, f\rangle_H = \langle z, (f_1, f_2)\rangle_F$$

が成立する。すなわち,

$$\langle f_1, h_1(x, \cdot) \rangle_1 + \langle f_2, h_2(x, \cdot) \rangle_2 = \langle f_1, k_1(x, \cdot) \rangle_1 + \langle f_2, k_2(x, \cdot) \rangle_2$$

が成り立ち, これは再生性

$$\langle f, k(x, \cdot) \rangle_H = \langle v^{-1}(f), v^{-1}(k(x, \cdot)) \rangle_F = \langle (f_1, f_2), (h_1(x, \cdot), h_2(x, \cdot)) \rangle_F$$
$$= \langle (f_1, f_2), (k_1(x, \cdot), k_2(x, \cdot)) \rangle_F = f_1(x) + f_2(x) = f(x)$$

を意味する。さらに, $(f_1, f_2) \in F$, $f := f_1 + f_2$, $(g_1, g_2) := (f_1, f_2) - v^{-1}(f)$ とおくと, $(g_1, g_2) \in N$, $v^{-1}(f) \in N^\perp$ より,

$$\|(f_1, f_2)\|_F^2 = \|v^{-1}(f)\|_F^2 + \|(g_1, g_2)\|_F^2$$

これと, ノルムの定義 (3.4), (3.5) より,

$$\|f\|_H^2 = \|v^{-1}(f)\|_F^2 \leq \|(f_1, f_2)\|_F^2 = \|f_1\|_{H_1}^2 + \|f_2\|_{H_2}^2$$

が得られる。ここで, 不等式の等号成立は $(f_1, f_2) = v^{-1}(f)$ のときである。 □

例 59 の証明

恒等式

$$\int_{-\infty}^\infty \exp(-(x-y)^2) H_j(\alpha x) dx = \sqrt{\pi}(1-\alpha^2)^{j/2} H_j\left(\frac{\alpha y}{(1-\alpha^2)^{1/2}}\right)$$

を用いる [9]。$\int_E p(y)dy = 1$ として,

$$\int_E k(x, y)\phi_j(y)p(y)dy = \lambda\phi_j(x)$$

が成立すれば, $\tilde{k}(x, y) := p(x)^{1/2}k(x, y)p(y)^{1/2}$, $\tilde{\phi}_j(x) := p(x)^{1/2}\phi_j(x)$ として,

$$\int_E \tilde{k}(x, y)\tilde{\phi}_j(y)dy = \lambda\tilde{\phi}_j(x)$$

とできる。よって, $E = (-\infty, \infty)$ として

$$p(x) := \sqrt{\frac{2a}{\pi}} \exp(-2ax^2)$$

$$\tilde{k}(x, y) := \sqrt{\frac{2a}{\pi}} \exp(-ax^2) \exp(-b(x-y)^2) \exp(-ay^2)$$

$$\tilde{\phi}_j(x) := \left(\frac{2a}{\pi}\right)^{1/4} \exp(-cx^2) H_j(\sqrt{2c}x)$$

を後者の左辺に代入して, 右辺が得られることを示せばよい。左辺は

$$\int_{-\infty}^{\infty} \left(\frac{2a}{\pi}\right)^{3/4} \exp(-ax^2)\exp(-b(x-y)^2)\exp(-ay^2)\exp(-cy^2)H_j(\sqrt{2c}y)dy$$

$$= \left(\frac{2a}{\pi}\right)^{3/4}\int_{-\infty}^{\infty}\exp\left\{-(a+b+c)\left(y-\frac{b}{a+b+c}x\right)^2 + \left[\frac{b^2}{a+b+c}-(a+b)\right]x^2\right\}H_j(\sqrt{2c}\,y)dy$$

$$= \left(\frac{2a}{\pi}\right)^{3/4}\exp(-cx^2)\int_{-\infty}^{\infty}\exp\left\{-\left(z-\frac{b}{\sqrt{a+b+c}}x\right)^2\right\}H_j\left(\frac{\sqrt{2c}}{\sqrt{a+b+c}}z\right)\frac{dz}{\sqrt{a+b+c}}$$

$$= \left(\frac{2a}{\pi}\right)^{3/4}\sqrt{\frac{2a}{\pi(a+b+c)}}\exp(-cx^2)\sqrt{\pi}\left(1-\frac{2c}{a+b+c}\right)^{j/2}H_j(\sqrt{2c}\,x)$$

$$= \sqrt{\frac{2a}{a+b+c}}\left(\frac{b}{a+b+c}\right)^j\left(\frac{2a}{\pi}\right)^{1/4}\exp(-cx^2)H_j(\sqrt{2c}x) = \sqrt{\frac{2a}{A}}B^j\tilde{\phi}_j(x)$$

とできる。ただし，$z := y\sqrt{a+b+c}$，$\alpha = \dfrac{\sqrt{2c}}{a+b+c}$ とおき，

$$(1-\alpha^2)^{1/2} = \sqrt{1-\frac{2c}{a+b+c}} = \sqrt{\frac{a+b-c}{a+b+c}} = \sqrt{\frac{(a+b)^2-c^2}{(a+b+c)^2}} = \frac{b}{a+b+c}$$

を用いた。 $\square$

命題 40 の証明

K は一様連続であるから，d を $E \times E$ における何らかの距離として，各 $n = 1, 2, \ldots$ および任意の $x_1, x_2, y_1, y_2 \in E$ に対して，

$$d((x_1,y_1),(x_2,y_2)) < \delta_n \Longrightarrow |K(x_1,y_1) - K(x_2,y_2)| < n^{-1}$$

となる δ_n が存在する。E はコンパクトであるので，直径 δ_n 以内の球の有限個で覆うことができる。それらを $\{E_{n,i}\}_{i=1}^m$ と書き，$v_i \in E_{n,i}$ を任意に選び，$(x,y) \in E_{n,i} \times E_{n,j}$ に対して，$K_n(x,y) := K(v_i,v_j)$ とおくと，K の一様連続性から

$$\max_{(x,y)\in E\times E}|K(x,y) - K_n(x,y)| < \frac{1}{n}$$

とできる。そして，K, K_n の積分作用素を T_K, T_{K_n} とおくと，

$$|\langle T_K f, f\rangle - \langle T_{K_n}f,f\rangle| \le n^{-1}\|f\|^2$$

$$\langle T_{K_n}f,f\rangle = \sum_{i=1}^m\sum_{j=1}^m K(v_i,v_j)\int_{E_{n,i}}f(x)d\mu(x)\int_{E_{n,j}}f(y)d\mu(y)$$

が任意の n で成立するので，$\langle T_K f, f\rangle \ge 0$ が成立する。逆に，$\langle T_K f,f\rangle \ge 0$ のとき，$\sum_{i=1}^m\sum_{j=1}^m z_i z_j k(x_i,x_j) < 0$ なる $x_1,\ldots,x_m \in E$，$z_1,\ldots,z_m \in \mathbb{R}$ が存在すれば，K が一様連続であるので，

$$\max_{x_h,y_h\in E_h, h=1,\ldots,m}\sum_{i=1}^m\sum_{j=1}^m z_i z_j K(x_i,y_j) < 0$$

および $\mu(E_1), \ldots, \mu(E_m) > 0$ となる $E_1, \ldots, E_m \in \mathcal{F}$ が存在する。このことは，平均値の定理によって

$$\sum_{i=1}^{m}\sum_{j=1}^{m} z_i z_j \{\mu(E_i)\mu(E_j)\}^{-1} \int_{E_i}\int_{E_j} k(x,y)d\mu(x)d\mu(y) < 0$$

を意味する。この値は，$f = \sum_{i=1}^{m} z_i \{\mu(E_i)\}^{-1} I_{E_i}$ に対する $\langle T_K f, f\rangle$ であって，T_K が非負定値であることと矛盾する。　　　　　　　　　　　　　　　　　　　　□

補題 3 の証明

$f_n(x)$ が各 $x \in E$ で n とともに単調増加であると仮定する。任意の $\epsilon > 0$ について，各 $x \in E$ で $|f_n(x) - f(x)| < \epsilon$ を満足する最小の n を $n(x)$ とする。連続性から，各 $x \in E$ で，

$$y \in U(x) \Longrightarrow |f(x) - f(y)| < \epsilon, \quad |f_{n(x)}(x) - f_{n(x)}(y)| < \epsilon$$

が成立するように近傍 $U(x)$ を設定できる。このとき，

$$f(y) - f_{n(x)}(y) \le f(x) + \epsilon - f_{n(x)}(y) \le f_{n(x)}(x) + 2\epsilon - f_{n(x)}(y) \le |f_{n(x)}(x) - f_{n(x)}(y)| + 2\epsilon < 3\epsilon$$

が成立する。また，E がコンパクトであるので，$E \subseteq \bigcup_{i=1}^{m} U(x_i)$ であるとし，$n(x_1), \ldots, n(x_m)$ の最大値を N とおくと，$n \ge N$ のとき，各 $y \in E$ で

$$f(y) - f_n(y) \le f(y) - f_{n(x_i)}(y) \le 3\epsilon$$

が成立する。ただし，i は $y \in U(x_i)$ なる i とした。これで証明を終わる。　　　　　□

問題 31〜45

☐ **31**　命題 34 は，以下の手順にしたがって導出できる。各ステップは付録の証明のどの箇所に相当するか。

(a) $H_0 := \text{span}\{k(x, \cdot) \mid x \in E\}$ の内積 $\langle \cdot, \cdot \rangle_{H_0}$ を定義する。

(b) H_0 における任意の Cauchy 列 $\{f_n\}$ と各 $x \in E$ について，実数列 $\{f_n(x)\}$ が Cauchy 列になるので，その収束する値 $f(x) := \lim_{n \to \infty} f_n(x)$ が決まる（命題 6）。そのような f の集合を H とする。

(c) 線形空間 H の内積 $\langle \cdot, \cdot \rangle_H$ を定義する。

(d) H_0 が H で稠密であることを示す。

(e) H における任意の Cauchy 列 $\{f_n\}$ が $n \to \infty$ で，H のある要素に収束すること（H の完備性）を示す。

(f) k が H の再生核であることを示す。

(g) そのような H が一意であることを示す。

☐ **32**　例 55，例 56 では，内積を $\langle f, g \rangle_H = \int_0^1 F(u)G(u)du$ とし，RKHS が

$$H = \left\{ E \ni x \mapsto \int_E F(t)J(x,t)d\eta(t) \in \mathbb{R} \,\middle|\, F \in L^2(E, \eta) \right\}$$

と書けるとしている。$J(x,t)$ は，例 55，例 56 でそれぞれ何か。また，カーネル $k(x,y)$ は，$J(x,t)$ を用いて一般にどのようにあらわされるか。

☐ **33**　命題 38 は，以下の手順で導出できる。各ステップは付録の証明のどの箇所に相当するか。

(a) $f \in H$ を任意に固定し，$N^\perp \ni (f_1, f_2) := v^{-1}(f)$, $k(x, \cdot) := k_1(x, \cdot) + k_2(x, \cdot)$, $(h_1(x, \cdot), h_2(x, \cdot)) := v^{-1}(k(x, \cdot))$ を定義し，以下を示す。

$$\langle f_1, h_1(x, \cdot) \rangle_1 + \langle f_2, h_2(x, \cdot) \rangle_2 = \langle f_1, k_1(x, \cdot) \rangle_1 + \langle f_2, k_2(x, \cdot) \rangle_2$$

(b) (a) を用いて，k の再生性 $\langle f, k(x, \cdot) \rangle_H = f(x)$ を示す。

(c) H のノルムが (3.6) になることを示す。

☐ **34**　各 $f \in W_q[0,1]$ は，

$$\phi_i(x) := \frac{x^i}{i!} \quad (i = 0, 1, \ldots)$$

$$G_q(x, y) := \frac{(x - y)_+^{q-1}}{(q-1)!}$$

とおくと，以下のように Taylor 展開できることを示せ。

$$f(x) = \sum_{i=0}^{q-1} f^{(i)}(0)\phi_i(x) + \int_0^1 G_q(x, y)f^{(q)}(y)dy$$

□ **35** $W_q[0,1] = H_0 \oplus H_1$,

$$H_0 = \left\{ \sum_{i=0}^{q-1} \alpha_i \phi_i(x) \ \middle|\ \alpha_0, \ldots, \alpha_{q-1} \in \mathbb{R} \right\}$$

$$H_1 = \left\{ \int_0^1 G_q(x,y)h(y)dy \ \middle|\ h \in L^2[0,1] \right\}$$

を示せ（集合の両側の包含関係を示す必要がある）。また，$H_0 \cap H_1 = \{0\}$ を示せ。

□ **36** $L^2[0,1]$ の積分作用素 T_k に $k(x,y) = \min\{x,y\}$ $(x, y \in E = [0,1])$ を適用するとき，

$$\lambda_j = \frac{4}{\{(2j-1)\pi\}^2}$$

$$e_j(x) = \sqrt{2}\sin\left(\frac{(2j-1)\pi}{2}x\right)$$

を実際に $T_k e_j = \lambda_j e_j$ の両辺に代入することによって，等号を確認せよ。

□ **37** 例 59 について，その固有値が $\beta := \hat{\sigma}^2/\sigma^2$ でその初期値，公比が決まる等比数列になる。これを示せ。

□ **38** 例 59 について，下記のプログラムは，$\sigma^2 = \hat{\sigma}^2 = 1$ を仮定して，固有値，固有関数を求めている。このプログラムを変えて，`##` で $\sigma^2, \hat{\sigma}^2$ の値を設定し，`###` では，関数 `phi` に引数として $\sigma^2, \hat{\sigma}^2$ を加えて，実行してグラフを出力せよ。

```
 1  H = function(j, x) {
 2    if (j == 0) 1 else if (j == 1) 2*x else if (j == 2) -2 + 4*x^2 else 4*x - 8*x^3
 3  }
 4  cc = sqrt(5) / 4; a = 1 / 4                                    ##
 5  phi = function(j, x) exp(-(cc-a)*x^2) * H(j, sqrt(2*cc)*x)     ###
 6  curve(phi(0, x), -2, 2, ylim = c(-2, 8), col = 1, ylab = "phi")
 7  for (i in 1:3)
 8    curve(phi(i, x), -2, 2, ylim = c(-2, 8), add = TRUE, ann = FALSE, col = i + 1)
 9  legend("topright", legend = paste("j = ", 0:3), lwd = 1, col = 1:4)
10  title("Gauss カーネルの固有関数")
```

□ **39** 以下を示せ。

(a) $[0,1]$ で定義される関数 $f_n(x) = n^2(1-x)x^{n+1}$ は，各 $x \in [0,1]$ で収束するが，その上界は収束しない（一様収束ではない）。

(b) $[0,1]$ で定義される関数 $f_n(x) = (1-x)x^{n+1}$ は一様収束する（補題 3 を用いる）。

(c) 級数 $\displaystyle\sum_{n=0}^{\infty} \frac{(-1)^n}{\sqrt{n+1}}$ は絶対収束する。

□ **40** 例 58 で，ϕ の周期が 2 ではなく 2π であるときは，T_k の固有値，固有関数はどのように
　　　　なるか。また，カーネル k を導出せよ。

□ **41** 例 61 で，$m = 3$, $d = 1$ の場合にはどのような固有方程式を解けばよいか。

□ **42** 例 62 のプログラムのうち，下記の箇所を関数として定義し，実行せよ。その際の入力は
　　　　データ x，カーネル k，第 i 固有値の i，出力は関数 F とする。

```
1  K = matrix(0, m, m)
2  for (i in 1:m) for (j in 1:m) K[i, j] = k(x[i], x[j])
3  eig = eigen(K)
4  lam.m = eig$values
5  lam = lam.m / m
6  U = eig$vector
7  alpha = array(0, dim = c(m, m))
8  for (i in 1:m) alpha[, i] = U[, i] * sqrt(m) / lam.m[i]
9  F = function(y, i) {
10   S = 0; for (j in 1:m) S = S + alpha[j, i] * k(x[j], y)
11   return(S)
12 }
```

□ **43** 例 62 で，Gauss カーネルについて，正規分布にしたがって乱数を発生させ，固有値，固
　　　　有関数を求めている。サンプル数が多い場合，例より，理論上は固有値の値が等比数列
　　　　的に低減する（例 59）。$m = 2$, $d = 1$ の場合の多項式カーネル $k(x, y) = (1 + xy)^2$ で
　　　　は，どのようになるか。固有値，固有関数を，Gauss カーネルと同様に出力せよ。

□ **44** $K_m U = U\Lambda$ の解を用いて (3.19) を構成した場合，それが (3.18) の解になっていて，大
　　　　きさが 1 で直交していることを示せ。

□ **45** 命題 42 で，β_j は本来 $\sum_{j=1}^{\infty} \beta_j^2 < \infty$ を満足する必要がある。しかし，命題 42 の主張に
　　　　は書かれていない。それは，なぜか。

第4章　カーネル計算の実際

第1章では，カーネル $k(x,y) \in \mathbb{R}$ が，集合 E の2要素 $x,y \in E$ の類似性を表現していることを述べた。また，第3章では，カーネル k，特徴写像 $E \ni x \mapsto k(x,\cdot) \in H$，再生核 Hilbert 空間 H の関係を述べた。本章では，各 $x \in E$ に対して定まる $k(x,\cdot)$ を $E \to \mathbb{R}$ の関数とみなし，実際に説明変数と目的変数の N 個の具体的なデータ $(x_1,y_1),\ldots,(x_N,y_N)$ からデータ処理を行う。行ベクトル x_i $(i=1,\ldots,N)$ は p 次元で，行列 $X \in \mathbb{R}^{N \times p}$ で与えられる。目的変数 y_i $(i=1,\ldots,N)$ は，実数の場合もあれば，2値の場合もある。本章では，カーネル Ridge 回帰，主成分分析，サポートベクトルマシン (SVM)，スプラインという個別の状況で，制約条件を考慮した目的式を最小にする $f \in H$ を求める。最適な f が $\sum_{i=1}^{N} \alpha_i k(x_i,\cdot)$ の形で書けることがわかっていて（表現定理），最適な $\alpha_1,\ldots,\alpha_N$ を求める問題に帰着される。

後半では，計算量の問題を扱う。カーネルの計算は $O(N^3)$ 程度以上の時間がかかり，N が1000以上では実時間の計算は難しい。特に，Gram 行列 K の階数を下げる方法について検討する。具体的には，Random Fourier Features，Nyström 近似，不完全 Cholesky 分解のアルゴリズムを学ぶ。

4.1　カーネル Ridge 回帰

$\sum_{i=1}^{N}(y_i - x_i\beta)^2$ を最小にする $\beta \in \mathbb{R}^p$（列ベクトル）を求めることを最小2乗法という。$\bar{y} = \dfrac{1}{N}\sum_{i=1}^{N} y_i$, $\bar{x}_j = \dfrac{1}{N}\sum_{i=1}^{N} x_{i,j}$ として，$y_i \leftarrow y_i - \bar{y}, x_{i,j} \leftarrow x_{i,j} - \bar{x}_j$ の処理（中心化）が行われていることを前提とすると，$X = (x_{i,j})$, $y = (y_i)$ から，$X^\top X$ が正則であれば，$\hat{\beta} = (X^\top X)^{-1} X^\top y$ によってその解を求めることができる。

以下では，カーネル $k : E \times E \to \mathbb{R}$ を用意し，

$$L := \sum_{i=1}^{N}(y_i - f(x_i))^2$$

なる $f \in H$ を求める問題を考える。例40でも検討したように，RKHS H は

$$M := \mathrm{span}(\{k(x_i, \cdot)\}_{i=1}^N)$$

および

$$M^\perp = \{f \in H \mid \langle f, k(x_i, \cdot)\rangle_H = 0, \ i = 1, \ldots, N\}$$

の和で書け，$f = f_1 + f_2$, $f_1 \in M$, $f_2 \in M^\perp$ であれば，$E := \mathbb{R}^p$ として，

$$\sum_{i=1}^N (y_i - f(x_i))^2 = \sum_{i=1}^N (y_i - f_1(x_i))^2 = \sum_{i=1}^N (y_i - \sum_{j=1}^N \alpha k(x_j, x_i))^2 \tag{4.1}$$

より，L の最小化は，$i = 1, \ldots, N$ に対して，

$$f(x_i) = \langle f_1(\cdot) + f_2(\cdot), k(x_i, \cdot)\rangle_H = \langle f_1(\cdot), k(x_i, \cdot)\rangle_H = f_1(x_i)$$

が成立するので，

$$L = \sum_{i=1}^N \left\{ y_i - \sum_{j=1}^N \alpha_j k(x_j, x_i) \right\}^2 = \|y - K\alpha\|^2 \tag{4.2}$$

の右辺の最小化に帰着される。この原理を表現定理 (representation theory) という。ただし，$K = (k(x_i, x_j))_{i,j=1,\ldots,N}$ は Gram 行列であり，ノルム $\|z\|$ $(z = [z_1, \ldots, z_N] \in \mathbb{R})$ は，$\sqrt{\sum_{i=1}^N z_i^2}$ をあらわすものとする。そして，L を α で微分すると，$-K(y - K\alpha) = 0$ とできる。K が（非負定値ではなく）正定値であれば，その解は $\hat{\alpha} = K^{-1}y$ となる。

　最後に，このようにして求めた (4.2) を最小にする $\hat{f} \in H$ を用いると，新しい $x \in \mathbb{R}^p$ に対して，

$$\hat{f}(x) = \sum_{i=1}^n \hat{\alpha}_i k(x_i, x)$$

によって，y の値を予測することができる。

　α を求める処理は，たとえば以下のように構成できる。

```
alpha = function(k, x, y) {
  n = length(x); K = matrix(0, n, n)
  for (i in 1:n) for (j in 1:n) K[i, j] = k(x[i], x[j])
  return(solve(K + 10^(-5)*diag(n)) %*% y)   # K に 10^(-5)I を加えて正則にする
}
```

◆ 例 63　関数 alpha を用いて，多項式カーネル，Gauss カーネルについて，$n = 50$ 個のデータに対して回帰を行ってみた（$\lambda = 0.1$）。その出力を，図4.1に示す。

```
k.p = function(x, y) (sum(x*y)+1)^3   # カーネル定義
k.g = function(x, y) exp(-(x-y)^2/2)  # カーネル定義
lambda = 0.1
n = 50; x = rnorm(n); y = 1 + x + x^2 + rnorm(n)  # データ生成
alpha.p = alpha(k.p, x, y); alpha.g = alpha(k.g, x, y)
z = sort(x); u = array(n); v = array(n)
for (j in 1:n) {
```

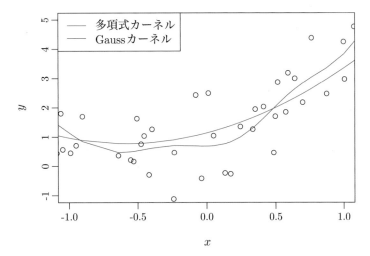

図 **4.1** 多項式カーネルと Gauss カーネルについて，カーネル回帰を行った。

```
8   S = 0; for (i in 1:n) S = S + alpha.p[i] * k.p(x[i], z[j]); u[j] = S
9   S = 0; for (i in 1:n) S = S + alpha.g[i] * k.g(x[i], z[j]); v[j] = S
10  }
11  plot(z, u, type = "l", xlim = c(-1, 1), xlab = "x", ylab = "y", ylim = c(-1, 5),
12      col = "red", main = "カーネル回帰")
13  lines(z, v, col = "blue"); points(x, y)
14  legend("topleft", legend = c("多項式カーネル", "Gauss カーネル"),
15      col = c("red", "blue"), lty = 1)
```

線形回帰で，$N < p$ の場合など X の階数が p より小さい場合には，解を求めることができない。そこで，適当な $\lambda > 0$ を用いて

$$\sum_{i=1}^{N}(y_i - x_i\beta)^2 + \lambda\|\beta\|_2^2$$

を最小にする方法が用いられている。これを Ridge 回帰 (Ridge regression) という。最小となる β は，$(X^\top X + \lambda I)^{-1} X^\top y$ で与えられる。実際，

$$\|y - X\beta\|^2 + \lambda\beta^\top\beta$$

を β で微分して，

$$-X^\top(y - X\beta) + \lambda\beta = 0$$

とおけば導かれる。

Ridge 回帰をカーネルで一般化して，

$$L' := \sum_{i=1}^{N}(y_i - f(x_i))^2 + \lambda\|f\|_H^2 \tag{4.3}$$

を最小にする $f \in H$ を求める問題を考えてみよう．まず，f_1, f_2 は直交しているので，

$$\|f\|_H^2 = \|f_1\|_H^2 + \|f_2\|_H^2 + 2\langle f_1, f_2 \rangle_H = \|f_1\|_H^2 + \|f_2\|_H^2 \geq \|f_1\|_H^2 \tag{4.4}$$

が成立する．$(4.1), (4.3), (4.4)$ より，

$$L' \geq \sum_{i=1}^{N} (y_i - f_1(x_i))^2 + \lambda \|f_1\|_H^2$$

が成立する．さらに第2項が，$\alpha = [\alpha_1, \ldots, \alpha_N]^\top$ として，

$$\|f_1\|_H^2 = \left\langle \sum_{i=1}^{N} \alpha_i k(x_i, \cdot), \sum_{j=1}^{N} \alpha_j k(x_j, \cdot) \right\rangle_H = \sum_{i=1}^{N} \sum_{j=1}^{N} \alpha_i \alpha_j \langle k(x_i, \cdot), k(x_j, \cdot) \rangle_H = \alpha^\top K \alpha$$

と書けることに注意すると，L' の最小化は，

$$\|y - K\alpha\|^2 + \lambda \alpha^\top K \alpha \tag{4.5}$$

の最小化に帰着できる．これを α で微分して 0 とおくと，

$$-K(y - K\alpha) + \lambda K \alpha = 0$$

となる．さらに，K が正則であれば，

$$\hat{\alpha} = (K + \lambda I)^{-1} y \tag{4.6}$$

とできる．最後に，このようにして求めた (4.3) を最小にする $\hat{f} \in H$ を用いると，新しい $x \in \mathbb{R}^p$ に対して，

$$\hat{f}(x) = \sum_{i=1}^{n} \hat{\alpha}_i k(x_i, x)$$

によって，y の値を予測することができる．

　α を求める処理は，たとえば以下のように構成できる．

```
alpha = function(k, x, y) {
  n = length(x); K = matrix(0, n, n)
  for (i in 1:n) for (j in 1:n) K[i, j] = k(x[i], x[j])
  return(solve(K + lambda * diag(n)) %*% y)
}
```

◆ **例 64**　関数 alpha を用いて，カーネル Ridge で，多項式カーネル，Gauss カーネルについて，$n = 50$ 個のデータに対して回帰を行ってみた $(\lambda = 0.1)$．その出力を，図4.2に示す．

```
k.p = function(x, y) (sum(x*y)+1)^3     # カーネル定義
k.g = function(x, y) exp(-(x-y)^2/2)    # カーネル定義
lambda = 0.1
n = 50; x = rnorm(n); y = 1 + x + x^2 + rnorm(n)   # データ生成
alpha.p = alpha(k.p, x, y); alpha.g = alpha(k.g, x, y)
```

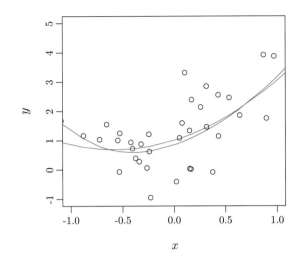

図4.2 多項式カーネルとガウスカーネルについて，カーネル Ridge を行った。

```
6   z = sort(x); u = array(n); v = array(n)
7   for (j in 1:n) {
8     S = 0; for (i in 1:n) S = S + alpha.p[i] * k.p(x[i], z[j]); u[j] = S
9     S = 0; for (i in 1:n) S = S + alpha.g[i] * k.g(x[i], z[j]); v[j] = S
10  }
11  plot(z, u, type = "l", xlim = c(-1, 1), xlab = "x", ylab = "y",
12       ylim = c(-1, 5), col = "red", main = "Kernel Ridge")
13  lines(z, v, col = "blue"); points(x, y)
```

4.2 カーネル主成分分析

　まず，カーネルを用いない通常の主成分分析の手順を確認する。X の各列と y に対して中心化を施す。最初に，$v^\top v = 1$ のもとで，$v^\top X^\top X v$ を最大にする $v \in \mathbb{R}^p$ を求め，それを v_1 とおく。同様に，$v_1, \ldots, v_{i-1} \in \mathbb{R}^p$ と直交して，$v^\top v = 1$ かつ $v^\top X^\top X v$ を最大にする $v \in \mathbb{R}^p$ を求めて v_i とする。実際は，すべての $v_1, \ldots, v_p$ を用いるのではなく，固有値の大きな $v_1, \ldots, v_m$ $(1 \le m \le p)$ によって，$\mathbb{R}^p$ における情報を圧縮する。ここで，$v^\top v = 1$ かつ $v^\top X^\top X v$ を最大にする $v \in \mathbb{R}^p$ は $\mu > 0$ を Lagrange 係数として，

$$v^\top X^\top X v - \mu(v^\top v - 1) \tag{4.7}$$

を最大にする $v \in \mathbb{R}^p$ を求めればよい。主成分分析では，得られた $v_1, \ldots, v_m \in \mathbb{R}^p$ を用いて，各 $x \in \mathbb{R}^p$ （行ベクトル）に対して，

$$\begin{bmatrix} xv_1 \\ \vdots \\ xv_m \end{bmatrix} \in \mathbb{R}^m$$

を計算することがある。これを x のスコア (score) とよぶ。x を得られた m 成分に射影したベクトルになる。

　同様の問題を $\mathbb{R}^p$ ではなく，特徴写像 $\Phi : \mathbb{R}^p \ni x_i \mapsto k(x_i, \cdot) \in H$ によって再生核 Hilbert 空間 H にうつして，そこでの主成分分析を適用することができる。ここで，$\mu > 0$ を Lagrange 係数として，

$$\sum_{j=1}^{N} f(x_i)^2 - \mu(\|f\|_H^2 - 1) \tag{4.8}$$

を最大にする $f \in H$ を求める問題を考える。たとえば，線形カーネル（通常の内積）を用いる場合，$f \in H$ は，$w \in E$ として，$f(\cdot) = \langle w, \cdot \rangle_E$ の形で書ける。したがって，(4.7), (4.8) は一致する。ただ，カーネル主成分分析では，X に対してではなく，Gram 行列 K に対して中心化を施す点が異なる。それ以外は，自然な拡張になっている。

　前節と同様にして，表現定理が適用できる。すなわち，$f_1 \in M := \mathrm{span}(\{k(x_i, \cdot)\}_{i=1}^N)$, $f_2 \in M^\perp$ として

$$\sum_{i=1}^{N} f(x_i)^2 = \sum_{i=1}^{N} \langle f_1(\cdot) + f_2(\cdot), k(x_i, \cdot) \rangle_H^2 = \sum_{i=1}^{N} \langle f_1(\cdot), k(x_i, \cdot) \rangle_H^2 = \sum_{i=1}^{N} f_1(x_i)^2$$

$$= \sum_{i=1}^{N} \left\{ \sum_{j=1}^{N} \alpha_j k(x_j, x_i) \right\}^2 = \sum_{i=1}^{N} \sum_{r=1}^{N} \sum_{s=1}^{N} \alpha_r \alpha_s k(x_r, x_i) k(x_s, x_i) = \alpha^\top K^2 \alpha$$

$$\|f_1 + f_2\|_H^2 = \|f_1\|_H^2 + \|f_2\|_H^2$$

$$\geq \|f_1\|_H^2 = \left\| \sum_{j=1}^{N} \alpha_j k(x_j, \cdot) \right\|_H^2 = \sum_{r=1}^{N} \sum_{s=1}^{N} \alpha_r \alpha_s k(x_r, x_s) = \alpha^\top K \alpha$$

が成立する。したがって，(4.8) は

$$\alpha^\top K^\top K \alpha - \mu(\alpha^\top K \alpha - 1)$$

の最大化と定式化できる。$\beta = K^{1/2}\alpha$ とおくと，K は対称であるので，

$$\beta^\top K \beta - \mu(\beta^\top \beta - 1)$$

とできる。固有方程式 $K\beta = \lambda\beta$ の固有値，固有ベクトルを $\lambda_1, \ldots, \lambda_N,\ u_1, \ldots, u_N$ とおくと，

$$\alpha = K^{-1/2}\beta = \frac{1}{\sqrt{\lambda}}\beta = \frac{u_1}{\sqrt{\lambda_1}}, \ldots, \frac{u_N}{\sqrt{\lambda_N}}$$

となる [22]。

　また，Gram 行列 $K = (k(x_i, x_j))$ を中心化すると，修正された Gram 行列の (i, j) 成分は

$$\langle k(x_i, \cdot) - \frac{1}{N}\sum_{h=1}^{N} k(x_h, \cdot), k(x_j, \cdot) - \frac{1}{N}\sum_{h=1}^{N} k(x_h, \cdot) \rangle_H$$

$$= k(x_i, x_j) - \frac{1}{N}\sum_{h=1}^{N} k(x_i, x_h) - \frac{1}{N}\sum_{l=1}^{N} k(x_j, x_l) + \frac{1}{N^2}\sum_{h=1}^{N}\sum_{l=1}^{N} k(x_h, x_l) \tag{4.9}$$

となる。具体的な $x \in \mathbb{R}^p$（行ベクトル）のスコア（大きさを $1 \le m \le p$ とする）を求めるには，$A = [\alpha_1, \ldots, \alpha_N]^\top \in \mathbb{R}^{N \times p}$ の最初の m 列のみを用いる。X の行ベクトルを $x_i \in \mathbb{R}^p$，$A \in \mathbb{R}^{N \times m}$ の第 i 行を $\alpha_i \in \mathbb{R}^m$ として，

$$\sum_{i=1}^N \alpha_i k(x_i, x) \in \mathbb{R}^m$$

が $x \in \mathbb{R}^p$ のスコアになる。

通常の主成分分析と比較して，カーネル主成分分析は $O(N^3)$ の計算時間が必要となる。したがって，p と比較して N が大きい場合に計算量が大きくなる。R 言語では，以下のように書けばよい。

```r
kernel.pca.train = function(x, k) {
  n = nrow(x); K = matrix(0, n, n); S = rep(0, n); T = rep(0, n)
  for (i in 1:n) for(j in 1:n) K[i, j] = k(x[i, ], x[j, ])
  for (i in 1:n) S[i] = sum(K[i, ])
  for (j in 1:n) T[j] = sum(K[, j])
  U = sum(K)
  for (i in 1:n) for (j in 1:n) K[i, j] = K[i, j] - S[i]/n - T[j]/n + U/n^2
  res = eigen(K)
  alpha = matrix(0, n, n)
  for (i in 1:n) alpha[, i] = res$vector[, i] / res$value[i] ^ 0.5
  return(alpha)
}

kernel.pca.test = function(x, k, alpha, m, z) {
  n = nrow(x)
  pca = array(0, dim = m)
  for (i in 1:n) pca = pca + alpha[i, 1:m] * k(x[i, ], z)
  return(pca)
}
```

カーネル主成分分析で線形カーネルを用いた場合，カーネルを用いない主成分分析とスコアの値が一致する。最初，簡単のため，X が正規化されていると仮定する。カーネルを用いない場合，$X = U\Sigma V^\top$ と特異値分解 ($U \in \mathbb{R}^{N \times p}$, $\Sigma \in \mathbb{R}^{p \times p}$, $V \in \mathbb{R}^{p \times p}$) すると，$\dfrac{1}{N-1}X^\top X = \dfrac{1}{N-1}V\Sigma^2 V^\top$ と書け，$\dfrac{1}{N-1}X^\top XV = V\dfrac{1}{N-1}\Sigma^2$ となり，V の各列が主成分ベクトルになる。したがって，$x_1, \ldots, x_N \in \mathbb{R}^p$（行ベクトル）のスコアは

$$XV = U\Sigma V^\top \cdot V = U\Sigma$$

の最初の m 列になる。他方，線形カーネルの場合，Gram 行列は $K = XX^\top = U\Sigma^2 U^\top$ と書け，$KU = XX^\top U = U\Sigma^2$ となる。すなわち，U の各列が $\beta_1, \ldots, \beta_N$ であり，$K^{-1/2}U$ の各列 $\alpha_1, \ldots, \alpha_N$ が主成分ベクトルになる。したがって，$x_1, \ldots, x_N \in \mathbb{R}^p$（行ベクトル）のスコアは

$$K \cdot K^{-1/2}U = U\Sigma^2 U^\top \cdot (U\Sigma^2 U^\top)^{-1/2} \cdot U = U\Sigma$$

の最初の m 列になる。

さらに，中心化について比較すると，(4.9) は線形カーネルでは，

$$x_i x_j - \frac{1}{N} \sum_{h=1}^{N} x_i x_h - \frac{1}{N} \sum_{l=1}^{N} x_j x_l + \frac{1}{N} \sum_{h=1}^{N} \sum_{l=1}^{N} x_l x_h = (x_i - \bar{x})(x_j - \bar{x})$$

とできるので，カーネルを用いない場合と一致する。したがって，得られるスコアは同じになる。

◆ **例 65**　R パッケージにある USArrests というデータセットでカーネル主成分分析を行ってみた。全米 50 州の都市居住者人口比率と殺人，暴力犯罪，婦女暴行の発生率（人口 10 万人当たりの逮捕件数）に関するデータを，主成分分析で 2 個の変数の軸に射影したい。ガウスカーネル（$\sigma = 0.01, 0.08$），線形カーネルによるカーネル主成分分析と，通常の主成分分析を実行した。まず，通常の主成分分析，線形カーネルによるカーネル主成分分析では，50 州の特徴の差異が明確ではなかった（図 4.3 (a), (b)）。ガウスカーネル（$\sigma = 0.08$）では，50 州が 4 個のカテゴリーに分かれた（図 4.3 (c)）。また，データを見る限り，California 州の数値（都市居住者人口比率が高い割に殺人が少ない）がほかの州と異なっていたが，$\sigma = 0.01$ にすると，California 州と他 49 州との差異が明確になった（図 4.3 (d)）。なお，実行は下記のコードによった。

```
1  # k = function(x, y) sum(x*y)
2  sigma.2 = 0.01; k = function(x, y) exp(-norm(x-y, "2")^2 / 2 / sigma.2)
3  x = as.matrix(USArrests); n = nrow(x); p = ncol(x)
4  alpha = kernel.pca.train(x, k)
5  z = array(dim = c(n, 2)); for (i in 1:n) z[i, ] = kernel.pca.test(x, k, alpha, 2, x[i, ])
6  min.1 = min(z[, 1]); min.2 = min(z[, 2]); max.1 = max(z[, 1]); max.2 = max(z[, 2])
7  plot(0, xlim = c(min.1, max.1), ylim = c(min.2, max.2), xlab = "First", ylab = "Second",
8      cex.lab = 0.75, cex.axis = 0.75, main = "Kernel PCA (Gauss 0.01)")
9  for (i in 1:n) if (i != 5) text(z[i, 1], z[i, 2], labels = i, cex = 0.5)
10 text(z[5, 1], z[5, 2], 5, col = "red")
11 # 通常の PCA の場合，スコアは下記 1 行で求めることができる。
12 z = prcomp(x)$x[, 1:2]
```

4.3　カーネル SVM

サポートベクトルマシン (SVM) のうち 2 値判別を行う場合を考える。$X \in \mathbb{R}^{N \times p}$ および $y \in \{1, -1\}^N$ からマージン最大の境界面 $Y = X\beta + \beta_0$ $(\beta \in \mathbb{R}^p, \beta_0 \in \mathbb{R})$ を求める。$\gamma \geq 0$ として，

$$\sum_{i=1}^{N} \epsilon_i \leq \gamma$$

および

$$y_i(\beta_0 + x_i\beta) \geq M(1 - \epsilon_i) \quad (i = 1, \ldots, N)$$

を満足する範囲で $(\beta_0, \beta) \in \mathbb{R} \times \mathbb{R}^p$ および $\epsilon_i \geq 0$ $(i = 1, \ldots, N)$ を動かして，マージン M を最大値にしたい。この問題を，パラメータ $C > 0$ を用いて，各 $i = 1, \ldots, N$ に対して $y_i(x_i\beta + \beta_0) \geq$

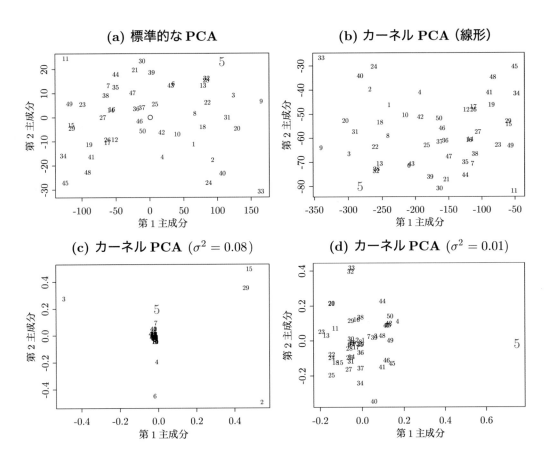

図 4.3 USArrests データで，通常の主成分分析およびカーネル主成分分析（線形，Gauss ($\sigma^2 = 0.08, 0.01$)）を実行させ，スコアを表示させた。図中の 1 から 50 は，州につけられた ID で，California は 5 で赤字で記している。カーネル主成分分析は，カーネルの選び方で結果が大きく異なる。また，教師なしなので，CV で最適なパラメータを選択することもできない。通常の主成分分析と線形カーネルによる主成分分析はスコアが一致するはずだが，両者の軸の方向が逆になっている（主成分分析ではよくあることで，一致しているとみてよい）。

$1 - \epsilon_i$ $(\epsilon_i \geq 0)$ のもとで,

$$\frac{1}{2}\|\beta\|^2 + C\sum_{i=1}^{N}\epsilon_i \tag{4.10}$$

を最小にする問題（主問題）として定式化することが多い。さらにそれを, $\sum_{i=1}^{N}\alpha_i y_i = 0$ のもとで, x_i を X の第 i 行（行ベクトル）として,

$$\sum_{i=1}^{N}\alpha_i - \frac{1}{2}\sum_{i=1}^{N}\sum_{j=1}^{N}\alpha_i\alpha_j y_i y_j x_i x_j^{\top} \tag{4.11}$$

を最大にする $0 \leq \alpha_i \leq C$ $(i = 1, 2, \ldots, N)$ を求める問題（双対問題）に変換する[1]。また, 定数 $C > 0$ は境界面の柔軟性をあらわすパラメータで, この値が大きいほど境界を決定するサンプル（$\alpha_i \neq 0$ となるサンプル, サポートベクトル）が多くなり, データの適合性は犠牲になるが, サンプルデータによる境界の変動が減って過学習を防ぐことができる。そして, サポートベクトルから, 下記の計算式を用いて, 境界面の傾きを計算できる。

$$\beta = \sum_{i=1}^{N}\alpha_i y_i x_i^{\top} \in \mathbb{R}^p$$

その場合, 内積 $x_i x_j^{\top}$ を線形ではない一般のカーネル $k(x_i, x_j)$ に変えることによって, 境界面を曲面に置き換えれば, SVM の境界面を平面以外の自由度をもった曲面に置き換えることができる。しかし, それでは, カーネルに置き換えてよい理論的な根拠が明確ではない。

そこで, 以下では, 最初から $k : E \times E \to \mathbb{R}$ を用いた最適化の定式化を行って, 同様の結果を導出する。まず,

$$\frac{1}{2}\|f\|_H^2 + C\sum_{i=1}^{N}\epsilon_i - \sum_{i=1}^{N}\alpha_i[y_i\{f(x_i) + \beta_0\} - (1 - \epsilon_i)] - \sum_{i=1}^{N}\mu_i\epsilon_i \tag{4.12}$$

の最小化にする $f \in H$ を求める。このとき, これまでの表現定理の適用と同様に, $f(x_i) = f_1(x_i)$ $(i = 1, \ldots, N)$ および $\|f\|_H \geq \|f_1\|_H$ が成立することに注意する。すなわち, $f(\cdot) = \sum_{i=1}^{N}\gamma_i k(x_i, \cdot)$ とおいて, $\gamma_1, \ldots, \gamma_N$ を求めればよい。

KKT (Karush-Kuhm-Tucker) 条件は, 以下の9式になる。

$$y_i\{f(x_i) + \beta_0\} - (1 - \epsilon_i) \geq 0$$
$$\epsilon_i \geq 0$$
$$\alpha_i[y_i\{f(x_i) + \beta_0\} - (1 - \epsilon_i)] = 0$$
$$\mu_i\epsilon_i = 0$$
$$\sum_j \gamma_j k(x_i, x_j) - \sum_j \alpha_j y_j k(x_i, x_j) = 0 \tag{4.13}$$

---

[1] この導出は, 鈴木讓『統計的機械学習の数理100問 with R』（機械学習の数理100問シリーズ1, 共立出版）第8章ほか, C. M. Bishop, *Pattern Recognition and Machine Learning* や Hastie, Tibshirani, and Fridman, *Elements of Statistical Learning* など主要な機械学習の書籍で取り上げている。

$$\sum_i \alpha_i y_i = 0$$

$$C - \alpha_i - \mu_i = 0 \qquad (4.14)$$

$$\mu_i \geq 0$$

$$0 \leq \alpha_i \leq C$$

次に，$f_0, f_1, \ldots, f_m : \mathbb{R}^p \to \mathbb{R}$ が凸で，$\beta = \beta^*$ で微分可能であるとする。一般には，以下の命題の (4.15)–(4.17) を KKT 条件という[2]。

命題 43（KKT 条件） $f_1(\beta) \leq 0, \ldots, f_m(\beta) \leq 0$ のもとで，$\beta = \beta^* \in \mathbb{R}^p$ が $f_0(\beta)$ を最小にすることと，

$$f_1(\beta^*), \ldots, f_m(\beta^*) \leq 0 \qquad (4.15)$$

であって，

$$\alpha_1 f_1(\beta^*) = \cdots = \alpha_m f_m(\beta^*) = 0 \qquad (4.16)$$

$$\nabla f_0(\beta^*) + \sum_{i=1}^m \alpha_i \nabla f_i(\beta^*) = 0 \qquad (4.17)$$

を満足する $\alpha_1, \ldots, \alpha_m \geq 0$ が存在することは同値である。

これら 9 式を用いると，(4.13), (4.14) より，(4.12) は

$$\sum_{i=1}^N \alpha_i - \frac{1}{2} \sum_{i=1}^N \sum_{j=1}^N \alpha_i \alpha_j y_i y_j k(x_i . x_j) \qquad (4.18)$$

とできる。(4.11), (4.18) を比べると，双対問題は，カーネルを用いなかった場合の定式化の $x_i^\top x_j$ を $k(x_i, x_j)$ に置き換えたものになっていることがわかる。

実際，$f(\cdot) = \langle \beta, \cdot \rangle_H$, $\beta \in \mathbb{R}^p$, $k(x, y) = x^\top y$, $x, y \in \mathbb{R}^p$ とおけば，線形カーネルの場合の双対問題 (4.11) が得られる。

◆ **例 66** 下記の関数 svm.2 を用いて，線形カーネル（通常のカーネル）と非線形カーネル（多項式カーネル）で境界がどのように違ってくるか，比較してみた（図 4.4）。quadprog は 2 次計画法を解くための R パッケージで，関数 solve.QP によって α を計算している。

```
1  library(quadprog)
2  K.linear = function(x, y) t(x) %*% y
3  K.poly = function(x, y) (1 + t(x) %*% y)^2
4  svm.2 = function(X, y, C, K) {  # 関数名を svm.2 とした
5    eps = 0.0001; n = nrow(X)
6    Dmat = matrix(nrow = n, ncol = n); Kmat = matrix(nrow = n, ncol = n)
7    for (i in 1:n) for (j in 1:n) {
8      Dmat[i, j] = K(X[i, ], X[j, ]) * y[i] * y[j]; Kmat = K(X[i, ], X[j, ])
9    }
```

---

[2] 証明は，機械学習の数理 100 問シリーズ『統計的機械学習の数理 100 問 with R/Python』の第 8 章を参照されたい。

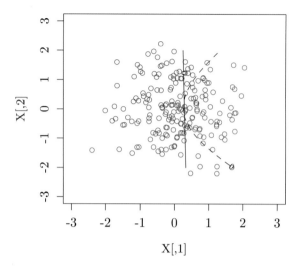

図 4.4 サンプルを発生させて，サポートベクトルマシンで線形（平面）と非線形（曲面）の境界をひいた。

```
10    Dmat = Dmat + eps * diag(n); dvec = rep(1, n)
11    Amat = matrix(nrow = (2*n + 1), ncol = n)
12    Amat[1, ] = y; Amat[2:(n + 1), 1:n] = -diag(n)
13    Amat[(n + 2):(2*n + 1), 1:n] = diag(n); Amat = t(Amat)
14    bvec = c(0, -C*rep(1, n), rep(0, n)); meq = 1
15    alpha = solve.QP(Dmat, dvec, Amat, bvec = bvec, meq = 1)$solution
16    index = (1:n)[0 < alpha & alpha < C]
17    beta = drop(Kmat %*% (alpha * y)); beta.0 = mean(y[index] - beta[index])
18    return(list(alpha = alpha, beta.0 = beta.0))
19  }
20  # 関数の定義
21  plot.kernel = function(K, lty) {   # 引数で, 線の種類を指定する lty
22    qq = svm.2(X, y, 0.1, K); alpha = qq$alpha; beta.0 = qq$beta.0
23    f = function(u, v) {
24      x = c(u, v); S = beta.0; for (i in 1:n) S = S + alpha[i] * y[i] * K(X[i, ], x)
25      return(S)
26    }
27    # z は, f(x, y) での方向の高さを求める。これから, 輪郭を求めることができる。
28    u = seq(-2, 2, .1); v = seq(-2, 2, .1); w = array(dim = c(41, 41))
29    for (i in 1:41) for (j in 1:41) w[i, j] = f(u[i], v[j])
30    contour(u, v, w, level = 0, add = TRUE, lty = lty)
31  }
32  # 実行
33  a = rnorm(1); b = rnorm(1)
34  n = 100; X = matrix(rnorm(n * 2), ncol = 2, nrow = n)
35  y = sign(a*X[, 1] + b*X[, 2] + 0.3*rnorm(n))
36  plot(-3:3, -3:3, xlab = "X[, 1]", ylab = "X[, 2]", type = "n")
37  for (i in 1:n) {
38    if (y[i] == 1) {
```

```
39      points(X[i, 1], X[i, 2], col = "red")
40    } else {
41      points(X[i, 1], X[i, 2], col = "blue")
42    }
43 }
44 plot.kernel(K.linear, 1); plot.kernel(K.poly, 2)
```

4.4　スプライン

$J \geq 1$ として，ある定数 $\beta_1, \ldots, \beta_{J+4} \in \mathbb{R}$ を用いて，

$$g(x) = \beta_1 + \beta_2 x + \beta_3 x^2 + \beta_4 x^3 + \sum_{j=1}^{J} \beta_{j+4}(x - \xi_j)_+^3 \tag{4.19}$$

$$= \begin{cases} g_0(x) = \beta_1 + \beta_2 x + \beta_3 x^2 + \beta_4 x^3, & x < \xi_1 \\ g_j(x) = g_{j-1}(x) + \beta_{j+4}(x - \xi_j)^3, & \xi_j \leq x < \xi_{j+1} \\ g_J(x) = \beta_1 + \beta_2 x + \beta_3 x^2 + \beta_4 x^3 + \sum_{j=1}^{J} \beta_{j+4}(x - \xi_j)^3, & x \geq \xi_J \end{cases}$$

と書ける関数を $0 < \xi_1 < \cdots < \xi_J < 1$ を境界にもつ 3 次のスプライン (spline) という。$J+1$ 個の各区間が 3 次の多項式で定義され，区間の接続点 $\xi_1, \ldots, \xi_J$ で g, g', g'' の値が連続している関数という定義もできる。(4.19) の形で書けるスプラインは，線形空間をなし，

$$1, x, x^2, x^3, (x - \xi_1)_+^3, \ldots, (x - \xi_J)_+^3 \tag{4.20}$$

を基底にとることができる。

　本節では特に，3 次の自然なスプライン (natural spline) といって，

$$g''(\xi_1) = g'''(\xi_1) = 0 \tag{4.21}$$

$$g''(\xi_J) = g'''(\xi_J) = 0 \tag{4.22}$$

という制約を加えたスプライン，すなわち $x \leq \xi_1$, $\xi_J \leq x$ において 3 次曲線ではなく，直線で近似したスプラインを扱う。3 次の自然なスプラインの線形空間は，J 個の基底をもつ。実際，(4.21) より，$g'''(\xi_1) = 6\beta_4 = 0$, $g''(\xi_1) = 2\beta_3 + 6\beta_4 \xi_1 = 0 \Longleftrightarrow \beta_3 = \beta_4 = 0$ が成立する。また，(4.22) より，$g'''(\xi_J) = 6\beta_4 + 6\sum_{j=1}^{J} \beta_{j+4} = 0$, $g''(\xi_J) = 2\beta_3 + 6\beta_4 \xi_J + 6\sum_{j=1}^{J} \beta_{j+4}(\xi_J - \xi_j) = 0 \Longleftrightarrow \sum_{j=1}^{J} \beta_{j+4} = \sum_{j=1}^{J} \beta_{j+4}\xi_j = 0$ より，β_{J+3} の値がそれ以外の β_j $(j = 1, 2, 5, \ldots, J+2)$ から決まる。

　以下では，サンプル $(x_1, y_1), \ldots, (x_N, y_N) \in \mathbb{R} \times \mathbb{R}$ が与えられたときに，

$$\sum_{i=1}^{N} \{y_i - f(x_i)\}^2 + \lambda \int_0^1 \{f''(x)\}^2 dx \tag{4.23}$$

を最小にする $f : [0, 1] \to \mathbb{R}$ を求める問題を考える。第 2 項は，直線であれば 0 であるが，直線から逸脱すると大きな値になる。すなわち，関数 f の複雑さをあらわしているとしてよい。また，定

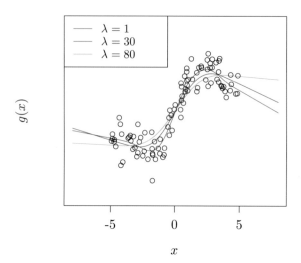

図4.5　平滑化スプラインでは，区切り点やその個数を与えるのではなく，なめらかさを示すλの値を指定する。$\lambda = 1, 30, 80$を比べてみると，λの値を大きくするにつれて，観測データに追従しなくなっているが，その分なめらかになっている。

数$\lambda \geq 0$は，2項のバランスをとる項で，大きければなめらかな，小さければサンプルに忠実にしたがうような曲線となる。一般には，境界$\xi_1, \ldots, \xi_J$と$x_1, \ldots, x_N$は別に定めるものである点に注意したい。

　このとき，(4.23)を最小にするfは，N個の境界$\xi_1 = x_1, \ldots, \xi_N = x_N$をもち，$f(x_i) = y_i$ $(i = 1, \ldots, N)$を満足する3次の自然なスプラインで実現されることが知られている[3]。しかし，fは1回微分可能で，ほとんど至るところで2回微分可能で$\int_0^1 \{f''(x)\}^2 dx < \infty$となることから，$f$が$W_2[0,1]$の要素であることを仮定している。同様の命題は，一般の$W_q[0,1]$でも成立する。

◆ **例 67**　自然なスプラインで$q = 2$の場合に，基底$g_1, \ldots, g_N$を適当に選んで，$g(\cdot) = \sum_{j=1}^N \beta_j g_j(\cdot)$とし，$G = (\int_0^1 g_i^{(q)}(x) g_j^{(q)}(x) dx) \in \mathbb{R}^{N \times N}$，$y = [y_1, \ldots, y_N]$，最適な

$$[\beta_1, \ldots, \beta_N]^\top = (X^\top X + \lambda G)^{-1} X^\top y$$

を求めてみた。図4.5は，$\lambda = 1, 30, 80$に関するグラフである。

```
1  # d, h で基底を求める関数を構成している
2  d = function(j, x, knots) {
3    K = length(knots)
4    (max((x - knots[j])^3, 0) - max((x - knots[K])^3, 0)) / (knots[K] - knots[j])
5  }
6  h = function(j, x, knots) {
7    K = length(knots)
```

---

[3] 証明は，本シリーズ『統計的機械学習の数理100問 with R/Python』（共立出版）第6章を参照。

```
8    if (j == 1) return(1) else if (j == 2) return(x)
9    else return(d(j-2, x, knots) - d(K-1, x, knots))
10 }
11 # G は，2 回微分した関数を積分した値になっている。
12 G = function(x) {   # x の各値が昇順になっていることを仮定している
13   n = length(x); g = matrix(0, nrow = n, ncol = n)
14   for (i in 3:(n-1)) for (j in i:n) {
15     g[i, j] = 12 * (x[n] - x[n-1]) * (x[n-1] - x[j-2]) * (x[n-1] - x[i-2]) /
16       (x[n] - x[i-2]) / (x[n] - x[j-2]) + (12 * x[n-1] + 6 * x[j-2] - 18 * x[i-2]) *
17       (x[n-1] - x[j-2])^2 / (x[n] - x[i-2]) / (x[n] - x[j-2])
18     g[j, i] = g[i, j]
19   }
20 return(g)
21 }
22 # メインの処理
23 n = 100; x = runif(n, -5, 5); y = x + sin(x)*2 + rnorm(n)   # データ生成
24 index = order(x); x = x[index]; y = y[index]
25 X = matrix(nrow = n, ncol = n); X[, 1] = 1
26 for (j in 2:n) for (i in 1:n) X[i, j] = h(j, x[i], x)   # 行列 X の生成
27 GG = G(x);                                              # 行列 G の生成
28 lambda.set = c(1, 30, 80); col.set = c("red", "blue", "green")
29 for (i in 1:3) {
30   lambda = lambda.set[i]
31   gamma = solve(t(X) %*% X + lambda * GG) %*% t(X) %*% y
32   g = function(u) {S = gamma[1]; for (j in 2:n) S = S + gamma[j] * h(j, u, x); S}
33   u.seq = seq(-8, 8, 0.02); v.seq = NULL; for (u in u.seq) v.seq = c(v.seq, g(u))
34   plot(u.seq, v.seq, type = "l", yaxt = "n", xlab = "x", ylab = "g(x)",
35        ylim = c(-8, 8), col = col.set[i])
36   par(new = TRUE)
37 }
38 points(x, y); legend("topleft", paste0("lambda = ", lambda.set), col = col.set, lty = 1)
39 title("平滑化スプライン (n = 100)")
```

(4.23) を一般化して，

$$\sum_{i=1}^{N}\{y_i - f(x_i)\}^2 + \lambda \int_0^1 \{f^{(q)}(x)\}^2 dx \tag{4.24}$$

を最小にする問題を考える。まず，$W_q[0,1]$ の各 $f = f_0 + f_1$, $f_0 \in H_0$, $f_1 \in H_1$ は，適当な線形作用素 $P_0 \in B(H, H_0)$, $P_1 \in B(H, H_1)$ を用いて，$f_0 = P_0 f \in H_0$, $f_1 = P_1 f \in H_1$ と書くことができる。$\langle f_0, f_1 \rangle_H = 0$ となり，それぞれ $\|f - f_0\|_H, \|f - f_1\|_H$ を最小にする。さらに，P_0, P_1 は自己共役になっている。実際，命題 19 より，$f_0, g_0 \in H_0$, $f_1, g_1 \in H_1$, $f = f_0 + f_1$, $g = g_0 + g_1$ として，各 $i = 0, 1$ で，

$$\langle P_i f, g \rangle_H = \langle f_i, g_0 + g_1 \rangle_H = \langle f_i, g_i \rangle_H = \langle f_0 + f_1, g_i \rangle_H = \langle f, P_i g \rangle_H$$

が成立する。また，$P_i f \in H_i$ であって，$P_i^2 f = P_i f$ が成立する。したがって，(4.24) の第 2 項のノルムは

$$\int_0^1 |f^{(q)}(x)|^2 dx = \|P_1 f\|_{H_1}^2 = \langle P_1 f, P_1 f \rangle_{H_1} = \langle f, P_1^2 f \rangle_H = \langle f, P_1 f \rangle_H$$

と書け，(4.24) は，$f \in W_q[0,1]$ として

$$\sum_{i=1}^N \{y_i - f(x_i)\}^2 + \lambda \langle f, P_1 f \rangle_H \tag{4.25}$$

と書ける．そして，$f = g + h \in H$, $g \in M := \mathrm{span}\{\phi_0(\cdot), \ldots, \phi_{q-1}(\cdot), k(x_1, \cdot), \ldots k(x_N, \cdot)\}$, $h \in M^\perp$ と書くと，

$$f(x_i) = \langle g + h, k(x_i, \cdot) \rangle_H = g(x_i) \quad (i = 1, \ldots, N)$$

$$\|P_1 f\|_{H_1} \geq \|P_1 g\|_{H_1}$$

（表現定理）より，最適な f は M の範囲で探してよい．そこで，

$$g(\cdot) = \sum_{i=0}^{q-1} \beta_i \phi_i(\cdot) + \sum_{i=1}^N \alpha_i k(x_i, \cdot) \tag{4.26}$$

とおいて，最適な $\alpha_1, \ldots, \alpha_N, \beta_1, \ldots, \beta_q$ から見出せばよい．そして，自然なスプラインでは，$x = x_N$ における q 回以上の微分を 0 とするので，

$$g^{(q)}(x_N) = \cdots = g^{(2q-1)}(x_N) = 0 \tag{4.27}$$

の制限を加えることになる．したがって，$\mathrm{span}\{k_1(x_i, \cdot) \mid i = 1, \ldots, N\}$ の次元が $N - q$ になる．3 次のスプライン（$q = 2$）であれば，(4.27) は (4.22) に，$x \leq x_1$ での直線部分の基底 $\{1, x\}$ は $\{\phi_0(x), \ldots, \phi_{q-1}(x)\}$ に相当する．すなわち，次元 N の $W_q[0,1]$ の部分空間の中で最適解を見出すことになる．

命題 44　$r \in W_q[0,1]$ が $x_1, \ldots, x_N$ を境界にもつ，最高次の次数が $2q - 1$ の自然なスプラインであるとする．$g \in W_q[0,1]$ が $g(x_i) = r(x_i)$ ($i = 1, 2, \ldots, N$) を満足するとき，

$$\int_0^1 \{r^{(q)}(x)\}^2 dx \leq \int_0^1 \{g^{(q)}(x)\}^2 dx$$

が成立する．また $s := g - r$ に関して $s(x_i) = 0$ ($i = 1, 2, \ldots, N$) を満足する s の最高次の次数は $q - 1$ であり，$N \geq q$ であれば，s は $[0,1]$ で 0 になる．

　証明は章末の付録を参照のこと．

　また，最高次の次数が $2q - 1$ の自然なスプラインは，N 個の基底をもつので，境界 $x_1, \ldots, x_N$ での値 $r(x_1) = g(x_1), \ldots, r(x_N) = g(x_N)$ の N 個の値を共有する $r \in W_q[0,1]$ が存在する．そして，その中で，(4.25) 第 2 項は自然なスプラインが最適であるので，最高次数 $2q - 1$ の自然なスプラインが最適な値をもつ．

　以上をまとめると，$W_q[0,1]$ の中で (4.25) を最小にする f を見出す問題になるが，(4.26), (4.27) の範囲で見出す問題に帰着される．すなわち，次元 N の部分空間の中で考えればよい．

そして，$q \geq 1$ のいかんによらず基底は N 個あって，$g(\cdot) = \sum_{j=1}^{N} \beta_j g_j(\cdot)$ とおけば，

$$\sum_{i=1}^{N} \left\{ y_i - \sum_{i=1}^{n} \sum_{j=1}^{N} \beta_j g_j(x_i) \right\}^2 + \lambda \sum_{i=1}^{N} \sum_{j=1}^{N} \beta_i \beta_j \int_0^1 g_i^{(q)}(x) g_j^{(q)}(x) dx$$

を最小にする $\beta_1, \ldots, \beta_N$ を求めればよい。$X = (g_j(x_i)) \in \mathbb{R}^{N \times N}$，$G = (\int_0^1 g_i^{(q)}(x) g_j^{(q)}(x) dx) \in \mathbb{R}^{N \times N}$，$y = [y_1, \ldots, y_N]^\top$ とおけば，最適な $\beta = [\beta_1, \ldots, \beta_N]^\top$ は

$$\beta = (X^\top X + \lambda G)^{-1} X^\top y$$

で与えられる。

4.5 Random Fourier Features

本節以降では，計算量を低減させる方法を検討する。

本節では，特に Random Fourier Features という，カーネル $k(x, y)$ $(x, y \in E)$ が $x - y$ の関数で表現される場合に適用できる方法について学ぶ。

命題 45（Rahimi and Recht (2007)） カーネル $k : E \times E \ni (x, y) \mapsto k(x, y) \in \mathbb{R}$ が $x - y$ の関数で与えられるとき，

$$k(x, y) = 2\mathbb{E}_{\omega, b} \cos(w^\top x + b) \cos(w^\top y + b) \tag{4.28}$$

が成立する。ただし，$\mathbb{E}_{\omega, b}$ は，$\omega \sim \mu$（k の確率，命題 5）および $b \in [0, 2\pi]$（一様分布）に関する平均である。

証明は Bochner の定理（命題 5）に基づいている。詳細は章末の付録を参照のこと。

命題 45 より，$\sqrt{2} \cos(\omega^\top x + b)$ を $m \geq 1$ 回発生させて，すなわち (w_i, b_i) $(i = 1, \ldots, m)$ を発生させて，関数

$$z_i(x) = \sqrt{2} \cos(\omega_i^\top x + b_i) \quad (i = 1, \ldots, m)$$

を構成すると，大数の法則より，

$$\hat{k}(x, y) := \frac{1}{m} \sum_{i=1}^{m} z_i(x) z_i(y)$$

が $k(x, y)$ に近づく。このことを用いて，m が N と比較して小さいときに，カーネルの計算量を削減する方法を Random Fourier Features (RFF) とよぶ。

RFF の性能に関しては，以下が成立する。

$$P(|k(x, y) - \hat{k}(x, y)| \geq \epsilon) \leq 2 \exp(-m\epsilon^2 / 8) \tag{4.29}$$

これを証明する。

命題 46（Hoeffding の不等式）　独立に生起し，$[a_i, b_i]$ の範囲に値をとる X_i $(i = 1, \ldots, n)$ および任意の $\epsilon > 0$ について

$$P(|\overline{X} - \mathbb{E}[\overline{X}]| \geq \epsilon) \leq 2 \exp\left(-\frac{2n^2 \epsilon^2}{\sum_{i=1}^n (b_i - a_i)^2}\right) \tag{4.30}$$

が成立する。ただし，$\overline{X}$ で $(X_1 + \cdots + X_n)/n$ をあらわすものとする。

　証明　以下に続く Chernoff 限界および Hoeffding の補題を用いる。

補題 5（Chernoff 限界）　確率変数 X と任意の $\epsilon > 0$ について，

$$P(X \geq \epsilon) \leq \inf_{s > 0} e^{-s\epsilon} \mathbb{E}[e^{sX}] \tag{4.31}$$

を示すために

補題 6（Markov の不等式）　非負の値をとる確率変数 X について

$$P(X \geq \epsilon) \leq \frac{\mathbb{E}[X]}{\epsilon}$$

を用いる。補題 6 は

$$\mathbb{E}[X] = \mathbb{E}[X \cdot I(X \geq \epsilon)] + \mathbb{E}[X \cdot I(X < \epsilon)] \geq \mathbb{E}[X \cdot I(X \geq \epsilon)] \geq \epsilon P(X \geq \epsilon)$$

から，補題 5 は，補題 6 より

$$P(X \geq \epsilon) = P(sX \geq s\epsilon) = P(\exp(sX) \geq \exp(s\epsilon)) \leq e^{-s\epsilon} \mathbb{E}[e^{sX}]$$

が各 $s > 0$ で成立することから得られる。そして，命題 46 の証明のためには，さらに以下を適用する。

補題 7（Hoeffding）　確率変数 X が $\mathbb{E}[X] = 0$, $a \leq X \leq b$ を満たすとき，任意の $\epsilon > 0$ に対して，以下を用いる。

$$\mathbb{E}\left[e^{\epsilon X}\right] \leq e^{\epsilon^2 (b-a)^2 / 8} \tag{4.32}$$

　証明は章末の付録を参照されたい。

　命題 46 の証明に戻ると，$S_n := \sum_{i=1}^n X_i$ として，補題 5 を適用すると，

$$P(S_n - \mathbb{E}[S_n] \geq \epsilon) \leq \min_{s > 0} e^{-s\epsilon} \mathbb{E}[\exp\{s(S_n - \mathbb{E}[S_n])\}]$$

とできる。特に $X_1, \ldots, X_n$ は独立なので，

$$e^{-s\epsilon} \mathbb{E}[\exp\{s(S_n - \mathbb{E}[S_n])\}] = e^{-s\epsilon} \prod_{i=1}^n \mathbb{E}[e^{s(X_i - \mathbb{E}[X_i])}]$$

とできるが，さらに補題 7 を適用すると，

$$P(S_n - \mathbb{E}[S_n] \geq \epsilon) \leq \min_{s > 0} \exp\left\{-s\epsilon + \frac{s^2}{8} \sum_{i=1}^n (b_i - a_i)^2\right\}$$

右辺が最小になるのは $s := 4\epsilon / \sum_{i=1}^{n} (b_i - a_i)^2$ のときで,

$$P(S_n - \mathbb{E}[S_n] \geq \epsilon) \leq \exp\left\{-2\epsilon^2 / \sum_{i=1}^{n} (b_i - a_i)^2\right\}$$

が成立する。さらに,$X_1, \ldots, X_n$ を $-X_1, \ldots, -X_n$ に置き換えて

$$P(S_n - \mathbb{E}[S_n] \leq -\epsilon) \leq \exp\left\{-2\epsilon^2 / \sum_{i=1}^{n} (b_i - a_i)^2\right\}$$

となる。したがって,

$$P(|S_n - \mathbb{E}[S_n]| \geq \epsilon) = 1 - P(|S_n - \mathbb{E}[S_n]| \leq \epsilon)$$
$$\leq P(S_n - \mathbb{E}[S_n] \geq \epsilon) + P(S_n - \mathbb{E}[S_n] \leq -\epsilon)$$
$$\leq 2\exp\left\{-2\epsilon^2 / \sum_{i=1}^{n} (b_i - a_i)^2\right\}$$

となる。さらに,$\bar{X} = S_n / n$ を代入すれば,命題 46 が得られる。   □

$\mathbb{E}[\hat{k}(x, y)] = k(x, y)$ および $-2 \leq z_i(x)z_i(y) \leq 2$ であるから,命題 46 を用いると (4.29) が得られる[4]。

◆ **例 68**   例 19 より,Gauss カーネルの確率は,平均 0,共分散行列 $\sigma^{-2}I \in \mathbb{R}^{d \times d}$ であるから,その d 次元乱数および一様乱数を独立に m 個ずつ発生させ,m 個の関数 $z_i(x) = \sqrt{2}\cos(\omega_i^\top x + b_i)$ $(i = 1, \ldots, m)$ を生成させた。図 4.6 に $d = 1$, $m = 20, 100, 400$ として,(x, y) を 1000 回発生させて,$\hat{k}(x, y) - k(x, y)$ の箱ひげ図を描いた。$\hat{k}(x, y) - k(x, y)$ が平均 0 で ($\hat{k}(x, y)$ が不偏推定量),m が大きいほど分散が小さいことがわかる。なお,プログラムは下記によった。

```
1  sigma = 10; sigma2 = sigma^2
2  k = function(x, y) exp(-(x-y)^2 / 2 / sigma2)
3  z = function(x) sqrt(2/m) * cos(w*x + b)
4  zz = function(x, y) sum(z(x) * z(y))
5  u = matrix(0, 1000, 3)
6  m_seq = c(20, 100, 400)
7  for (i in 1:1000) {
8    x = rnorm(1); y = rnorm(1)
9    for (j in 1:3) {
10     m = m_seq[j]; w = rnorm(m) / sigma; b = runif(m) * 2 * pi
11     u[i, j] = zz(x, y) - k(x, y)
12   }
13 }
14 boxplot(u[, 1], u[, 2], u[, 3], ylab = "k(x, y)との差異", names = paste0("m = ", m_seq),
15         col = c("red", "blue", "green"), main = "RFF によるカーネルの近似")
```

---

[4] Rahimi and Recht (2007) の原論文およびその後の研究で,これより厳密な上下界が証明されている [2]。

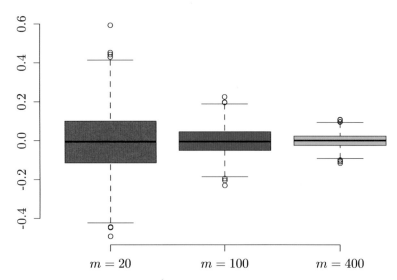

図 4.6　RFF 近似で, m を変えて 1000 回 $\hat{k}(x, y)$ を発生させた。どれも中心が 0 で, m が大きいほど推定誤差が小さいことがわかる。

カーネル Ridge 回帰では, Gram 行列 K を用いて, $f(\cdot) = \sum_{i=1}^{N} \alpha_i k(x_i, \cdot)$ の解 $\hat{\alpha} = [\alpha_1, \ldots, \alpha_N]$ が (4.6) で与えられた (4.1 節)。f の近似 $\hat{f}$ を RFF によって求めると, Gram 行列 K を $\hat{K} = ZZ^\top$ で近似して, $(\hat{K} + \lambda I_N)\hat{\alpha} = y$ なる $\hat{\alpha} \in \mathbb{R}^N$ を用いて, $\hat{f}(\cdot) = \sum_{i=1}^{N} \hat{\alpha}_i \hat{k}(x_i, \cdot)$ となる。ただし, $Z \in \mathbb{R}^{N \times m}$ は $z_j(x_i)$ を第 (i, j) 成分にもつ行列, $I_N \in \mathbb{R}^{N \times N}$ は単位行列をあらわすものとする。

一般に $U \in \mathbb{R}^{r \times s}, V \in \mathbb{R}^{s \times r}$ $(r, s \geq 1)$ について,

$$U(I_s + VU) = (I_r + UV)U \quad (\text{Woodbury の公式})$$

が成立するので,

$$Z^\top(ZZ^\top + \lambda I_N)^{-1} = (Z^\top Z + \lambda I_m)^{-1} Z^\top$$

とできる。推定したときに用いた $x_1, \ldots, x_N$ とは別の $x \in E$ に対して, $z(x) = [z_1(x), \ldots, z_m(x)]$ (行ベクトル) とおくと,

$$\hat{\beta} := (Z^\top Z + \lambda I_m)^{-1} Z^\top y \tag{4.33}$$

として,

$$\hat{f}(x) = \sum_{i=1}^{N} \alpha_i \hat{k}(x, x_i) = z(x) \sum_{i=1}^{N} z^\top(x_i)\hat{\alpha}_i = z(x) Z^\top \hat{\alpha} = z(x) Z^\top (\hat{K} + \lambda I_N)^{-1} y$$
$$= z(x)(Z^\top Z + \lambda I_m)^{-1} Z^\top y = z(x)\hat{\beta}$$

が成立する。そして, 新しい $x \in E$ に対しては, $\hat{f}(x) = z(x)\hat{\beta}$ からその値を求めることができる。(4.33) の計算量は, $Z^\top Z$ の乗算に $O(m^2 N)$, $Z^\top Z + \lambda I_m \in \mathbb{R}^{m \times m}$ の逆行列を求めるのに $O(m^3)$, $Z^\top y$ の乗算に $O(Nm)$, $(Z^\top Z + \lambda I_m)^{-1}$ と $Z^\top y$ の乗算に $O(m)$ かかる。したがって, 全体として, 高々 $O(m^2 N)$ しかかからない。これに対して, 通常のカーネルを用いた場合は $O(N^3)$ の時間がかかる。仮に $m = N/10$ であれば, 100 分の 1 の計算時間になる。新しい $x \in E$ から $\hat{f}(x)$ を得るのにも, $O(m)$ の時間しかかからない。

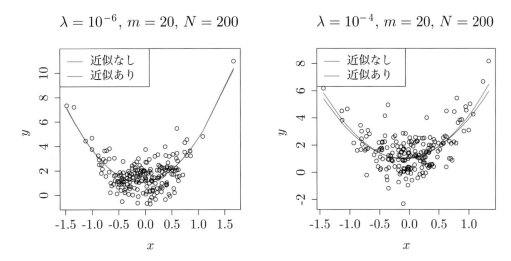

$$\lambda = 10^{-6}, m = 20, N = 200 \qquad \lambda = 10^{-4}, m = 20, N = 200$$

図 **4.7** RFF をカーネル Ridge 回帰に適用した。左が $\lambda = 10^{-6}$，右が $\lambda = 10^{-4}$．

◆ **例 69** RFF をカーネル Ridge 回帰に適用してみた。$N = 200$ のデータに対して，$m = 20$ で近似を行った。$\lambda = 10^{-6}, 10^{-4}$ について，曲線をプロットしてみた（図4.7）。プログラムは下記によった。

```
1  sigma = 10; sigma2 = sigma^2
2
3  # 関数 z
4  m = 20; w = rnorm(m) / sigma; b = runif(m) * 2 * pi
5  z = function(u, m) sqrt(2/m) * cos(w*u + b)
6
7  # ガウスカーネル
8  k.g = function(x, y) exp(-(x-y)^2 / 2 / sigma2)
9
10 # データ生成
11 n = 200; x = rnorm(n) / 2; y = 1 + 5*sin(x/10) + 5*x^2 + rnorm(n)
12 x.min = min(x); x.max = max(x); y.min = min(y); y.max = max(y)
13 lambda = 0.001   # lambda = 0.9 も
14
15 # 低ランク近似の関数
16 alpha.rff = function(x, y, m) {
17   n = length(x)
18   Z = array(dim = c(n, m))
19   for (i in 1:n) Z[i, ] = z(x[i], m)
20   beta = solve(t(Z) %*% Z + lambda * diag(m)) %*% t(Z) %*% y
21   return(as.vector(beta))
22 }
23
24 # 通常の関数
25 alpha = function(k, x, y) {
26   n = length(x); K = matrix(0, n, n)
```

```
27    for (i in 1:n) for (j in 1:n) K[i, j] = k(x[i], x[j])
28    alpha = solve(K + lambda * diag(n)) %*% y
29    return(as.vector(alpha))
30  }
31
32  # 数値で比較する
33  alpha.hat = alpha(k.g, x, y)
34  beta.hat = alpha.rff(x, y, m)
35  r = sort(x); u = array(n); v = array(n)
36  for (j in 1:n) {
37    S = 0; for (i in 1:n) S = S + alpha.hat[i] * k.g(x[i], r[j]); u[j] = S
38    v[j] = sum(beta.hat * z(r[j], m))
39  }
40  plot(r, u, type = "l", xlim = c(x.min, x.max), ylim = c(y.min, y.max),
41      xlab = "x", ylab = "y", col = "red", main = "lambda = 10^{-4}, m = 20, n = 200")
42  lines(r, v, col = "blue"); points(x, y)
43  legend("topleft", lwd = 1, c("近似なし", "近似あり"), col = c("red", "blue"))
```

　　RFF は，近似による劣化は実際には大きくないとされているが，理論的な保証に関しては課題とされている。

4.6　Nyström 近似

　　カーネル Ridge 回帰で，係数の推定値 $(K + \lambda I)^{-1}y$ は，計算量の少ない方法で $K = RR^\top$, $R \in \mathbb{R}^{N \times m}$ という低ランク行列の分解ができれば，高速に求めることができる。まず，

$$(RR^\top + \lambda I_N)^{-1} = \frac{1}{\lambda}\{I_N - R(R^\top R + \lambda I_m)^{-1}R^\top\} \tag{4.34}$$

が成立することに注意する。実際，$r, s \geq 1$, $A \in \mathbb{R}^{s \times s}$, $U \in \mathbb{R}^{s \times r}$, $C \in \mathbb{R}^{r \times r}$, $V \in \mathbb{R}^{r \times s}$,

$$(A+UCV)^{-1} = A^{-1} - A^{-1}U(C^{-1} + VA^{-1}U)^{-1}VA^{-1} \quad (\text{Sherman-Morrison-Woodbury の公式}) \tag{4.35}$$

に[5]，$r = m$, $s = N$ $A = \lambda I_N$, $U = R$, $C = I_r$, $V = R^\top$ を代入すれば得られる。

　　(4.34) 左辺では，大きさ N の逆行列を求めるが，右辺は $N \times m$ と $m \times m$ の行列の積，大きさ m の逆行列の演算などからなる。左辺は $O(N^3)$ の計算量だが右辺は $O(Nm^2)$ の計算量である。本節の以下では，ある近似をともなうが，$K = RR^\top$ の分解が $O(Nm^2)$ で完了すること，すなわち Ridge 回帰の計算が $O(Nm^2)$ ですむことを示す。すなわち，$N/m = 10$ であれば，計算時間が 100 分の 1 ですむ。

　　3.3 節では，(3.18) より，$x_1, \ldots, x_m \in E$ から固有関数を

$$\phi_i(\cdot) = \frac{\sqrt{m}}{\lambda_i^{(m)}} \sum_{j=1}^{m} k(x_j, \cdot)U_{j,i}$$

---

[5] 鈴木譲『統計的機械学習の数理100問』R版 p.66，Python 版 p.83

で近似することを考えた。

ここでは，$m \leq N$ として，サンプルが $x_1, \ldots, x_m, x_{m+1}, \ldots, x_N$ と N 個ある場合でも，$x_1, \ldots, x_m$ から ϕ_i および λ_i を構成し，さらに

$$v_i := [\phi_i(x_1)/\sqrt{N}, \ldots, \phi_i(x_N)/\sqrt{N}] \in \mathbb{R}^N$$

$$\lambda_i^{(N)} := N\lambda_i$$

$$K_N = \sum_{i=1}^{m} \lambda_i^{(N)} v_i v_i^{\top}$$

によって，$x_1, \ldots, x_N$ に関する Gram 行列 K_N の近似を求める。さらに，これを $RR^{\top}$ に分解するには，

$$R = \sqrt{\lambda_i^{(N)}}[v_1, \ldots, v_m]$$

とすればよい。

K_m の固有値，固有ベクトルを得るのに $O(m^3)$，$v_1, \ldots, v_m \in \mathbb{R}^N$ を得るのに $O(Nm^2)$ だけかかる。したがって，R を得るまでの計算時間は $O(Nm^2)$ となる。

◆ **例 70** カーネル Ridge で，$N = 200$，$m = 10, 50$ とし，$\lambda = 0.5, 0.9$ で比較してみた（図4.8）。このデータでは，λ が 1 以上になると，近似あり，近似なしのグラフが一致している。$m = 5, 30$ で曲線はほぼ同じだった。RFF の場合は，λ が小さい場合に近似誤差が小さかったが，Nyström 近似では λ が大きい場合に近似誤差が小さくなっている。

```
1  sigma2 = 1; k.g = function(x, y) exp(-(x-y)^2 / 2 / sigma2)
2  n = 300; x = rnorm(n) / 2; y = 3 - 2*x^2 + 3*x^3 + 2*rnorm(n)   # データ生成
3  lambda = 10 ^ (-5)   # lambda = 0.9 も
4  m = 10
5  # 低ランク近似の関数
6  alpha.m = function(k, x, y, m) {
7    n = length(x); K = matrix(0, n, n)
8    for (i in 1:n) for (j in 1:n) K[i, j] = k(x[i], x[j])
9    A = svd(K[1:m, 1:m])
10   u = array(dim = c(n, m))
11   for (i in 1:m) for (j in 1:n) u[j, i] = sqrt(m/n) * sum(K[j, 1:m] * A$u[1:m, i]) / A$d[i]
12   mu = A$d * n / m
13   R = sqrt(mu[1]) * u[, 1]; for (i in 2:m) R = cbind(R, sqrt(mu[i]) * u[, i])
14   alpha = (diag(n) - R %*% solve(t(R) %*% R + lambda * diag(m)) %*% t(R)) %*% y / lambda
15   return(as.vector(alpha))
16 }
17 # 通常の関数
18 alpha = function(k, x, y) {
19   n = length(x); K = matrix(0, n, n); for (i in 1:n) for (j in 1:n) K[i, j] = k(x[i], x[j])
20   alpha = solve(K + lambda * diag(n)) %*% y
21   return(as.vector(alpha))
22 }
23 # 数値で比較する
```

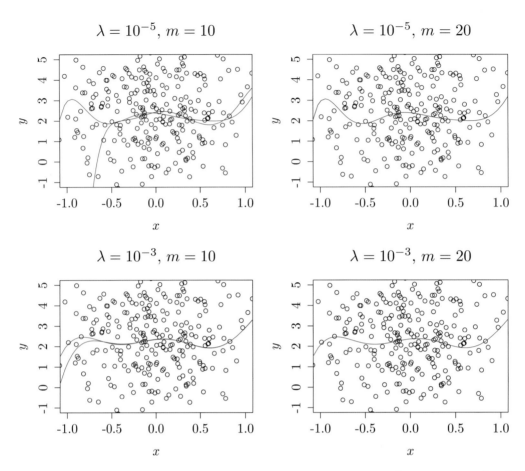

図 **4.8**　$N = 300$ のデータを階数 $m = 10$ で近似している。左が $\lambda = 10^{-5}$，右が $\lambda = 10^{-3}$ の実行結果。赤線が近似なし，青線が近似あり。$m = 20$ では両者がほぼ同程度の精度になっている。λ の値が大きいほど，近似誤差が小さくなる。RFF とは逆の傾向を示している。

```
24  alpha.1 = alpha(k.g, x, y); alpha.2 = alpha.m(k.g, x, y, m)
25  z = sort(x); u = array(n); v = array(n)
26  for (j in 1:n) {
27    S = 0; for (i in 1:n) S = S + alpha.1[i] * k.g(x[i], z[j]); u[j] = S
28    S = 0; for (i in 1:n) S = S + alpha.2[i] * k.g(x[i], z[j]); v[j] = S
29  }
30  plot(z, u, type = "l", xlim = c(-1, 1), xlab = "x", ylab = "y", ylim = c(-1, 5),
31      col = "red", main = "Kernel Ridge")
32  lines(z, v, col = "blue"); points(x, y)
33  legend("topleft", lwd = 1, c("近似なし", "近似あり"), col = c("red", "blue"))
```

4.7 不完全 Cholesky 分解

一般に，正定値行列 $A \in \mathbb{R}^{N \times N}$ を，非負対角成分をもつ下三角行列 R を用いて $A = RR^\top$ と分解することを，A を Cholesky 分解するという。

命題 47 正定値行列 $A \in \mathbb{R}^{n \times n}$ に対して，Cholesky 分解 $A = RR^\top$ が存在し，対角成分がすべて正のものに限れば，一意である。

この命題は非常に多くの書籍で取り扱っている。証明は，たとえば [8] などを参照されたい。

以下，Cholesky 分解の手順を示す。途中で手順を止めて，$RR^\top$ の R の階数 $r \leq N$ での値が得られるように処理を構成している。

1. 初期段階で $B = A$，R は 0 行列である。
2. 各 $i = 1, \ldots, r$ で，R の第 i 列は $B_{j,i} = \sum_{h=1}^{N} R_{j,h} R_{i,h}$ $(j = 1, \ldots, N)$ が成立するように設定される。すなわち，B の第 i 列までを完成させる。

$$
R = \begin{bmatrix}
R_{1,1} & 0 & \cdots & 0 & \cdots & 0 \\
\vdots & \ddots & \ddots & \vdots & \ddots & \vdots \\
R_{i,1} & \cdots & R_{i,i} & 0 & \cdots & 0 \\
R_{i+1,1} & \cdots & R_{i+1,i} & 0 & \cdots & 0 \\
\vdots & \ddots & \vdots & \vdots & \ddots & \vdots \\
R_{N,1} & \cdots & R_{N,i} & 0 & \cdots & 0
\end{bmatrix}
$$

その際に B のある 2 個の添字が入れ替わる（ある置換行列 Q_i について，$Q_i B Q_i$ となる）。

3. 最終的に $RR^\top = B = P^\top A P$，$P = Q_1 \cdots Q_N$ となる。したがって，$A = P RR^\top P^\top$ であり，$PR(PR)^\top$ が Cholesky 分解になる。

ここで，対称行列 B の第 (i,j) 行 (i,j) 列を入れ替えるには，単位行列の第 $(i,j), (j,i)$ 成分を 1，第 $(i,i), (j,j)$ 成分を 0 に変えた対称行列 Q を前後から掛けて，QBQ とすればよい。たとえば，

$$
\begin{bmatrix}
1 & 0 & 0 \\
0 & 0 & 1 \\
0 & 1 & 0
\end{bmatrix}
\begin{bmatrix}
a_{11} & a_{12} & a_{13} \\
a_{21} & a_{22} & a_{23} \\
a_{31} & a_{32} & a_{33}
\end{bmatrix}
\begin{bmatrix}
1 & 0 & 0 \\
0 & 0 & 1 \\
0 & 1 & 0
\end{bmatrix}
=
\begin{bmatrix}
a_{11} & a_{13} & a_{12} \\
a_{31} & a_{33} & a_{32} \\
a_{21} & a_{23} & a_{33}
\end{bmatrix}
$$

となる。

具体的には $i = 1, 2, \ldots, r$ に対して，以下のステップを踏む。$\epsilon > 0$ として，

1. $R_{j,j}^2 = B_{j,j} - \sum_{h=1}^{i-1} R_{j,h}^2$ を最大にする $i \leq j \leq N$ を k として，
   (a) B の i 行と k 行，i 列と k 列を入れ替える。
   (b) $Q_{i,k} = 1$，$Q_{k,i} = 1$，$Q_{i,i} = 0$，$Q_{k,k} = 0$ とする。
   (c) $R_{i,1}, \ldots, R_{i,i-1}$ と $R_{k,1}, \ldots, R_{k,i-1}$ を入れ替える。
   (d) $R_{i,i} = \sqrt{B_{k,k} - \sum_{h=1}^{i-1} R_{k,h}^2}$
2. $R_{i,i} < \epsilon$ なら終了。

3. 各 $j = i+1, \ldots, N$ に対して，$R_{j,i} = \dfrac{1}{R_{i,i}} \left(B_{j,i} - \displaystyle\sum_{h=1}^{i-1} R_{j,h} R_{i,h} \right)$

第 i 列が完成したら，各 $j = 1, \ldots, N$ について，$B_{j,i} = \sum_{h=1}^{N} R_{j,h} R_{i,h}$ が満足され，その後 $R_{j,i}$ は更新されることはない。そして，第 $r = N$ 列まで完成すれば，$B = RR^\top$ が成立する。

各 $i = 1, 2, \ldots, r$ の最初で $R_{j,j}^2 = B_{j,j} - \sum_{h=1}^{i-1} R_{j,h}^2 \geq 0$ を最大にする j を選択している。ステップ3で第 i 列の $j = i+1, \ldots, N$ 行の成分を追加しているが，$R_{i,i}$ で割っている。ステップ1でほかの値が $R_{i,i}$ として選択された場合と比較して，$R_{i,i}$ で割ったあとの $R_{j,i}$ の絶対値は小さくなり，次の段階での $B_{j,j} - \sum_{h=1}^{i} R_{j,h}^2$ が各 j で大きくなる。もし $R_{r,r}^2$ が負の値をとれば，選択する順序によらず，Cholesky 分解の解が存在せず，命題47と矛盾する。また，解の一意性も保証されている。すなわち，不完全 Cholesky 分解の場合でも，$r = N$ と実行した場合の最初の r 列が選択されている。

不完全 Cholesky 分解のコードを以下に示す。

```
1  im.ch = function(A, m = ncol(A)) {
2    n = ncol(A); R = matrix(0, n, n); P = diag(n)
3    for (i in 1:n) R[i, i] = sqrt(A[i, i])
4    max.R = 0; for (i in 1:n) if (R[i, i] > max.R) {k = i; max.R = R[i, i]}
5    R[1, 1] = max.R
6    if (k != 1) {
7      w = A[, k]; A[, k] = A[, 1]; A[, 1] = w
8      w = A[k, ]; A[k, ] = A[1, ]; A[1, ] = w
9      P[1, 1] = 0; P[k, k] = 0; P[1, k] = 1; P[k, 1] = 1
10   }
11   for (i in 2:n) R[i, 1] = A[i, 1] / R[1, 1]
12   if (m > 1) for (i in 2:m) {
13     for (j in i:n) R[j, j] = sqrt(A[j, j] - sum(R[j, 1:(i-1)]^2))
14     max.R = 0; for (j in i:n) if (R[j, j] > max.R) {k = j; max.R = R[j, j]}
15     R[i, i] = max.R
16     if (k != i) {
17       w = R[i, 1:(i-1)]; R[i, 1:(i-1)] = R[k, 1:(i-1)]; R[k, 1:(i-1)] = w
18       w = A[, k]; A[, k] = A[, i]; A[, i] = w
19       w = A[k, ]; A[k, ] = A[i, ]; A[i, ] = w
20       Q = diag(n); Q[i, i] = 0; Q[k, k] = 0; Q[i, k] = 1; Q[k, i] = 1; P = P %*% Q
21     }
22     if (i < n) for (j in (i+1):n)
23       R[j, i] = (A[j, i] - sum(R[i, 1:(i-1)] * R[j, 1:(i-1)])) / R[i, i]
24   }
25   if (m < n) for (i in (m+1):n) R[, i] = 0
26   return(list(P = P, R = R))
27 }
28
29 # データ生成
30 n = 4; range = -5:5
31 D = matrix(sample(range, n*n, replace = TRUE), n, n)
```

```
32  A = t(D) %*% D
33
34  # 実行例
35  im.ch(A)
36  L = im.ch(A)$R; L %*% t(L)
37  P = im.ch(A)$P; t(P) %*% A %*% P
38  P %*% (L %*% t(L)) %*% t(P)   # A に一致する
39
40  im.ch(A, 2)
41  L = im.ch(A, 2)$R; L %*% t(L)
42  P = im.ch(A, 2)$P; t(P) %*% A %*% P
43  P %*% (L %*% t(L)) %*% t(P)   # A の低ランク近似
```

付録：命題の証明

命題 44 の証明

r は最高次数が $2q-1$ の自然なスプラインであって，

$$r^{(q)}(0) = \cdots = r^{(2q-1)}(0) = r^{(q)}(1) = \cdots = r^{(2q-1)}(1) = 0$$

であるから

$$
\begin{aligned}
\int_0^1 r^{(q)}(x)s^{(q)}(x)dx &= \left[r^{(q)}(x)s^{(q-1)}(x) \right]_0^1 - \int_0^1 r^{(q+1)}(x)s^{(q-1)}(x)dx \\
&= -\int_0^1 r^{(q+1)}(x)s^{(q-1)}(x)dx = \cdots = (-1)^{q-1}\int_0^1 r^{(2q-1)}(x)s'(x)dx \\
&= (-1)^{q-1}\sum_{j=1}^{N-1} r^{(2q-1)}(x_j^+)\left[s(x_{j+1}) - s(x_j)\right] = 0
\end{aligned}
\tag{4.36}
$$

ここで，$s(x_i) = 0,\ i = 1, \ldots, N$ を用いた。また $r^{(2q-1)}(x_j^+)$ は r の $2q-1$ 次右微分係数であり，区間 $x_j < x < x_{j+1}$ で一定である。したがって，命題の不等式

$$
\begin{aligned}
\int_0^1 \{g^{(q)}(x)\}^2 dx &= \int_0^1 \{r^{(q)}(x) + s^{(q)}(x)\}^2 dx \\
&= \int_0^1 \{r^{(q)}(x)\}^2 dx + \int_0^1 \{s^{(q)}(x)\}^2 dx + 2\int_0^1 r^{(q)}(x)s^{(q)}(x)dx \\
&= \int_0^1 \{r^{(q)}(x)\}^2 dx + \int_0^1 \{s^{(q)}(x)\}^2 dx \geq \int_0^1 \{r^{(q)}(x)\}^2 dx
\end{aligned}
\tag{4.37}
$$

が成立する。ここで，3 番目の等式には (4.36) を用いた。他方，$g, r \in W_q[0,1]$ であり，$s \in W_q[0,1]$ であるので，

$$s(x) = \sum_{i=0}^{q-1} \frac{s^{(i)}(0)}{i!}x^i + \int_0^1 \frac{(x-u)_+^{q-1}}{(q-1)!}s^{(q)}(u)du$$

が成立する。したがって，(4.37) の等号，すなわち $\int_0^1 \{s^{(q)}(x)\}^2 dx = 0$ が成立するとき，至るところで $s^{(q)}(x) = 0$ となるため，

$$s(x) = \sum_{i=0}^{q-1} \frac{s^{(i)}(0)}{i!} x^i$$

を意味する。これは，$s(x_i) = 0$ $(i = 1, 2, \ldots, N)$ を満たす必要があるので，N が多項式の次数 $q - 1$ を上回れば，全区間で $s = 0$ である。 □

命題 45 の証明

加法定理より，

$$2\cos(\omega^\top x + b)\cos(\omega^\top y + b) = \cos(w^\top(x - y)) + \cos(w^\top(x + y) + 2b)$$

が成立する。第 2 項は ω を固定して b で平均をとると 0 になるので，

$$\mathbb{E}_{\omega,b}[\sqrt{2}\cos(\omega^\top x + b) \cdot \sqrt{2}\cos(\omega^\top y + b)] = \mathbb{E}_\omega \cos(w^\top(x - y))$$

が成立する。また，Euler の公式 $e^{i\theta} = \cos\theta + i\sin\theta$ を命題 5 に適用すると $k(x, y)$ が実数値をとるので，$\mathbb{E}[\sin(\omega^\top(x - y))] = 0$ となり，$k(x, y)$ は

$$\mathbb{E}_\omega \exp(i\omega^\top(x - y)) = \mathbb{E}_\omega[\cos(\omega^\top(x - y)) + i\sin(\omega^\top(x - y))] = \mathbb{E}_\omega[\cos(\omega^\top(x - y))]$$

と書ける。これと命題 5 より，(4.28) が成立する。 □

補題 7 の証明

$\epsilon > 0$ とする。$e^{\epsilon x}$ が x について凸であるから，$b > a$ として，

$$e^{\epsilon X} \leq \frac{X - a}{b - a} e^{\epsilon b} + \frac{b - X}{b - a} e^{\epsilon a}$$

両辺の期待値をとると，$s = \epsilon(b - a)$, $\theta = \dfrac{-a}{b - a}$ として，

$$\mathbb{E}[e^{\epsilon X}] \leq \frac{-a}{b - a} e^{\epsilon b} + \frac{b}{b - a} e^{\epsilon a} = \theta e^{\epsilon(1-\theta)(b-a)} + (1-\theta)e^{-\epsilon\theta(b-a)} = \exp\{-\theta s + \log(1 - \theta + \theta e^s)\}$$

したがって，指数部 $f(s) := -\theta s + \log(1 - \theta + \theta e^s)$ が $s^2/8$ 以下であることを示せば十分である。そして，$f'(s) = -\theta + \dfrac{\theta e^s}{1 - \theta + \theta e^s}$, $f(0) = f'(0) = 0$ であり，$\phi = \dfrac{\theta e^s}{1 - \theta + \theta e^s}$ として，

$$f''(s) = \frac{(1-\theta) \cdot \theta e^s}{(1 - \theta + \theta e^s)^2} = \phi(1 - \phi) \leq \frac{1}{4}$$

となるので，ある $\mu \in \mathbb{R}$ に対して，

$$f(s) = f(0) + f'(0)(s - 0) + \frac{1}{2}f''(\mu)(s - 0)^2 \leq \frac{s^2}{8}$$

となり，(4.31) が成立する。 □

問題 46〜64

☐ **46** カーネルを k, サンプルを $(x_1, y_1), \ldots, (x_N, y_N)$ として, $f(\cdot) = \sum_{i=1}^{N} \alpha_i k(x_i, \cdot)$ とおいて, $\sum_{i=1}^{N} \{y_i - f(x_i)\}^2 + \lambda \|f\|^2$, $\lambda > 0$ の最小化（カーネルリッジ回帰）をはかれば, $f \in H$ の中での最小化をはかったことになるのはなぜか. また, その場合の $\alpha = [\alpha_1, \ldots, \alpha_N]^\top$ の最適値を, Gram 行列 $K \in \mathbb{R}^{N \times N}$, $y = [y_1, \ldots, y_N]^\top$ を用いてあらわせ.

☐ **47** カーネル主成分分析で, カーネルを k, サンプルを $x_1, \ldots, x_N$ として, $f(\cdot) = \sum_{i=1}^{N} \alpha_i k(x_i, \cdot)$ とおいて, (4.8) の最大化をはかれば, $f \in H$ の中での最大化をはかったことになるのはなぜか. また, $\beta = K^{1/2} \alpha$ とおいたときの固有方程式を, Gram 行列 $K \in \mathbb{R}^{N \times N}$ を用いてあらわせ.

☐ **48** カーネル主成分分析で, (4.9) のように中心化された Gram 行列に対して α を求めたい. 下記の 2 行目に処理を記述し, 関数 kernel.pca.train を完成させよ.

```
1  kernel.pca.train = function(x, k) {
2      # データ x とカーネル k からグラム行列を求める。
3      res = eigen(K)
4      alpha = matrix(0, n, n)
5      for (i in 1:n) alpha[, i] = res$vector[, i] / res$value[i] ^ 0.5
6      return(alpha)
7  }
```

さらに, データ X, カーネル k, 関数 kernel.pca.train から得られた α から, $z \in \mathbb{R}^{N \times p}$ ($x_1, \ldots, x_N$ のいずれでもよい）のスコアを計算したい（$1 \leq m \leq p$ 次元まで）. 関数

```
1  kernel.pca.test = function(x, k, alpha, m, z) {
2      # x, k, alpha, m, z から m 次までのスコア pca を求める
3      return(pca)
4  }
```

を完成させて, 下記プログラムで動作を確認せよ.

```
1  sigma.2 = 0.01; k = function(x, y) exp(-norm(x-y, "2")^2 / 2 / sigma.2)
2  x = as.matrix(USArrests); n = nrow(x); p = ncol(x)
3  alpha = kernel.pca.train(x, k)
4  z = array(dim = c(n, 2))
5  for (i in 1:n) z[i, ] = kernel.pca.test(x, k, alpha, 2, x[i, ])
6  min.1 = min(z[, 1]); min.2 = min(z[, 2]); max.1 = max(z[, 1]); max.2 = max(z[, 2])
7  plot(0, xlim = c(min.1, max.1), ylim = c(min.2, max.2),
8       xlab = "First", ylab = "Second", cex.lab = 0.75, cex.axis = 0.75,
```

```
 9         main = "Kernel PCA (Gauss 0.01)")
10   for (i in 1:n) if (i != 5) text(z[i, 1], z[i, 2], labels = i, cex = 0.5)
11   text(z[5, 1], z[5, 2], 5, col = "red")
```

□ **49** カーネルを用いない主成分分析と，線形カーネルによるカーネル主成分分析が，同一の
スコアを出力することを示せ。

□ **50** カーネル SVM (4.12) の KKT 条件を導出せよ。

□ **51** 例 66 で，線形カーネル，多項式カーネルの代わりに，Gauss カーネルで σ^2 の値を変え
て（3 種類），同一グラフに境界線の曲線を描け。

□ **52** $(4.21), (4.22)$ から，$\sum_{j=1}^{J} \beta_{j+4} = 0$ および $\sum_{j=1}^{J} \beta_{j+4} \xi_j = 0$ を導け。

□ **53** 命題 44 を，以下の手順にしたがって示せ。

(a) $\displaystyle \int_0^1 r^{(q)}(x) s^{(q)}(x) dx = 0$ を示す。

(b) $\displaystyle \int_0^1 \{g^{(q)}(x)\}^2 dx \geq \int_0^1 \{r^{(q)}(x)\}^2 dx$ を示す。

(c) 等号が成立する場合に $s(x) = \displaystyle\sum_{i=0}^{q-1} \frac{s^{(i)}(0)}{i!} x^i$ を示す。

(d) 等号が成立し，N が多項式の次数 $q-1$ を上回る場合に，全区間で $s(x) = 0$ を示す。

□ **54** RFF では，カーネル $k(x, y)$ を求めるのではなく，その不偏推定量 $\hat{k}(x, y)$ を求めている。
$\hat{k}(x, y)$ の平均が $k(x, y)$ となることを示せ。また，下記の定数，関数を用いて，$(x, y) \in E$
から $\hat{k}(x, y)$ を出力する関数を求めよ。ただし，$m = 100$ と設定するものとする。そし
て，Gauss カーネル k = function(x, y) exp(-(x-y)^2 / 2 / sigma2) の出力する値と
比較して，正しいことを確かめよ。

```
1   sigma = 10; sigma2 = sigma ^ 2
2   z = function(x) sqrt(2/m) * cos(w*x + b)
3   zz = function(x, y) sum(z(x)*z(y))
```

□ **55** Chernoff 限界を導出せよ。

□ **56** 命題 46 の成立が，(4.29) を意味することを示せ。

□ **57** RFF は Bochnor の定理（命題 5）に基づいている。どのような関係があるか。

58 RFF で，$(w_1, b_1), \ldots, (w_m, b_m)$ を乱数生成で得たあと，$Z = (z_j(x_i)) \in \mathbb{R}$ $(i = 1, \ldots, N, \ j = 1, \ldots, m)$ を求める。このとき，$K = (k(x_i, x_j)) \in \mathbb{R}^{N \times N}$ ではなく，$\hat{K} = ZZ^\top$ を用いた場合，$\hat{f}(x) = \sum_{i=1}^m \hat{\alpha}_i \hat{k}(x, x_i)$ $(x \in E)$ は，(4.33) の $\hat{\beta}$ を用いて $\hat{f}(x) = z(x)\hat{\beta}$ と書けることを示せ。また，Woodbury の公式：一般に $U \in \mathbb{R}^{r \times s}$, $V \in \mathbb{R}^{s \times r}$, $r, s \geq 1$ について，

$$U(I_s + VU) = (I_r + UV)U$$

を示せ。

59 RFF の (4.33) を得るまでの計算量を評価せよ。また，新しい $x \in E$ について，$\hat{f}(x)$ を求める計算量を評価せよ。

60 カーネル Ridge 回帰で，係数の推定値 $(K + \lambda I)^{-1}y$ を求めるために，$K = RR^\top$, $R \in \mathbb{R}^{N \times m}$ という低ランク行列の分解をしたい。(4.34) を示せ。また，$K = RR^\top$ の分解ができた場合，その後の左辺，右辺の計算量を評価せよ。ただし，正方行列 $A \in \mathbb{R}^{n \times n}$ の逆行列を求める計算は $O(n^3)$ かかるものとする。

61 Nyström 近似を使って，カーネル Ridge 回帰の係数 $\hat{\alpha}$ を求めたい。(4.34) の右辺ではなく，左辺を用いる場合，下記でどのような変更が必要になるか。

```
1  alpha.m = function(k, x, y, m) {
2    n = length(x); K = matrix(0, n, n)
3    for (i in 1:n) for (j in 1:n) K[i, j] = k(x[i], x[j])
4    A = svd(K[1:m, 1:m])
5    u = array(dim = c(n, m))
6    for (i in 1:m) for (j in 1:n)
7      u[j, i] = sqrt(m/n) * sum(K[j, 1:m] * A$u[1:m, i]) / A$d[i]
8    mu = A$d * n / m
9    R = sqrt(mu[1]) * u[, 1]; for (i in 2:m) R = cbind(R, sqrt(mu[i]) * u[, i])
10   alpha = (diag(n) - R %*% solve(t(R) %*% R + lambda * diag(m)) %*% t(R)) %*% y /
11     lambda
12   return(as.vector(alpha))
13 }
```

62 不完全 Cholesky 分解の手順のステップ 1 で，$R_{j,j}^2 = B_{j,j} - \sum_{h=1}^{i-1} R_{j,h}^2$ を最大にする $i \leq j \leq N$ を k として，毎回選ぶことによって，ステップ 1(d) のルートの内部 $B_{k,k} - \sum_{h=1}^{i-1} R_{k,h}^2$ が非負になることを示せ。

□ **63** 不完全 Cholesky 分解の処理を第 r 列まで完了した時点で，各 $i = 1, \ldots, r$ と $j = i + 1, \ldots, N$ について

$$B_{j,i} = \sum_{h=1}^{i} R_{j,h} R_{i,h}$$

が成立していることを示せ。

□ **64** 大きさ 5×5 の非負定値行列を生成して，`im.ch` を実行し，階数 3 の不完全 Cholesky 分解を実行せよ。

第**5**章 MMD と HSIC

本章では，RKHS における確率変数の概念を導入し，RKHS における検定の問題を議論する。特に 2 標本問題と独立性検定に関して，統計量を定義して，その帰無仮説を求める方法を学ぶ。どちらも有限サンプルのもとでは，帰無仮説にしたがう分布は知られていない。そこで，並べ替え検定とよばれる方法と，U 統計量を用いる方法を導入する。実際に処理を構成してプログラムを実行してみる。そして，そうした検定が有効なカーネルが何であるかを学ぶために，特性カーネルおよびその特殊な場合である普遍カーネルについて学ぶ。最後に，機械学習，深層学習の数理的な解析でよく用いられる経験過程について，その入門的な事柄を学ぶ。

5.1 RKHS における確率変数

第 1 章では，$\mathbb{R}$ に値をとる確率変数は，その任意の Borel 集合 B について，$\{\omega \in E \mid X(\omega) \in B\}$ が $\mathcal{F}$ の要素（事象）であるとき，$X : E \to \mathbb{R}$ は可測であり確率変数であるとした。以下では，カーネル k が可測であることは，$k(x, y) \in B$ となる (x, y) の集合が $E \times E$ の事象になることを意味する。本書では，カーネル k が可測であることを仮定する。

また，本章では，$k(x, x) \in \mathbb{R}$ $(x \in E)$ の平均 $\mathbb{E}[k(X, X)]$ が有界であることを仮定する。このことは，$\mathbb{E}\left[\sqrt{k(X, X)}\right] \le \sqrt{\mathbb{E}[k(X, X)]}$ がともに有界であることを意味する。

命題 48 カーネル $k : E \times E \to \mathbb{R}$ が可測であるとする。このとき，写像 $E \ni x \mapsto k(x, \cdot) \in H$ は可測である。すなわち，E に値をとる確率変数 X について，$k(X, \cdot)$ が H に値をとる確率変数になる。

証明は付録を参照されたい。

線形汎関数 $T : H \to \mathbb{R}$

$$T(f) := \mathbb{E}[f(X)] = \mathbb{E}[\langle f(\cdot), k(X, \cdot)\rangle_H] \le \mathbb{E}\left[\|f\|_H \sqrt{k(X, X)}\right] \le \|f\|_H \mathbb{E}\left[\sqrt{k(X, X)}\right]$$

は，$\dfrac{T(f)}{\|f\|_H} \le \mathbb{E}\left[\sqrt{k(X, X)}\right] < \infty$ より，命題 22 が適用でき，任意の $f \in H$ について，

$$\mathbb{E}[f(X)] = \langle f(\cdot), m_X(\cdot)\rangle_H$$

となる $m_X \in H$ が存在する。m_X を $k(X, \cdot)$ の平均 (expectation) といい，$m_X(\cdot) = \mathbb{E}[k(X, \cdot)]$ と書く。したがって，内積と平均操作の順序を交換する

$$\mathbb{E}[\langle f(\cdot), k(X, \cdot)\rangle_H] = \langle f(\cdot), \mathbb{E}[k(X, \cdot)]\rangle_H$$

が成立する。

　次に，E_X, E_Y を集合とし，$k_X : E_X \to \mathbb{R}$，$k_Y : E_Y \to \mathbb{R}$ の関数からなる RKHS H_X, H_Y のテンソル積 H_0 を以下のように定義する。$(x, y) \in E_X \times E_Y$ に対して，$f(x, y) = \sum_{i=1}^m f_{X,i}(x) f_{Y,i}(y)$，$f_{X,i} \in H_X$，$f_{Y,i} \in H_Y$ となるような関数 $E_X \times E_Y \to \mathbb{R}$ の集合を考え，内積およびノルムを，$f = \sum_{j=1}^m f_{X,j} f_{Y,j}$，$f_{X,i} \in H_X$，$f_{Y,i} \in H_Y$，$g = \sum_{j=1}^n g_{X,j} g_{Y,j}$，$g_{X,j} \in H_X$，$g_{Y,j} \in H_Y$ として，

$$\langle f, g \rangle_{H_0} = \sum_{i=1}^m \sum_{j=1}^n \langle f_{X,i}, g_{X,j}\rangle_{H_X} \langle f_{Y,i}, g_{Y,j}\rangle_{H_Y}$$

および $\|f\|_{H_0}^2 = \langle f, f \rangle_{H_0}$ によって定義する。実際，$f_{X,i}(\cdot) = \sum_r \alpha_{i,r} k_X(x_r, \cdot)$，$f_{Y,i}(\cdot) = \sum_s \beta_{i,s} k_Y(y_s, \cdot)$，$g_{X,j}(\cdot) = \sum_t \gamma_{j,t} k_X(x_t, \cdot)$，$g_{Y,j}(\cdot) = \sum_u \delta_{j,u} k_Y(y_u, \cdot)$ とおくと，

$$\langle f, g \rangle_{H_0} = \sum_{i=1}^m \sum_{j=1}^n \sum_r \sum_t \alpha_{i,r} \gamma_{j,t} k_X(x_r, x_t) \sum_s \sum_u \beta_{i,s} \delta_{j,u} k_Y(y_s, y_u)$$

$$= \sum_{i=1}^m \sum_r \sum_s \alpha_{i,r} \beta_{i,s} g(x_r, y_s) = \sum_{j=1}^n \sum_t \sum_u \gamma_{j,t} \delta_{j,u} f(x_t, y_u)$$

というように，f, g の表現の仕方には依存しない。そして，H_0 の完備化を施すために，$\|f\|^2 := \sum_{i=1}^\infty \sum_{j=1}^\infty a_{i,j}^2 < \infty$ となるような $f = \sum_{i=1}^\infty \sum_{j=1}^\infty a_{i,j} e_{X,i} e_{Y,j}$ を要素とする線形空間で，内積が $\langle f, g \rangle_H = \sum_{i=1}^\infty \sum_{j=1}^\infty a_{i,j} b_{i,j}$ となる空間 H を構成する。ただし，$g = \sum_{j=1}^\infty b_{i,j} e_{X,i} e_{Y,j}$ $(\sum_{i=1}^\infty \sum_{j=1}^\infty b_{i,j}^2 < \infty)$ とし，$\{e_{X,i}\}, \{e_{Y,j}\}$ は H_X, H_Y の正規直交基底である。このとき，H_0 は H の稠密な部分空間であり，H は Hilbert 空間である。以下では，この H を H_X, H_Y の直積といい，$H_X \otimes H_Y$ と書くものとする。

　完備化を施すと，H_0 の Cauchy 列 $\{f_n\}$ の各 $x \in E$ に対する極限を $f(x) := \lim_{n \to \infty} f_n(x)$ としたときに，そのような関数 f の集合が H となる。命題 34 の証明のステップ 1 からステップ 5 までと同様の手順で証明できる。

命題 49（Neveu, 1968） 再生核 k_X, k_Y をもつ RKHS H_X, H_Y の直積 $H_X \otimes H_Y$ は，RKHS となり，その再生核は $k_X k_Y$ となる。

　証明は以下のようになる [1]。

1. $g \in H_X \otimes H_Y$，$x \in E_X, y \in E_Y$ について，$|g(x, y)| \leq \sqrt{k_X(x, x)} \sqrt{k_Y(y, y)} \|g\|$ を示す。このことは，命題 33 より，H が何らかの RKHS になっていることを意味している。

2. $x \in E_X, y \in E_Y$ を固定したときに，$k(x, \cdot, y, \star) := k_X(x, \cdot) k_Y(y, \star) \in H$ を示す。

3. $g(x, y) = \langle g(\cdot, \star), k(x, \cdot, y, \star)\rangle_H$ を示す。

証明の詳細は，付録の証明を参照されたい。　　　　　　　　　　　　　　　□

次に，2 変数 X, Y に関する平均の概念を導入する。$\mathbb{E}[k_X(X,X)]$ および $\mathbb{E}[k_Y(Y,Y)]$ を仮定すると，まず $\mathbb{E}_{XY}[k_X(X,\cdot)k_Y(Y,\cdot)]$ は，$k_X(x,\cdot)k_Y(y,\cdot) \in H_X \otimes H_Y$ を XY の同時分布の平均をとったもので，

$$\mathbb{E}_{XY}[\|k_X(X,\cdot)k_Y(Y,\cdot)\|_{H_X \otimes H_Y}] = \mathbb{E}_{XY}[\|k_X(X,\cdot)\|_{H_X}\|k_Y(Y,\cdot)\|_{H_Y}]$$
$$= \mathbb{E}_{XY}\left[\sqrt{k_X(X,X)k_Y(Y,Y)}\right]$$
$$\leq \sqrt{\mathbb{E}_X[k_X(X,X)]\mathbb{E}_Y[k_Y(Y,Y)]}$$

となり，この左辺は有限の値をとる。したがって，$f \in H_X \otimes H_Y$ に対して，

$$\mathbb{E}_{XY}[f(X,Y)] = \mathbb{E}_{XY}[\langle f, k_X(X,\cdot)k_Y(Y,\cdot)\rangle] \leq \|f\|_{H_X \otimes H_Y} \mathbb{E}_{XY}[\|k_X(X,\cdot)k_Y(Y,\cdot)\|_{H_X \otimes H_Y}]$$

が成立し，命題 22（Riez の表現定理）より，

$$\mathbb{E}_{XY}[f(X,Y)] = \langle f, m_{XY}\rangle$$

なる $m_{XY} \in H_X \otimes H_Y$ が存在する。これを形式的に，

$$m_{XY} := \mathbb{E}_{XY}[k_X(X,\cdot)k_Y(Y,\cdot)]$$

と書く。これは，平均を内積の中に入れる操作

$$\mathbb{E}_{XY}[\langle f, k_X(X,\cdot)k_Y(Y,\cdot)\rangle] = \langle f, \mathbb{E}_{XY}[k_X(X,\cdot)k_Y(Y,\cdot)]\rangle$$

が可能なことを意味する。

また，X, Y の平均 m_X, m_Y について，$m_X m_Y$ は $H_X \otimes H_Y$ の要素になり，$f \in H_X$, $g \in H_Y$ について，

$$\langle fg, m_X m_Y\rangle_{H_X \otimes H_Y} = \langle f, m_X\rangle_{H_X}\langle g, m_Y\rangle_{H_Y} = \mathbb{E}_X[f(X)]\mathbb{E}_Y[g(Y)]$$

が成立する。すなわち，X, Y が独立でなかったとしても X, Y それぞれで平均をとって掛け合わせることを意味する。そこで，以下では，$H_X \otimes H_Y$ の要素である

$$m_{XY} - m_X m_Y$$

を (X, Y) の $H_X \otimes H_Y$ における共分散 (covariance) と定義する。

命題 50 各 $f \in H_X$, $g \in H_Y$ に対して，

$$\langle fg, m_{XY} - m_X m_Y\rangle_{H_X \otimes H_Y} = \langle \Sigma_{YX} f, g\rangle_{H_Y} = \langle f, \Sigma_{XY} g\rangle_{H_X} \tag{5.1}$$

が成立するような $\Sigma_{XY} \in B(H_Y, H_X)$, $\Sigma_{YX} \in B(H_X, H_Y)$ が存在する。

証明 作用素 Σ_{YX}, Σ_{XY} は共役の関係にあり，命題 22 より，一方が存在すれば他方も存在する。そこで，Σ_{XY} の存在のみを示す。任意の $g \in H_Y$ について，線形汎関数

$$T_g : H_X \ni f \mapsto \langle fg, m_{XY} - m_X m_Y\rangle_{H_X \otimes H_Y} \in \mathbb{R}$$

は

$$\langle fg, m_{XY} - m_X m_Y \rangle_{H_X \otimes H_Y} \leq \|f\|_{H_X} \|g\|_{H_Y} \|m_{XY} - m_X m_Y\|_{H_X \otimes H_Y}$$

より有界であり，命題 22 より，$T_g f = \langle f, h_g \rangle_{H_X}$ なる $h_g \in H_X$ が存在する。すなわち

$$\langle fg, m_{XY} - m_X m_Y \rangle_{H_X \otimes H_Y} = \langle f, \Sigma_{XY} g \rangle_{H_X}$$

なる $\Sigma_{XY} : H_Y \ni g \mapsto h_g \in H_X$ が存在する。Σ_{XY} の有界性は，

$$\|\Sigma_{XY} g\|_{H_X} = \|h_g\|_{H_X} = \|T_g\| \leq \|g\|_{H_Y} \|m_{XY} - m_X m_Y\|_{H_X \otimes H_Y}$$

が成立することによる。　　　　　　　　　　　　　　　　　　　　　　　　　　　　$\square$

　Σ_{XY}, Σ_{YX} などを相互共分散作用素 (mutual covariance operator) という。

　H を RKHS とし，k をその再生核とする。また，$\mathcal{P}$ を確率変数 X がしたがう分布の集合とするときに，

$$\mathcal{P} \ni \mu \mapsto \int k(x, \cdot) d\mu(x) \in H$$

という対応が定義できる。これを，確率の RKHS への埋め込み (embedding) という。埋め込みが単射であるとき，すなわち，確率 μ_1, μ_2 に関する平均 $\int k(x, \cdot) d\mu_1(x)$，$\int k(x, \cdot) d\mu_2(x)$ が等しいことが $\mu_1 = \mu_2$ を意味するとき，H の再生核 k は特性的であるという。また，特性的なカーネルを特性カーネル (characteristic kernel) という。

　次節以降で，2 標本問題，独立性検定といった応用を検討し，特性カーネルの理論は本章の後半で学ぶこととする。

5.2　MMD と 2 標本問題

　Gretton 他 (2008)[10] は，独立に生起した $x_1, \ldots, x_m \in \mathbb{R}$ と $y_1, \ldots, y_n \in \mathbb{R}$ から，両者が同じ分布にしたがって発生したことを検定する方法を提示した。以下では，それぞれの分布が P, Q であるとし，$P = Q$ を帰無仮説とおく。

　まず，H を RKHS，k をその再生核として，$m_P := \mathbb{E}_P[k(X, \cdot)] = \int_E k(x, \cdot) dP(x)$，$m_Q := \mathbb{E}_Q[k(X, \cdot)] = \int_E k(x, \cdot) dQ(x) \in H$ を定義するものとする。確率変数 X は $E \to \mathbb{R}$ の可測な関数であり，その確率として P, Q のいずれも選べることに注意する。

　一般に，ある関数の集合を $\mathcal{F}$ として，

$$\sup_{f \in \mathcal{F}} \{ \mathbb{E}_P[f(X)] - \mathbb{E}_Q[f(X)] \}$$

で定義される量は，MMD (maximum mean discrepancy) とよばれる。本章では，

$$\mathcal{F} := \{ f \in H \mid \|f\|_H \leq 1 \}$$

を仮定する。すなわち，MMD を

$$\mathrm{MMD}^2 = \sup_{f \in \mathcal{F}} \{ \mathbb{E}_P[f(X)] - \mathbb{E}_Q[f(X)] \}^2 = \sup_{f \in \mathcal{F}} \{ \langle m_P, f \rangle - \langle m_Q, f \rangle \}^2$$

$$= \sup_{f \in \mathcal{F}} \{\langle m_P - m_Q, f \rangle\}^2 = \|m_P - m_Q\|_H^2$$

であるとする。カーネル k が特性的であれば，

$$\mathrm{MMD} = 0 \iff m_P = m_Q \iff P = Q \tag{5.2}$$

が成立する。このとき，

$$\mathrm{MMD}^2 = \langle m_P, m_P \rangle^2 + \langle m_Q, m_Q \rangle^2 - 2\langle m_P, m_Q \rangle$$
$$= \langle \mathbb{E}_X[k(X, \cdot)], \mathbb{E}_{X'}[k(X', \cdot)] \rangle + \langle \mathbb{E}_Y[k(Y, \cdot)], \mathbb{E}_{Y'}[k(Y', \cdot)] \rangle - 2\langle \mathbb{E}_X[k(X, \cdot)], \mathbb{E}_Y[k(Y, \cdot)] \rangle$$
$$= \mathbb{E}_{XX'}[k(X, X')] + \mathbb{E}_{YY'}[k(Y, Y')] - 2\mathbb{E}_{XY}[k(X, Y)]$$

とできる。ここで，X' は X と（Y' は Y と）同一の分布にしたがう独立な確率変数である。しかし，2 標本のデータのみから m_X, m_Y を知ることはできない。そこで，推定量

$$\widehat{\mathrm{MMD}}_B^2 := \frac{1}{m^2} \sum_{i=1}^m \sum_{j=1}^m k(x_i, x_j) + \frac{1}{n^2} \sum_{i=1}^n \sum_{j=1}^n k(y_i, y_j) - \frac{2}{mn} \sum_{i=1}^m \sum_{j=1}^n k(x_i, y_j) \tag{5.3}$$

もしくは，

$$\frac{1}{m(m-1)} \sum_{i=1}^m \sum_{j \neq i} k(x_i, x_j) + \frac{1}{n(n-1)} \sum_{i=1}^n \sum_{j \neq i} k(y_i, y_j) - \frac{2}{mn} \sum_{i=1}^m \sum_{j=1}^n k(x_i, y_j) \tag{5.4}$$

を用いて，検定を行う。推定量 (5.4) は不偏であり，(5.3) は不偏ではない。実際，

$$\mathbb{E}\left[\frac{1}{m(m-1)} \sum_{i=1}^m \sum_{j \neq i} k(X_i, X_j) \right] = \frac{1}{m} \sum_{i=1}^m \mathbb{E}_{X_i} \left[\frac{1}{m-1} \sum_{j \neq i} \mathbb{E}_{X_j}[k(X_i, X_j)] \right] = \mathbb{E}_{XX'}[k(X, X')]$$

が成立する。他の 2 項も同様である。

　しかしながら，次節の HSIC と同様，MMD も帰無仮説 $P = Q$ のもとでのデータの分布が知られていない。そこで，以下のいずれかの方法を用いる。

(1) $x_1, \ldots, x_m$ の半分と $y_1, \ldots, y_n$ の半分を入れ替えて MMD を計算することを繰り返し，ヒストグラムを作成する（並べ替え検定）。

(2) 漸近的な分布が既知である統計量から，（漸近的な）分布を計算する。

　前者に関して，例えば以下のような処理を構成することができる。

◆ **例 71** 標準正規分布にしたがうサンプル数 100 の 2 組で，並べ替え検定を行った（図 5.1 左）。また，1 組のサンプルの標準偏差を 2 倍にして，再度並べ替え検定を行った（図 5.1 右）。MMD^2 の不偏推定量は後の比較のため，(5.4) ではなく，(5.6) の $\widehat{\mathrm{MMD}}_U^2$ を用いた。$\widehat{\mathrm{MMD}}_U^2$ が負の値もとっているのは，MMD の真の値が 0 に近い場合に不偏推定量であるため，値が負にもなりうるからである。

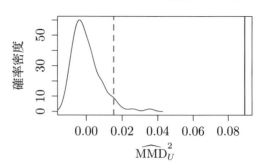

図 5.1　2 標本問題の並べ替え検定。X, Y の分布が同じ場合（左）と異なる場合（右）。青線が統計量，赤点線が棄却域との境界。

```r
1   sigma = 1; k = function(x, y) exp(-(x-y)^2 / sigma^2)
2   ## データの生成
3   n = 100
4   xx = rnorm(n)
5   yy = rnorm(n)            # 分布が等しいとき
6   # yy = rnorm(n) * 2  # 分布が等しくないとき
7   x = xx; y = yy
8   ## 帰無分布の計算
9   T = NULL
10  for (h in 1:100) {
11    index1 = sample(n, n/2)
12    index2 = setdiff(1:n, index1)
13    x = c(xx[index2], yy[index1])
14    y = c(xx[index1], yy[index2])
15    S = 0
16    for (i in 1:n) for (j in 1:n) if (i != j)
17      S = S + k(x[i], x[j]) + k(y[i], y[j]) - k(x[i], y[j]) - k(x[j], y[i])
18    T = c(S / n / (n-1), T)
19  }
20  v = quantile(T, 0.95)
21  ## 統計量の計算
22  S = 0
23  for (i in 1:n) for (j in 1:n) if (i != j)
24    S = S + k(x[i], x[j]) + k(y[i], y[j]) - k(x[i], y[j]) - k(x[j], y[i])
25  u = S / n / (n-1)
26  ## グラフの図示
27  plot(density(T), xlim = c(min(T, v, u), max(T, v, u)))
28  abline(v = v, col = "red", lty = 2, lwd = 2)
29  abline(v = u, col = "blue", lty = 1, lwd = 2)
```

　後者については，以下のようになる。$m \geq 1$ として，m 変数の対称な変量 $h : E^m \to \mathbb{R}$ について，

$$U_N := \frac{1}{\binom{N}{m}} \sum_{1 \le i_1,\ldots,i_m \le N} h(x_{i_1},\ldots,x_{i_m}) \tag{5.5}$$

を h の （m 次の） U 統計量 (U statistic) という。ただし，$\Sigma_{i_1,\ldots,i_m}$ は $\binom{N}{m}$ 個の $(i_1,\ldots,i_m) \in \{1,\ldots,N\}^m$ を動くものとする。具体的なサンプル $x_1,\ldots,x_N$ からその平均 $\mathbb{E}[h(X_1,\ldots,X_m)]$ を推定する場合に用いる。U 統計量は，不偏推定量である。実際，

$$\mathbb{E}[\frac{1}{\binom{N}{m}} \sum_{i_1<\cdots<i_m} h(X_{i_1},\ldots,X_{i_m})] = \frac{1}{\binom{N}{m}} \sum_{i_1<\cdots<i_m} \mathbb{E}h(X_{i_1},\ldots,X_{i_m})$$
$$= \mathbb{E}h(X_1,\ldots,X_m)$$

が成立する。また，

$$V_N := \frac{1}{N^m} \sum_{i_1=1}^{N} \cdots \sum_{i_m=1}^{N} h(x_{i_1},\ldots,x_{i_m})$$

を h の V 統計量 (V statistic) という。

　以下では，$m = n$ で，X, Y が同一の分布であることを帰無仮説として，統計的検定を行う。この帰無仮説のもとでは，平均をとる操作 $\mathbb{E}_X[\cdot], \mathbb{E}_Y[\cdot]$ は同じ意味になる。

　MMD^2 の不偏推定量は (5.4) 以外にも定義できる。以下では，$z_i = (x_i, y_i)$ として，

$$h(z_i, z_j) := k(x_i, x_j) + k(y_i, y_j) - k(x_i, y_j) - k(x_j, y_i) \tag{5.6}$$

とおいたときの不偏推定量

$$\widehat{\mathrm{MMD}}_U^2 = \frac{1}{n(n-1)} \sum_{i \ne j} h(z_i, z_j)$$

について考察する。

　$1 \le c \le m$ として，U 統計量 (5.5) を $Z_{c+1},\ldots,Z_m$ で平均をとった

$$h_c(z_1,\ldots,z_c) := \mathbb{E}_{Z_{c+1}\cdots Z_m} h(z_1,\ldots,z_c,Z_{c+1},\ldots,Z_m)$$

を定義する。また，$\theta = \mathbb{E}h(Z_1,\ldots,Z_m)$ として，

$$\tilde{h}_c(z_1,\ldots,z_c) := h_c(z_1,\ldots,z_c) - \theta$$

とおく。

◆ **例 72**　(5.6) に関して，$m = 2$ なので，$h_2(z_1, z_2) = h(z_1, z_2)$ となる。また，帰無仮説のもとでは，X, Y は同一の分布にしたがうので，

$$h_1(z_1) = \mathbb{E}_{Z_2}[h(z_1, Z_2)] = \mathbb{E}[k(x_i, X_j)] + \mathbb{E}[k(y_i, Y_j)] - \mathbb{E}[k(x_i, Y_j)] - \mathbb{E}[k(x_j, Y_i)] = 0$$

が成立する。さらに，帰無仮説のもとでは，$\theta = \mathbb{E}h(Z_1,\ldots,Z_m) = 0$ であるので，$\tilde{h}_2(z_1, z_2) = h(z_1, z_2)$ が成立する。

以下では，サンプル数を $N (= m = n)$ とおく。

命題51（Serfling, 1980） U 統計量が，$\mathbb{E}h^2 < \infty$ であって $h_1(z_1)$ がゼロ関数である（退化している）とする。$\tilde{h}_2(z_1, z_2)$ をカーネル[1]とした自己共役な積分作用素

$$L^2 \ni f(\cdot) \to \int \hat{h}_2(\cdot, y) f(y) d\eta(y)$$

の固有値を $\lambda_1, \lambda_2, \ldots$ とすると，$m \to \infty$ でその U 統計量の N 倍は，以下の確率変数に法則収束する。

$$\sum_{j=1}^{\infty} \lambda_j (\chi_j^2 - 1)$$

ただし，$\chi_1^2, \chi_2^2, \ldots$ は独立で自由度 1 の χ^2 分布にしたがう確率変数である。

証明は，Serfling [23] Section 5.5.2 (pp.193–199) を参照されたい。

まず，$\tilde{h}_2(z_1, z_2) = h(z_1, z_2)$ は (5.6) で与えられ，対称ではあるが，非負定値ではない。したがって，Mercer の定理が適用できない。しかし，積分作用素は一般にコンパクト（命題39）であり，積分作用素のカーネルが対称であれば，その積分作用素は自己共役（例45）である。したがって，命題27より，固有値，固有関数が存在する。ただ，非負定値でないため，固有値全体が非負にはならない。

以下では，測度を $\eta = P = Q$ としたときの，カーネルが h_2 の積分作用素

$$T_{\tilde{h}} : L^2[E, \mu] \ni f \mapsto \int_E \tilde{h}_2(\cdot, y) f(y) d\eta(y) \in L^2[E, \eta]$$

の固有値，固有関数を $\{\lambda_i\}_{i=1}^{\infty}, \{\phi_i(\cdot)\}_{i=1}^{\infty}$ と書くものとする。

$$\int_E h_2(x, y) \phi_i(y) d\eta(y) = \lambda_i \phi_i(x)$$

$$\int_E \phi_i(x) \phi_j(x) d\eta(x) = \delta_{i,j} \tag{5.7}$$

とできる。ここで，命題51を用いると，サンプル数を N として，$N\widehat{\mathrm{MMD}}_U^2$ は，$N \to \infty$ で以下の確率変数に法則収束する。

$$\sum_{j=1}^{\infty} \lambda_j (\chi_j^2 - 1)$$

◆ **例 73** 標準正規分布にしたがうサンプル数 100 の 2 組で，3.3 節の方法で固有値を求めて，U 統計量を用いて帰無仮説にしたがう分布を構成して検定を行った（図5.2左）。また，1 組のサンプルの標準偏差を 2 倍にして，同様の検定を行った（図5.2右）。

---

[1] 積分作用素 $L^2(E, \eta) \ni f \mapsto Kf(\cdot) = \int_E K(\cdot, x) f(x) d\eta(x)$ における $K : E \times E \to \mathbb{R}$ は，（正定値でなくても）積分作用素のカーネルという。

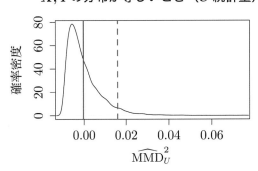
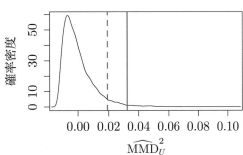

図 **5.2** 2 標本問題の U 統計量を用いた検定。X, Y の分布が同じ場合（左）と異なる場合（右）。青線が統計量，赤点線が棄却域との境界。帰無仮説にしたがう分布が，図 5.1 とほぼ同じ形状になっていることがわかる。

```
1  sigma = 1; k = function(x, y) exp(-(x-y) ^ 2 / sigma ^ 2)
2  ## データの生成
3  n = 100
4  x = rnorm(n)
5  y = rnorm(n)         # 分布が等しいとき
6  # y = rnorm(n) * 2  # 分布が等しくないとき
7  ## 帰無分布の計算
8  K = matrix(0, n, n)
9  for (i in 1:n) for (j in 1:n)
10   K[i, j] = k(x[i], x[j]) + k(y[i], y[j]) - k(x[i], y[j]) - k(x[j], y[i])
11 lambda = eigen(K)$values / n
12 r = 20
13 z = NULL
14 for (h in 1:10000) z = c(z, 1 / n * (sum(lambda[1:r] * (rchisq(1:r, df = 1) - 1))))
15 v = quantile(z, 0.95)
16 ## 統計量の計算
17 S = 0
18 for (i in 1:(n-1)) for (j in (i+1):n)
19   S = S + k(x[i], x[j]) + k(y[i], y[j]) - k(x[i], y[j]) - k(x[j], y[i])
20 u = S / n / (n-1)
21 ## グラフの図示
22 plot(density(z), xlim = c(min(z, v, u), max(z, v, u)))
23 abline(v = v, col = "red", lty = 2, lwd = 2)
24 abline(v = u, col = "blue", lty = 1, lwd = 2)
```

5.3 HSIC と独立性検定

確率空間 $(E, \mathcal{F}, P)$ において $P(A)P(B) = P(A \cap B)$ であるとき，事象 $A, B \in \mathcal{F}$ は独立であるという。

$N \geq 1$ として，$x_1, \ldots, x_N \in \mathbb{R}$ と $y_1, \ldots, y_N \in \mathbb{R}$ がそれぞれ，ある確率分布から発生したとし，両者が独立であるか否かの検定を行いたい。

たとえば，$\bar{x} := (1/N) \sum_{i=1}^N x_i$, $\bar{y} := (1/N) \sum_{i=1}^N y_i$ として，相関係数の推定値

$$\hat{\rho} = \frac{(1/N) \sum_{i=1}^N (x_i - \bar{x}) \sum_{i=1}^N (y_i - \bar{y})}{\{(1/N) \sum_{i=1}^N (x_i - \bar{x})^2\}^{1/2} \{(1/N) \sum_{i=1}^N (y_i - \bar{y})^2\}^{1/2}}$$

が 0 に近ければ，独立であるとみなすという方法がある。

◆ **例 74（正規分布）** 簡単のため，X, Y は平均が 0, 分散が 1 の正規分布（標準正規分布）にしたがうものとする。X, Y が独立（$X \perp\!\!\!\perp Y$ と書くものとする）であるとき，その共分散

$$\mathbb{E}[XY] = \int_E \int_E xy f_{XY}(x, y) dx dy = \int_E \int_E xy f_X(x) f_Y(y) dx dy = \int_E x f_X(x) dx \int_E y f_Y(y) dy$$

が 0 となり，$\rho_{XY} = \mathbb{E}[XY] = 0$ が成立する。そして，$f_{XY}(x, y)$ が

$$\frac{1}{2\sqrt{1 - \rho_{XY}^2}} \exp\left\{ -\frac{1}{2(1 - \rho_{XY}^2)} (x^2 - 2\rho_{XY} xy + y^2) \right\}$$

と書けるので，相関係数 $\rho_{XY} = 0$ が $f_{XY}(x, y) = f_X(x) f_Y(y)$ を意味する。したがって，$\rho_{XY} = 0 \iff X \perp\!\!\!\perp Y$ が成立する。

しかし，以下のように，一般に $\rho_{XY} = 0$ は必ずしも $X \perp\!\!\!\perp Y$ を意味しない。

◆ **例 75** $X = \cos\theta$, $Y = \sin\theta$ とおくと，確率変数 $0 \leq \theta < 2\pi$ が一様に生起することによって，(X, Y) が単位円上で一様に生起する。X が決まれば $Y = \pm\sqrt{1 - X^2}$ というように，X, Y の一方が決まれば他方は 2 通りでしかない。したがって，両者は独立ではない。しかし，X, Y の平均が $\mu_X = \mu_Y = 0$ であるので，共分散が

$$\mathbb{E}_{XY}[(X - \mu_X)(Y - \mu_Y)] = \mathbb{E}_{XY}[XY] = \mathbb{E}_{XY}[\cos\theta \sin\theta] = \frac{1}{2}\mathbb{E}_{XY}[\sin 2\theta] = 0$$

と計算でき，相関係数 ρ_{XY} が 0 となる。

そこで，Gretton ら [11] は，あるカーネル k_X, k_Y を用意し，$E \ni X \to k_X(X, \cdot) \in H_X$, $E \ni Y \to k_Y(Y, \cdot) \in H_Y$ というように対応づけて，$k_X(X, \cdot), k_Y(Y, \cdot)$ に関する共分散に基づいて独立性の検定を行えば，そのような不都合は生じないと考えた。すなわち，$\mathbb{E}[XY] = \mathbb{E}[X]\mathbb{E}[Y]$ ではなく，$\mathbb{E}[k_X(X, \cdot)k_Y(Y, \cdot)] = \mathbb{E}[k_X(X, \cdot)]\mathbb{E}[k_Y(Y, \cdot)]$ に関する統計的検定を考案した。ここで，共分散 $m_X m_Y - m_{XY} \in H_1 \otimes H_2$ のノルム

$$HSIC(X, Y) := \|m_X m_Y - m_{XY}\|_{H_X \otimes H_Y}^2 \in \mathbb{R}$$

を Hilbert Schdmit Information Criterion (HSIC) という。HSIC はノルムであるから，$m_X m_Y - m_{XY} \in H_{X \otimes Y}$ が 0 のときだけ 0 の値をとる。HSIC は，$m_P = m_X m_Y$，$m_Q = m_{XY}$ とおいた場合の MMD^2 の特別な場合になっている。

命題 52（Gretton ら [11]） H_X, H_Y の再生核 $k_X, k_Y : E \to \mathbb{R}$ がともに特性カーネルであるとき，E に値をとる確率変数 X, Y が独立であることと $HSIC(X, Y) = 0$ が同値である。すなわち，

$$HSIC(X, Y) = 0 \iff X \perp\!\!\!\perp Y$$

証明 k_X, k_Y がともに特性的であれば，命題55（後述）より，$k_X k_Y$ も特性的である。したがって，$m_X(\cdot) := \int_E k_X(x, \cdot) dP_X(x) \in H_X$，$m_Y(\cdot) := \int_E k_Y(y, \cdot) dP_Y(y) \in H_Y$，$m_{XY}(\cdot, \star) := \int_E k_X(x, \cdot) k_Y(y, \star) dP_{XY}(x, y) \in H_{X \otimes Y}$ とおくとき，$\mathcal{P}_{X \otimes Y} \ni P_{XY} \mapsto m_{XY} \in H_{X \otimes Y}$ が単射になる。したがって，

$$X \perp\!\!\!\perp Y \iff P_{XY} = P_X P_Y \iff m_{XY} = m_X m_Y \iff HSIC(X, Y) = 0$$

が成立する。ただし，2番目の $\iff$ は，(5.2) によった。 □

命題50と命題52より，以下が成立する。

系 2 H_X, H_Y の再生核 $k_X, k_Y : E \to \mathbb{R}$ がともに特性カーネルであるとき，

$$\Sigma_{XY} = \Sigma_{YX} = 0 \iff X \perp\!\!\!\perp Y$$

ここで，$\|\cdot\|_{X \otimes Y}$，$\langle \cdot, \cdot \rangle_{X \otimes Y}$ を $\|\cdot\|$，$\langle \cdot, \cdot \rangle$ と略記すると，

$$\begin{aligned}
\|m_{XY}\|^2 &= \langle \mathbb{E}_{XY}[k_X(X, \cdot) k_Y(Y, \cdot)], \mathbb{E}_{X'Y'}[k_X(X', \cdot) k_Y(Y', \cdot)] \rangle \\
&= \mathbb{E}_{XY} \mathbb{E}_{X'Y'}[\langle k_X(X, \cdot) k_Y(Y, \cdot), k_X(X', \cdot) k_Y(Y', \cdot) \rangle] \\
&= \mathbb{E}_{XYX'Y'}[k_X(X, X') k_Y(Y, Y')]
\end{aligned}$$

$$\begin{aligned}
\langle m_{XY}, m_X m_Y \rangle &= \langle \mathbb{E}_{XY}[k_X(X, \cdot) k_Y(Y, \cdot)], \mathbb{E}_{X'}[k_X(X', \cdot)] \mathbb{E}_{Y'}[k_Y(Y', \cdot)] \rangle \\
&= \mathbb{E}_{XY}\{\mathbb{E}_{X'}[\langle k_X(X, \cdot) k_Y(Y, \cdot), k_X(X', \cdot) \mathbb{E}_{Y'}[k_Y(Y', \cdot)] \rangle]\} \\
&= \mathbb{E}_{XY}\{\mathbb{E}_{X'}[k_X(X, X')] \mathbb{E}_{Y'}[\langle k_Y(Y, \cdot), k_Y(Y', \cdot) \rangle]\} \\
&= \mathbb{E}_{XY}\{\mathbb{E}_{X'}[k_X(X, X')] \mathbb{E}_{Y'}[k_Y(Y, Y')]\}
\end{aligned}$$

$$\begin{aligned}
\|m_X m_Y\|^2 &= \langle \mathbb{E}_X[k_X(X, \cdot)] Y[k_Y(Y, \cdot)], \mathbb{E}_{X'}[k_{X'}(X', \cdot)] \mathbb{E}_{Y'}[k_{Y'}(Y(, \cdot)] \rangle \\
&= \mathbb{E}_X \mathbb{E}_{X'}[k_X(X, X')] \mathbb{E}_Y \mathbb{E}_{Y'}[k_Y(Y, Y')]
\end{aligned}$$

とできる。ただし，X, X' の対，Y, Y' の対はそれぞれ独立で，同じ分布にしたがうものとする。したがって，$HSIC(X, Y)$ は，

$$\begin{aligned}
HSIC(X, Y) &:= \|m_{XY} - m_X m_Y\|^2 \\
&= \mathbb{E}_{XX'YY'}[k_X(X, X') k_Y(Y, Y')] - 2\mathbb{E}_{XY}\{\mathbb{E}_{X'}[k(X, X')] \mathbb{E}_Y[k(Y, Y')]\}
\end{aligned}$$

$$+ \mathbb{E}_{XX'}[k_X(X, X')] \mathbb{E}_{YY'}[k_Y(Y, Y')] \tag{5.8}$$

と書ける。

HSIC を適用する際は，平均を相対頻度で置き換えて，下記のような推定量を構成する場合が多い。

$$\widehat{HSIC} := \frac{1}{N^2} \sum_i \sum_j k_X(x_i, x_j) k_Y(y_i, y_j) - \frac{2}{N^3} \sum_i \sum_j k_X(x_i, x_j) \sum_h k_Y(y_i, y_h)$$

$$+ \frac{1}{N^4} \sum_i \sum_j k_X(x_i, x_j) \sum_h \sum_r k_Y(y_h, y_r) \tag{5.9}$$

R 言語で書くと，以下のようになる。

```r
HSIC.1 = function(x, y, k.x, k.y) {
  n = length(x)
  S = 0; for (i in 1:n) for (j in 1:n) S = S + k.x(x[i], x[j]) * k.y(y[i], y[j])
  T = 0
  for (i in 1:n) {
    T.1 = 0; for (j in 1:n) T.1 = T.1 + k.x(x[i], x[j])
    T.2 = 0; for (l in 1:n) T.2 = T.2 + k.y(y[i], y[l])
    T = T + T.1 * T.2
  }
  U = 0; for (i in 1:n) for (j in 1:n) U = U + k.x(x[i], x[j])
  V = 0; for (i in 1:n) for (j in 1:n) V = V + k.y(y[i], y[j])
  return(S/n^2 - 2*T/n^3 + U*V/n^4)
}
```

この統計量は，$K_X = (k_X(x_i, x_j))_{i,j}$, $K_Y = (k_Y(y_i, y_j))_{i,j}$, $H = I - E/N$ ($I \in \mathbb{R}^{N \times N}$ は単位行列，$E \in \mathbb{R}^{N \times N}$ は成分がすべて 1 の行列) として，$\widehat{HSIC} = \mathrm{trace}(K_X H K_Y H)/N^2$ と書く場合がある。実際，以下が成立する。

$$\mathrm{trace}(K_X H K_Y H) = \sum_i (K_X H K_Y H)_{i,i} = \sum_i \sum_j (K_X H)_{i,j} (K_Y H)_{j,i}$$

$$= \sum_i \sum_j \left\{ \sum_h k_X(x_i, x_h)(\delta_{h,j} - \frac{1}{N}) \right\} \left\{ \sum_h k_Y(y_j, y_h)(\delta_{h,i} - \frac{1}{N}) \right\}$$

$$= \sum_i \sum_j \left\{ k_X(x_i, x_j) k_Y(y_i, y_j) - \frac{1}{N} k_X(x_i, x_j) \sum_h k_Y(y_i, y_h) \right.$$

$$\left. - \frac{1}{N} k_Y(y_i, y_j) \sum_h k_X(x_i, x_h) + \frac{1}{N^2} \sum_h k_X(x_i, x_h) \sum_r k_Y(y_j, y_r) \right\}$$

$$= \sum_i \sum_j k_X(x_i, x_j) k_Y(y_i, y_j) - \frac{2}{N} \sum_i \sum_j k_X(x_i, x_j) \sum_h k_Y(y_i, y_h)$$

$$+ \frac{1}{N^2} \sum_i \sum_h k_X(x_i, x_h) \sum_j \sum_r k_Y(y_j, y_r)$$

```
1  HSIC.1 = function(x, y, k.x, k.y) {
2    n = length(x)
3    K.x = matrix(0, n, n)
4    for (i in 1:n) for (j in 1:n) K.x[i, j] = k.x(x[i], x[j])
5    K.y = matrix(0, n, n)
6    for (i in 1:n) for (j in 1:n) K.y[i, j] = k.y(y[i], y[j])
7    E = matrix(1, n, n)
8    H = diag(n) - E/n
9    return(sum(diag(K.x %*% H %*% K.y %*% H)) / n ^ 2)
10 }
```

◆ 例 76 $\sigma^2 = 1$ として,

$$k_X(x, y) = k_Y(x, y) = \exp\left(-\frac{1}{2\sigma^2}\|x - y\|^2\right) \quad (\text{Gauss カーネル})$$

とおいて, 処理を実行してみた。

```
1  k.x = function(x, y) exp(-norm(x-y, "2")^2 / 2); k.y = k.x
2  n = 100
3  for (a in c(0, 0.1, 0.2, 0.4, 0.6, 0.8)) {  # a は相関係数
4    x = rnorm(n); z = rnorm(n); y = a*x + sqrt(1-a^2)*z
5    print(HSIC.1(x, y, k.x, k.y))
6  }
```

HSIC は, $X \perp\!\!\!\perp Y$ を検定する場合, $m_X = \mathbb{E}_X[k_X(X, \cdot)]$, $m_Y = \mathbb{E}_Y[k_Y(Y, \cdot)]$, $m_{XY} = \mathbb{E}_{XY}[k_X(X, \cdot)k_Y(Y, \cdot)]$ として, $\|m_{XY} - m_X m_Y\|^2$ で定義された。X と $\{Y, Z\}$ の独立性 $X \perp\!\!\!\perp \{Y, Z\}$ を見る場合, $\|m_{XYZ} - m_X m_{YZ}\|^2$ のように拡張される。すなわち, MMD で, X, Y, Z の同時確率と, X と (Y, Z) の確率の積が等しいかをみる検定になる。したがって, $k_Y(y, \cdot)$ を $k_Y(y, \cdot)k_Z(z, \cdot)$ にすればよい。関数 HSIC.1 に引数を加えて, 関数 HSIC.2 を構成し, 以下の処理を実行する。

```
1  HSIC.2 = function(x, y, z, k.x, k.y, k.z) {
2    n = length(x)
3    S = 0
4    for (i in 1:n) for (j in 1:n)
5      S = S + k.x(x[i], x[j]) * k.y(y[i], y[j]) * k.z(z[i], z[j])
6    T = 0
7    for (i in 1:n) {
8      T.1 = 0; for (j in 1:n) T.1 = T.1 + k.x(x[i], x[j])
9      T.2 = 0; for (l in 1:n) T.2 = T.2 + k.y(y[i], y[l]) * k.z(z[i], z[l])
10     T = T + T.1 * T.2
11   }
12   U = 0; for (i in 1:n) for (j in 1:n) U = U + k.x(x[i], x[j])
13   V = 0; for (i in 1:n) for (j in 1:n) V = V + k.y(y[i], y[j]) * k.z(z[i], z[j])
14   return(S/n^2 - 2*T/n^3 + U*V/n^4)
15 }
```

$\widehat{HSIC}$ の値は小さいほど独立である可能性が高いが，確率変数 X, Y, U, V があって，$\widehat{HSIC}(X,Y) <$ $\widehat{HSIC}(U,V)$ であるからといって，X, Y の方が U, V より独立に近いとはいえない。しかし，実際は，独立性の確からしさをはかる基準として，よく用いられている。

◆ 例 77（LiNGAM（狩野・清水, 2004）[15, 24]）　確率変数 X, Y, Z のそれぞれの独立な N 個の実現値 x, y, z から，その原因と結果の因果関係を調べたい[2]。たとえば，X, Y の生成が $X = e_1$, $Y = aX + e_2$ なる定数 $a \in \mathbb{R}$ と平均 0 で独立な確率変数 e_1, e_2 が存在するモデル（モデル 1），もしくは $Y = e_1'$, $X = a'X + e_2'$ なる定数 $a' \in \mathbb{R}$ と平均 0 で独立な確率変数 e_1', e_2' が存在するモデル（モデル 2）のいずれか一方によると仮定する。この場合，$e_1 \perp\!\!\!\perp e_2$ と $e_1' \perp\!\!\!\perp e_2'$ のうちで可能性の高い方を選択する。その際に，関数 HSIC.1 が適用できる。ただし，e_2, e_2' は残差 $y - ax, x - a'y$ によって求める。具体的には，関数

```
1  cc = function(x, y) sum(x*y) / length(x)        # cc(x, y) / cc(x, x) で偏相関係数
2  f = function(u, v) u - cc(u, v) / cc(v, v) * v  # 残差
```

を用いて，f(y, x) によって a の値が，f(x, y) によって a' の値が推定できる。3 変数 X, Y, Z がある場合は，最初に上流にある変数を推定する。x とその残差 (f(y, x), f(z, x)) の独立性，y とその残差 (f(z, y), f(x, y)) の独立性，z とその残差 (f(x, z), f(y, z)) の独立性の 3 者を比較して，最も独立性の顕著なものを上流とする。その際に HSIC.2 を用いる。

そして，上流に選ばれなかった 2 変数の間で，中流の変数を決める。中流に選ばれなかった変数が下流である。たとえば，X が上流として選ばれた場合，f(y.x, z.xy), f(z.x, y.zx) の独立性を比較する。プログラムの記法を用いると，y.x = f(y, x), z.xy = f(z.x, y.x) となる。

```
1   ## データ生成
2   n = 30
3   x = rnorm(n)^2 - rnorm(n)^2; y = 2*x + rnorm(n)^2 - rnorm(n)^2
4   z = x + y + rnorm(n)^2 - rnorm(n)^2
5   x = x - mean(x); y = y - mean(y); z = z - mean(z)
6   k.z = k.x
7   ## 上流を推定
8   cc = function(x, y) sum(x*y) / length(x)
9   f = function(u, v) u - cc(u, v) / cc(v, v) * v
10  x.y = f(x, y); y.z = f(y, z); z.x = f(z, x); x.z = f(x, z); z.y = f(z, y); y.x = f(y, x)
11  v1 = HSIC.2(x, y.x, z.x, k.x, k.y, k.z); v2 = HSIC.2(y, z.y, x.y, k.y, k.z, k.x)
12  v3 = HSIC.2(z, x.z, y.z, k.z, k.x, k.y)
13  if (v1 < v2) {if (v1 < v3) top = 1 else top = 3} else {if (v2 < v3) top = 2 else top = 3}
14
15  ## 下流を推定
16  x.yz = f(x.y, z.y); y.zx = f(y.z, x.z); z.xy = f(z.x, y.x)
17  if (top == 1) {
18    v1 = HSIC.1(y.x, z.xy, k.y, k.z); v2 = HSIC.1(z.x, y.zx, k.z, k.y)
```

---

[2] 詳細は，機械学習の数理 100 問シリーズ『グラフィカルモデルと因果推論 100 問 with R』（近刊）を参照。

```
19   if (v1 < v2) {middle = 2; bottom = 3} else {middle = 3; bottom = 2}
20   }
21   if (top == 2) {
22     v1 = HSIC.1(z.y, x.yz, k.z, k.x); v2 = HSIC.1(x.y, z.xy, k.x, k.z)
23     if (v1 < v2) {middle = 3; bottom = 1} else {middle = 1; bottom = 3}
24   }
25   if (top == 3) {
26     v1 = HSIC.1(z.y, x.yz, k.z, k.x); v2 = HSIC.1(x.y, z.xy, k.x, k.z)
27     if (v1 < v2) {middle = 1; bottom = 2} else {middle = 2; bottom = 1}
28   }
29   ## 結果を出力
30   print(paste("上流 = ", top))
31   print(paste("中流 = ", middle))
32   print(paste("下流 = ", bottom))
```

以下では，2標本問題の場合と同様に，

(1) $x_1, \ldots, x_N$ または $y_1, \ldots, y_N$ の一方をシフトするなどして，2系列を独立にしたうえで，$\widehat{HSIC}$ を計算することを繰り返し，ヒストグラムを作成する（並べ替え検定）。

(2) 漸近的な分布が既知である統計量から，（漸近的な）分布を計算する。

の2個の方法で，独立である場合の帰無仮説にしたがう分布を構成する。

並べ替え検定は，以下の例にあるような手順で行う。

◆ 例 **78**   下記の処理は，独立でない2系列の一方の順序をランダムに並べ替えて，独立な系列にして，HSIC の値の帰無分布を推定し，さらに独立であるか否かの検定を行うものである（図5.3）。

```
1    ## x を並べ替えて, HSIC の分布をヒストグラムで
2    ## データ生成
3    x = rnorm(n); y = rnorm(n); u = HSIC.1(x, y, k.x, k.y)
4    ## x を並べ替えて, 帰無分布を構成
5    m = 100; w = NULL
6    for (i in 1:m) {x = x[sample(n, n)]; w = c(w, HSIC.1(x, y, k.x, k.y))}
7    ## 棄却域を設定
8    v = quantile(w, 0.95)
9    ## グラフで表示
10   plot(density(w), xlim = c(min(w, v, u), max(w, v, u)))
11   abline(v = v, col = "red", lty = 2, lwd = 2)
12   abline(v = u, col = "blue", lty = 1, lwd = 2)
```

今度は，HSIC の不偏推定値 $\widehat{HSIC}_U$ を用いて，帰無仮説にしたがう理論的な漸近分布を求めてみよう。まず，$z_i = (x_i, y_i)$ として，

$$\widehat{HSIC} = \frac{1}{N^4} \sum_{i=1}^{N} \sum_{j=1}^{N} \sum_{q=1}^{N} \sum_{r=1}^{N} h(z_i, z_j, z_q, z_r)$$

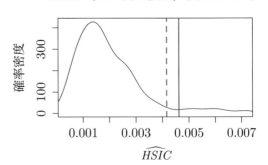

図 5.3　HSIC の不偏推定量 $\widehat{HSIC}_U$ を用いた場合の帰無仮説にしたがう分布。青線が統計量，赤点線が棄却域との境界。

$$h(z_i, z_j, z_q, z_r) = \frac{1}{4!} \sum_{(t,u,v,w)}^{i,j,h,r} \{ k_X(x_t, x_u) k_Y(y_t, y_u) + k_X(x_t, x_u) k_Y(y_v, y_w) - 2 k_X(x_t, x_u) k_Y(y_t, y_v) \}$$

ただし，第 2 式の $\sum_{(t,u,v,w)}^{i,j,h,r}$ は，(t, u, v, w) に重複なく (i, j, h, r) を入れた場合，すなわち (i, j, h, r) の順列の和をあらわすものとする。これを不偏推定量に変形すると，

$$\widehat{HSIC}_U = \frac{1}{\binom{N}{4}} \sum_{i<j<q<r} h(z_i, z_j, z_q, z_r)$$

となる。ただし，$\sum_{i,j,q,r}$ は $1 \le i, j, q, r \le N$ が重複なく動く場合の和である。

たとえば，下記のようなプログラムを構成することができる。メモリを消費するので，サンプル数 100 以内にすることが望ましい。また，$\widehat{HSIC}$ とは推定量が異なるので，同じデータに対しても異なる値を示す。$\widehat{HSIC}_U$ の方が $\widehat{HSIC}$ より小さな値になる。

```
1  h = function(i, j, q, r, x, y, k.x, k.y) {
2    M = combn(c(i, j, q, r), m = 4)
3    m = ncol(M)
4    S = 0
5    for (j in 1:m) {
6      t = M[1, j]; u = M[2, j]; v = M[3, j]; w = M[4, j]
7      S = S + k.x(x[t], x[u]) * k.y(y[t], y[u]) + k.x(x[t], x[u]) * k.y(y[v], y[w]) -
8        2 * k.x(x[t], x[u]) * k.y(y[t], y[v])
9    }
10   return(S / m)
11 }
12 HSIC.U = function(x, y, k.x, k.y) {
13   M = combn(1:n, m = 4)
14   m = ncol(M)
15   S = 0
16   for (j in 1:m) S = S + h(M[1, j], M[2, j], M[3, j], M[4, j], x, y, k.x, k.y)
17   return(S / choose(n, 4))
```

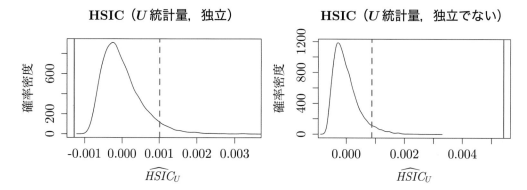

図 5.4 HSIC の不偏推定量 $\widehat{HSIC_U}$ を用いた場合の帰無仮説にしたがう分布。青線が統計量，赤点線が棄却域との境界。並べ替え検定で用いた推定量 $\widehat{HSIC}$ とは，帰無仮説の分布が異なる。特に，X, Y が独立の場合，HSIC の真の値が 0 なので，不偏推定量が負の値をとりうる。

```
18  }
```

また，$h_1(\cdot)$ はゼロ関数になる。$h_2(\cdot, \cdot)$ は以下の公式を用いる

命題 53（Chwialkowski-Gretton [5]）

$$\tilde{k}_X(x, x') = k_X(x, x') - \mathbb{E}_{X'} k_X(x, X') - \mathbb{E}_X k_X(X, x') + \mathbb{E}_{XX'} k_X(X, X')$$
$$\tilde{k}_Y(y, y') = k_Y(y, y') - \mathbb{E}_{Y'} k_Y(y, Y') - \mathbb{E}_Y k_Y(Y, y') + \mathbb{E}_{YY'} k_Y(Y, Y')$$

として，$z = (x, y)$, $z' = (x', y')$ に対する $h_2(\cdot, \cdot)$ は以下で与えられる。

$$h_2(z, z') = \frac{1}{6} \tilde{k}_X(x, x') \tilde{k}_Y(y, y')$$

証明は単純な式変形であるため，原論文を参照されたい。

積分作用素のカーネル h_2 は非負定値ではないため，Mercer の定理は適用できない。しかし，カーネルが対称であり，その積分作用素が自己共役であるため，固有値 $\{\lambda_i\}$，固有関数 $\{\phi_i\}$ が存在する（命題 27）。したがって，2 標本問題の場合と同様に，命題 51 を用いると帰無分布が計算できる。また，h_2 の平均は 0，すなわち $\tilde{h}_2 = h_2$ となる。

◆ **例 79** 正定値カーネル h_2 の Gram 行列の固有値を計算して，それを N で割った値を固有値とする（3.3 節）。そして，帰無仮説にしたがう分布を求め，棄却域を計算する。以下のようなプログラムを構成して実行した。サンプル数 $N = 50$ の正規分布にしたがう乱数を入力した。図 5.4 左が相関係数 0，右が相関係数 0.2 の場合である。

```
1  sigma = 1; k = function(x, y) exp(-(x-y) ^ 2 / sigma ^ 2); k.x = k; k.y = k
2  ## データの生成
3  n = 100; x = rnorm(n)
4  a = 0       # 独立のとき
5  # a = 0.2   # 相関係数0.2
```

```
6    y = a*x + sqrt(1 - a**2) * rnorm(n)
7    # y = rnorm(n) * 2  # 分布が等しくないとき
8    ## 帰無分布の計算
9    K.x = matrix(0, n, n); for (i in 1:n) for (j in 1:n) K.x[i, j] = k.x(x[i], x[j])
10   K.y = matrix(0, n, n); for (i in 1:n) for (j in 1:n) K.y[i, j] = k.y(y[i], y[j])
11   F = array(0, dim = n); for (i in 1:n) F[i] = sum(K.x[i, ]) / n
12   G = array(0, dim = n); for (i in 1:n) G[i] = sum(K.y[i, ]) / n
13   H = sum(F) / n
14   I = sum(G) / n
15   K = matrix(0, n, n)
16   for (i in 1:n) for (j in 1:n)
17     K[i, j] = (K.x[i, j] - F[i] - F[j] + H) * (K.y[i, j] - G[i] - G[j] + I) / 6
18   r = 20
19   lambda = eigen(K)$values / n
20   z = NULL; for (s in 1:10000) z = c(z, 1 / n * (sum(lambda[1:r] * (rchisq(1:r, df = 1)-1))))
21   v = quantile(z, 0.95)
22   ## 統計量の計算
23   u = HSIC.U(x, y, k.x, k.y)
24   ## グラフの図示
25   plot(density(z), xlim = c(min(z, v, u), max(z, v, u)))
26   abline(v = v, col = "red", lty = 2, lwd = 2)
27   abline(v = u, col = "blue", lty = 1, lwd = 2)
```

HSIC を $\|m_{XY} - m_X m_Y\|^2_{H_X \otimes H_Y}$ と書かずに，HS ノルムを用いて，$\|\Sigma_{XY}\|^2_{HS}$ や $\|\Sigma_{YX}\|^2_{HS}$ と書く場合がある。実際，$\{e_{X,i}\}$, $\{e_{Y,j}\}$ をそれぞれ H_X, H_Y の正規直交基底として，$\|\cdot\|_{HS}$ の定義（2.6 節）および（5.1）より，

$$\|\Sigma_{YX}\|^2_{HS} = \sum_{i=1}^{\infty} \|\Sigma_{YX} e_{X,i}\|^2_{H_Y} = \sum_{i=1}^{\infty} \sum_{j=1}^{\infty} \langle e_{Y,j}, \Sigma_{YX} e_{X,i} \rangle^2_{H_Y}$$

$$= \sum_{i=1}^{\infty} \sum_{j=1}^{\infty} \langle e_{X,i} \otimes e_{Y,j}, m_{XY} - m_X m_Y \rangle^2_{H_X \otimes H_Y} = \|m_{XY} - m_X m_Y\|^2_{H_X \otimes H_Y}$$

同様に，$\|\Sigma_{YX}\|^2_{HS}$ も同じ値になる。

5.4 特性カーネルと普遍カーネル

H を RKHS とし，k をその再生核とする。また，$\mathcal{P}$ を確率変数 X がしたがう分布の集合とするときに，

$$\mathcal{P} \ni \mu \mapsto \int k(x, \cdot) d\mu(x) \in H$$

という対応が定義できる。これを，確率の RKHS への埋め込み (embedding) という。埋め込みが単射であるとき，すなわち，任意の $f \in H$ について，確率 μ_1, μ_2 に関する平均 $\int f(x) d\mu_1(x), \int f(x) d\mu_2(x)$ が等しいことが $\mu_1 = \mu_2$ を意味するとき，H の再生核 k は特性的 (characteristic) であるとい

う。H の各要素は $k(x, \cdot) \ (x \in E)$ で生成されるか，それらの列の極限として書けるので，この条件は，$\mu := \mu_1 - \mu_2$ として

$$\int_E k(x, y)d\mu(x) = 0 \ (y \in E) \implies \mu = 0$$

と書ける。また，$\int_E k(x, y)d\mu(x) = 0 \ (y \in E)$ が成立するとき，

$$\int_E \int_E k(x, y)d\mu(x)d\mu(y) = 0 \tag{5.10}$$

が成立する。$k(x, y) = \phi(x - y) = \int_E e^{i(x-y)w}d\eta(w)$（命題 5）を用いると，(5.10) は，さらに

$$\int_E \left| \int_E e^{iwx}d\mu(x) \right|^2 d\eta(w) = 0$$

と書ける。すなわち，測度 η について，至るところ

$$\hat{\mu}(w) := \int_E e^{iwx}d\mu(x) = 0 \tag{5.11}$$

が成立する。

　以下では，η を有限測度とする。任意の $\epsilon > 0$ について，$\eta(U(x, \epsilon)) > 0$ となる $x \in E$ の集合を，η の台 (support) とよび，$E(\eta)$ と書くものとする。ここで，有限測度の台が常に閉集合であることに注意したい。実際，$x \in E \setminus E(\eta)$ について，開集合 $U(x, \epsilon)$ の半径 ϵ を十分小さくとれば，$E(\eta), U(x, \epsilon)$ は交わりをもたない。

　ここで，もし $E(\eta) = E$ であれば，(5.11) は $\mu = 0$ すなわち $\mu_1 = \mu_2$ を意味する。他方，$E(\eta) \subsetneq E$ であれば，(5.11) が成立するような $\mu \neq 0$ が存在する。

命題 54　$k(x, y) = \phi(x - y)$ が特性的であるための必要十分条件は，$k(x - y) = \int_E e^{i(x-y)w}d\eta(w)$ の有限測度 η の台が E に一致することである。

　必要性の証明は，章末の付録を参照されたい。

◆ **例 80**　例 19 の Gauss カーネルおよび例 20 の Laplace カーネルは，その確率がそれぞれ平均 0 の正規分布，Laplace 分布になっていて，その台は全区間になっている。したがって，特性的なカーネルである。他方，確率分布が下記で表される分布（三角分布）

$$f(x) = \begin{cases} \dfrac{1 - |x|/a}{a}, & |x| < a \\ 0, & \text{その他} \end{cases}$$

の特性関数

$$\phi(t) = \frac{2(1 - \cos(at))}{a^2 t^2}$$

から得られる $k(x, y) = \phi(x - y)$ は，その確率の台が E と一致しない閉区間をもてば，特性カーネルではない。

命題55　RKHS H_1, H_2 の再生核が2変量の差で表されるカーネルであらわされ，その再生核 k_1, k_2 がともに特性的であるとき，RKHS $H_1 \otimes H_2$ の再生核 $k_1 k_2$ も特性的である。

証明　$k_1(x_1, y_1) = \phi_1(x_1 - y_1)$, $k_2(x_2, y_2) = \phi_2(x_2 - y_2)$ がともに特性的であるとき，η_1, η_2 の台がともに E になるため，η_1, η_2 の台も E になる。そして，$k_1(x_1, y_1) k_2(x_2, y_2)$ は，

$$\phi_1(x_1 - y_1) \phi_2(x_2 - y_2) = \int_E \int_E e^{i(x_1 - y_1)^\top w_1} e^{i(x_2 - y_2)^\top w_2} d\eta_1(w_1) d\eta_2(w_2)$$
$$= \int_E \int_E e^{i(x_1 - y_1, x_2 - y_2)^\top (w_1, w_2)} d\eta_1(w_1) d\eta_2(w_2)$$

と書けるので，k_1, k_2 も特性的となる。　　　　　　□

次に，E をコンパクト集合として，カーネル $k : E \times E \to H$ によって誘導される RKHS H が，一様ノルムのもとで連続な関数 $E \to \mathbb{R}$ の集合 $C(E)$ の稠密な部分集合であるとき，カーネル k は普遍的 (universal) であるという。

カーネル k が普遍的であることを示すには，対応する RKHS が Stone-Weierstraß の2条件（命題12）が成立するかどうかを見ればよい。命題56は，カーネル k が普遍的であるための十分条件を与える（多元環の定義は第2章を参照されたい）。しかし，実用的には，命題56から演繹される系3がよく用いられる。

命題56 (Steinwart [25])　E をコンパクトとし，$k : E \times E \to \mathbb{R}$ を連続な関数とし，$k(x, x) > 0$ $(x \in E)$ とする。単射な特徴写像

$$\Psi : E \ni x \to \Psi(x) = (\Psi_1(x), \Psi_2(x), \ldots) \in l_2 := \left\{ (\alpha_1, \alpha_2, \ldots) \in \mathbb{R}^\infty \ \middle| \ \sum_{i=1}^\infty \alpha_j^2 < \infty \right\}$$

があって，$A := \mathrm{span}\{\Psi_1, \Psi_2, \ldots\}$ が多元環であれば，k は普遍カーネルである。

証明　$k(x, x) > 0$, $x \in E$ であるから，命題12の最初の条件は満たされる。$k(\cdot, \cdot)$ は連続であるので，$\Psi(x) = k(x, \cdot) \in l_2$ も各 $x \in E$ で連続になる。また，Ψ が単射なので，命題12の2番目の条件が満たされ，A は $C(E)$ で稠密となる。さらに，任意の $\sum_i \alpha_i \Psi_i(\cdot) \in A$ は，k を再生核とする RKHS H の要素でもある。実際，$\{e_i\}$ を H の正規直交基底とし，$f = \sum_i \alpha_i e_i \in H$ とおくと，$\langle f(\cdot), \Psi(x) \rangle_H = f(x)$ が成立するが，これはさらに，$\sum_i \alpha_i \Psi_i(x) = \langle \sum_i \alpha_i e_i, \sum_i \Psi_i(x) e_i \rangle_H = f(x)$ を意味する。　　　　　□

系3　無限次元多項式カーネル（例11）は E の各コンパクト集合における普遍カーネルとなる。

証明　特徴写像 Ψ は単射である。また，$A := \mathrm{span}\{\Psi_{m_1, \ldots, m_d} \mid m_1, \ldots, m_d \geq 0\}$ は d 変数多項式（多元環）であって，命題56より，カーネル k は普遍である。　　　　　□

◆ **例81（Gauss カーネル）**　指数型（例6）k_∞ は，系3より，普遍カーネルである。Gauss カーネル（例7）の特徴写像は，k_∞ の特徴写像 $\Psi(x)$ を $\gamma(x) := k(x, x)^{1/2} > 0$ で割ったものである。$f \in C(E)$ に対して，$\gamma f \in C(E)$ であるから，$\|\gamma f(\cdot) - \sum_i \alpha_i \Psi(\cdot)\|_\infty \leq \|\gamma\|_\infty \epsilon$ とすれば，

$$\|f(\cdot) - \sum_i \alpha_i \gamma^{-1} \Psi(\cdot)\|_\infty \le \|\gamma\|_\infty^{-1} \left\| \gamma f(\cdot) - \sum_i \alpha_i \Psi(\cdot) \right\|_\infty \le \epsilon$$

とできる。したがって，Gauss カーネルも普遍である。

命題 54 の必要十分条件は，カーネルが 2 変量の差の関数になっていることを前提としていた。下記は，十分条件にはなるが，一般のカーネルに関して言及している。

命題 57 コンパクト空間上の普遍カーネルは，特性カーネルである。

証明は章末の付録を参照されたい。

◆ **例 82** Gauss カーネルは，特性カーネルである。三角分布に基づく特性カーネル（例 80）が，原点からの距離が $a > 0$ の位置までが台であって，E がその台以外を含むコンパクト集合であるとき，そのカーネルは普遍ではない。

5.5 経験過程入門

本節では，経験過程とよばれる機械学習の解析アプローチを学ぶ。MMD の推定量の精度を，Rademacher 複雑度と集中不等式を用いて解析する。その事例を通して，経験過程の概念を習得したい。本節の導出は，A. Gretton ら [10] の 2 標本問題の精度に関する命題の証明を，初学者が理解しやすいように書き直したものである。

本節では，下記の命題を証明する。MMD は，一般には関数のクラスを $\mathcal{F}$ として，

$$\sup_{f \in \mathcal{F}} \{\mathbb{E}_P[f(X)] - \mathbb{E}_Q[f(X)]\}$$

と定義される。本章では，$\mathcal{F} := \{f \in H \mid \|f\|_H \le 1\}$ とした場合を扱っている。

命題 58 各 $x, y \in E$ について，$0 \le k(x, y) \le k_{max}$ となる k_{max} が存在すれば，任意の $\epsilon > 0$ について，

$$P\left(|\widehat{\mathrm{MMD}}_B^2 - \mathrm{MMD}^2| > \frac{4k_{max}}{N} + \epsilon\right) \le 2\exp\left(-\epsilon^2 \frac{N}{4k_{max}}\right)$$

となる。ただし，MMD^2 の推定量 $\widehat{\mathrm{MMD}}_B^2$ は (5.3) で与えられ，x, y についてのサンプル数が等しく N であるとし，$P \ne Q$ とした。

命題 58 の証明のために，命題 46 を若干一般化した不等式を用いる。

命題 59（McDiarmid） 各 $i = 1, \ldots, m$ に対して

$$\sup_{x, x_1, \ldots, x_m} |f(x_1, \ldots, x_m) - f(x_1, \ldots, x_{i-1}, x, x_{i+1}, \ldots, x_m)| \le c_i$$

なる $c_i < \infty$ が存在する $f: E^m \to \mathbb{R}$ について，$X_1, \ldots, X_m$ に関する任意の確率測度 P および $\epsilon > 0$ に対して，

$$P(f(x_1, \ldots, x_m) - \mathbb{E}_{X_1 \cdots X_m} f(X_1, \ldots, X_m) > \epsilon) < \exp\left(-\frac{2\epsilon^2}{\sum_{i=1}^m c_i^2}\right) \tag{5.12}$$

および

$$P\left(|f(x_1,\ldots,x_m) - \mathbb{E}_{X_1\cdots X_m}f(X_1,\ldots,X_m)| > \epsilon\right) < 2\exp\left(-\frac{2\epsilon^2}{\sum_{i=1}^m c_i^2}\right) \tag{5.13}$$

が成立する。

命題 59 の証明　以下では，$f(X_1,\ldots,X_N), \mathbb{E}[f(X_1,\ldots,X_N)]$ を $f, \mathbb{E}[f]$ と略記する。まず，$i=1,\ i=2,\ldots,N-1,\ i=N$ のそれぞれに対して，

$$V_1 := \mathbb{E}_{X_2\cdots X_N}[f|X_1] - \mathbb{E}_{X_1\cdots X_N}[f]$$
$$V_i := \mathbb{E}_{X_{i+1}\cdots X_N}[f|X_1,\ldots,X_i] - \mathbb{E}_{X_i\cdots X_N}[f|X_1,\ldots,X_{i-1}]$$
$$V_N := f(x_1,\ldots,x_N) - \mathbb{E}_{X_N\cdots X_N}[f|X_1,\ldots,X_{N-1}]$$

とおくと，

$$f - \mathbb{E}_{X_1\cdots X_N}[f] = \sum_{i=1}^N V_i \tag{5.14}$$

また，

$$\mathbb{E}_{X_i}\{\mathbb{E}_{X_{i+1}\cdots X_N}[f|X_1,\ldots,X_i] \mid X_1,\ldots,X_{i-1}\} = \mathbb{E}_{X_i\cdots X_N}[f|X_1,\ldots,X_{i-1}]$$

より，

$$\mathbb{E}_{X_i}[V_i|X_1,\ldots,X_{i-1}] = 0 \tag{5.15}$$

となる。ここで，(5.14) より，

$$f - \mathbb{E}[f] > \epsilon \iff \text{任意の } t > 0 \text{ について，} \exp\left\{t\sum_{i=1}^N V_i\right\} > e^{t\epsilon}$$

が成立し，後者に Markov の不等式（補題 6）を適用すると，

$$P(f - \mathbb{E}[f] \geq \epsilon) \leq \inf_{t>0} e^{-t\epsilon} \mathbb{E}\left[\exp\left\{t\sum_{i=1}^N V_i\right\}\right] \tag{5.16}$$

また，(5.15) より，補題 7 が適用できて，

$$\mathbb{E}\left[\exp\left\{t\sum_{i=1}^N V_i\right\}\right] = \mathbb{E}_{X_1\cdots X_{N-1}}\left[\exp\left\{t\sum_{i=1}^{N-1} V_i\right\}\mathbb{E}_{X_N}[\exp\{tV_N\}|X_1,\ldots,X_{N-1}]\right]$$

$$\leq \mathbb{E}_{X_1\cdots X_{N-1}}\left[\exp\left\{t\sum_{i=1}^{N-1} V_i\right\}\right]\exp\{t^2 c_N^2/8\}$$

$$= \exp\left\{\frac{t^2}{8}\sum_{i=1}^N c_i^2\right\}$$

したがって，(5.16) より，

$$P(f - \mathbb{E}[f] \geq \epsilon) \leq \inf_{t>0} \exp\left\{-t\epsilon + \frac{t^2}{8}\sum_{i=1}^N c_i^2\right\}$$

この右辺は $t = 4\epsilon/\sum_{i=1}^{N} c_i^2$ で最小値となり，(5.12) を得る。また，f を $-f$ にするともう一つの不等式が得られる。両者から (5.13) が得られる。　　　　　　　　　　　　　$\square$

以下では，コンパクトな E で定義された普遍な（定義は 5.4 節）RKHS H における単位球を $\mathcal{F}$ とする。ただし，H のカーネルは k_{max} 以下の値をとるものとする。

$$\mathcal{F} := \{f \in H \mid \|f\|_H \leq 1\}$$

$X_1, \dots, X_m$ が確率 P にしたがって独立に発生し，$\sigma_1, \dots, \sigma_m$ が独立に等確率で ± 1 を発生するものとする。このとき

$$R_N(\mathcal{F}) := \mathbb{E}_\sigma \sup_{f \in \mathcal{F}} \left| \frac{1}{m} \sum_{i=1}^{m} \sigma_i f(x_i) \right| \tag{5.17}$$

を経験的 Rademacher 複雑度 (empirical Rademacher complexity) という。ただし，$\mathbb{E}_\sigma$ は $\sigma_1, \dots, \sigma_m$ に関する平均である。さらに (5.17) を確率 P に関して平均をとった値 $R(\mathcal{F}, P)$ を Rademacher 複雑度 (Rademacher complexity) という。

命題 60 (Bartlett-Mendelson [4])　$k_{max} = \max_{x,y \in E} k(x,y)$ としたときに以下の不等式が成立する。

$$R_N(\mathcal{F}) \leq \sqrt{\frac{k_{max}}{N}}$$

特に，任意の確率 P について，

$$R(\mathcal{F}, P) \leq \sqrt{\frac{k_{max}}{N}}$$

証明　$\|f\|_H \leq 1$ および $k(x,x) \leq k_{max}$ より，

$$R_N(\mathcal{F}) = \mathbb{E}_\sigma \left[\sup_{f \in \mathcal{F}} \left| \frac{1}{N} \sum_{i=1}^{N} \sigma_i f(x_i) \right| \right] = \mathbb{E}_\sigma \left[\sup_{f \in \mathcal{F}} \left| \frac{1}{N} \sum_{i=1}^{N} \sigma_i \langle k(x_i, \cdot), f(\cdot) \rangle_H \right| \right]$$

$$= \mathbb{E}_\sigma \left[\sup_{f \in \mathcal{F}} \left| \left\langle f, \frac{1}{N} \sum_{i=1}^{N} \sigma_i k(x_i, \cdot) \right\rangle_H \right| \right]$$

$$\leq \mathbb{E}_\sigma \left[\sup_{f \in \mathcal{F}} \|f\|_H \sqrt{\left\langle \frac{1}{N} \sum_{i=1}^{N} \sigma_i k(x_i, \cdot), \frac{1}{N} \sum_{i=1}^{N} \sigma_i k(x_i, \cdot) \right\rangle_H} \right]$$

$$\leq \mathbb{E}_\sigma \left[\sqrt{\frac{1}{N^2} \sum_{i=1}^{N} \sum_{j=1}^{N} \sigma_i \sigma_j k(x_i, x_j)} \right] \leq \sqrt{\mathbb{E}_\sigma \left[\frac{1}{N^2} \sum_{i=1}^{N} \sum_{j=1}^{N} \sigma_i \sigma_j k(x_i, x_j) \right]}$$

$$= \sqrt{\frac{1}{N^2} \sum_{i=1}^{N} \sum_{j=1}^{N} \delta_{i,j} k(x_i, x_j)} \leq \sqrt{\frac{k_{max}}{N}}$$

が得られる。ただし，変形の途中で，

$$\mathbb{E}[\sigma_i \sigma_j] = \sigma_i^2 \delta_{i,j} = \delta_{i,j}$$

を用いている。もう一つの不等式は，両辺を確率 P で平均をとって得られる。　　　　　□

命題 59，命題 60 は，命題 58 の証明のみならず機械学習の数理的解析でよく用いられる不等式である。

命題 58 の証明　最初に

$$f(x_1,\ldots,x_N,y_1,\ldots,y_N) := \left\| \frac{1}{N}k(x_1,\cdot) + \cdots + \frac{1}{N}k(x_N,\cdot) - \frac{1}{N}k(y_1,\cdot) - \cdots - \frac{1}{N}k(y_N,\cdot) \right\|$$

とおくと，三角不等式から，

$$\begin{aligned}
&|f(x_1,\ldots,x_N,y_1,\ldots,y_N) - f(x_1,\ldots,x_{j-1},x,x_{j+1},\ldots,x_N,y_1,\ldots,y_N)| \\
&\leq \frac{1}{N}\|k(x_j,\cdot) - k(x,\cdot)\| \leq \frac{2}{N}\sqrt{k_{max}}
\end{aligned} \tag{5.18}$$

が得られる。次に，

$$\begin{aligned}
|\mathrm{MMD} - \widehat{\mathrm{MMD}}_B| &= \left| \sup_{f\in\mathcal{F}}\{\mathbb{E}_P(f) - \mathbb{E}_Q(f)\} - \sup_{f\in\mathcal{F}}\left\{ \frac{1}{N}\sum_{i=1}^N f(x_i) - \frac{1}{N}\sum_{j=1}^N f(y_j) \right\} \right| \\
&\leq \sup_{f\in\mathcal{F}}\left| \mathbb{E}_P(f) - \mathbb{E}_Q(f) - \left\{ \frac{1}{N}\sum_{i=1}^N f(x_i) - \frac{1}{N}\sum_{j=1}^N f(y_j) \right\} \right|
\end{aligned}$$

の平均の上界を求める。

$$\begin{aligned}
&\mathbb{E}_{X,Y} \sup_{f\in\mathcal{F}} \left| \mathbb{E}_P(f) - \mathbb{E}_Q(f) - \left\{ \frac{1}{N}\sum_{i=1}^N f(X_i) - \frac{1}{N}\sum_{i=1}^N f(Y_i) \right\} \right| \\
&= \mathbb{E}_{X,Y} \sup_{f\in\mathcal{F}} \left| \mathbb{E}_{X'}\left\{ \frac{1}{N}\sum_{i=1}^N f(X_i') - \frac{1}{N}\sum_{i=1}^N f(X_i) \right\} - \mathbb{E}_{Y'}\left\{ \frac{1}{N}\sum_{j=1}^N f(Y_j')) - \frac{1}{N}\sum_{j=1}^N f(Y_j) \right\} \right| \\
&\leq \mathbb{E}_{X,Y,X',Y'} \sup_{f\in\mathcal{F}} \left| \frac{1}{N}\sum_{i=1}^N f(X_i') - \frac{1}{N}\sum_{i=1}^N f(X_i) - \frac{1}{N}\sum_{i=1}^N f(Y_i') + \frac{1}{N}\sum_{i=1}^N f(Y_i) \right| \\
&= \mathbb{E}_{X,Y,X',Y',\sigma,\sigma'} \sup_{f\in\mathcal{F}} \left| \frac{1}{N}\sum_{i=1}^N \sigma_i\{f(X_i') - f(X_i)\} + \frac{1}{N}\sum_{i=1}^N \sigma_i'\{f(Y_i') - f(Y_i)\} \right| \\
&\leq \mathbb{E}_{X,X',\sigma} \sup_{f\in\mathcal{F}} \left| \frac{1}{N}\sum_{i=1}^N \sigma_i\{f(X_i') - f(X_i)\} \right| + \mathbb{E}_{Y,Y',\sigma'} \sup_{f\in\mathcal{F}} \left| \frac{1}{N}\sum_{j=1}^n \sigma_j'\{f(Y_j') - f(Y_j)\} \right| \\
&\leq 2[R(\mathcal{F},P) + R(\mathcal{F},Q)] \leq 2[(k_{max}/N)^{1/2} + (k_{max}/N)^{1/2}] = 4\sqrt{\frac{k_{max}}{N}}
\end{aligned} \tag{5.19}$$

最初の不等式は Jensen の不等式から，2 番目は三角不等式から，3 番目は Rademacher 複雑さの定義から，4 番目は Rademacher 複雑さの不等式 (命題 60) から，成立する。(5.18) より $c_i = \dfrac{2}{N}\sqrt{k_{\max}}$，$f = \mathrm{MMD}^2 - \widehat{\mathrm{MMD}}_B^2$ に対して (5.19) より $E_{X_1\cdots X_N}f(X_1\cdots X_N) \leq 4\sqrt{\dfrac{k_{\max}}{N}}$ とおくと命題 59 から命題 58 が得られる。　　　　　□

付録：命題の証明

命題 54 の証明の本質的な部分は福水 [33] によっているが，初学者が理解しやすいように簡潔な導出に書き直している。

命題 48 の証明

$E \ni x \mapsto k(x, \cdot) \in H$ が可測であるということは，$\mathbb{E}[k(X, \cdot)]$ を確率変数として扱うことができることを意味する。しかし，$E \times E$ の事象は，それぞれの E で生成された事象の直積（$\mathcal{F} \times \mathcal{F}$ の要素）となる。したがって，関数 $E \times E \ni (x, y) \mapsto k(x, y) \in \mathbb{R}$ が可測であれば，各 $x \in E$ において，関数 $E \ni y \mapsto k(x, y) \in \mathbb{R}$ も可測となる（$y \in E$ を固定しても，$(x, y) \mapsto k(x, y)$ は可測である）。以下では，H に属する任意の関数が可測になることを示す。まず，$H_0 = \mathrm{span}\{k(x, \cdot) \mid x \in E\}$ は H で稠密である。また，H_0 の列 $\{f_n\}$ について，$\|f - f_n\|_H \to 0 \ (n \to \infty)$ は各 $x \in E$ で $|f(x) - f_n(x)| \to 0$ を意味する（命題 35）。以下の補題が，f の可測性を意味する。

補題 8　$f_n : E \to \mathbb{R}$ が可測で，各 $x \in E$ で $f_n(x)$ が $f(x)$ に収束すれば，$f : E \to \mathbb{R}$ も可測である。

証明はこの命題の証明の後に述べる。

補題 8 が真であるとする。$\Psi : E \ni x \mapsto k(x, \cdot) \in H$ についての可測性は，任意の $f \in H, \delta > 0$ に対して，

$$\{x \in E \mid \|f - k(x, \cdot)\|_H < \delta\} \in \mathcal{F}$$

として定義される（$H = \mathbb{R}$ の場合の拡張になっている）。そして，

$$\|f - k(x, \cdot)\|_H < \delta \iff k(x, x) - 2f(x) < \delta^2 - \|f\|_H^2$$

である。さらに，$k(\cdot, \cdot)$ が可測であるので $k(x, x)$ も可測である[3]。また，$f(x)$ が可測であるので，$k(x, x) - 2f(x)$ が可測となるため，Ψ は可測である。　　　□

補題 8 の証明

任意の開集合 B について $f^{-1}(B) \in \mathcal{F}$ を示せばよい。$B \subseteq \mathbb{R}$ を任意に固定する。$F_m := \{y \in B \mid U(y, 1/m) \subseteq B\}$ とおく。ただし，$U(y, r) := \{x \in \mathbb{R} \mid d(x, y) < r\}$ とした。定義から，

$$
\begin{aligned}
f(x) \in B &\iff あるmについて, f(x) \in F_m \\
f(x) \in F_m &\iff あるkについて, f_n(x) \in F_m, \ n \geq k
\end{aligned}
$$

したがって，

$$f^{-1}(B) = \bigcup_m f^{-1}(F_m) = \bigcup_m \bigcup_k \bigcap_{n \geq k} f_n^{-1}(F_m) \in \mathcal{F}$$

が成立する。　　　□

---

[3] 各事象の標本を $x = y, (x, y) \in E \times E$ に制限しても可測性が成立する。

命題 49 の証明

任意の $g = \sum_{i=1}^{\infty} \sum_{j=1}^{\infty} a_{i,j} e_{X,i}(x) e_{Y,j}(y) \in H_X \otimes H_Y$, $(x, y) \in E$ について，その評価値が有界である．実際,

$$|g(x,y)| \le \sum_{i=1}^{\infty} \sum_{j=1}^{\infty} |a_{i,j}| \cdot |e_{X,i}(x)| \cdot |e_{Y,j}(y)| \le \sum_{i=1}^{\infty} |e_{X,i}(x)| \cdot \left(\sum_{j=1}^{\infty} e_{Y,j}^2(y) \right)^{1/2} \left(\sum_{j=1}^{\infty} a_{i,j}^2(y) \right)^{1/2} \tag{5.20}$$

となる ($\sum_{j=1}^{\infty}$ に関して Cauchy-Schwarz の不等式 (2.5) を用いた)．ここで，$k_Y(y, \cdot) = \sum_j h_j(y) e_{Y,j}(\cdot)$ とおくと，$\langle e_{Y,i}(\cdot), k_Y(y, \cdot) \rangle = e_{Y,i}(y)$ より，$h_i(y) = e_{Y,i}(y)$ となり，$k_Y(y, \cdot) = \sum_{j=1}^{\infty} e_{Y,j}(y) e_{Y,j}(\cdot)$ が成立する．したがって,

$$\sum_{j=1}^{\infty} e_{Y,j}^2(y) = k_Y(y, y) \tag{5.21}$$

および

$$\sum_{i=1}^{\infty} |e_{X,i}(x)| \cdot \left(\sum_{j=1}^{\infty} a_{i,j}^2 \right)^{1/2} \le \left(\sum_{i=1}^{\infty} e_{X,i}^2(x) \right)^{1/2} \left(\sum_{i=1}^{\infty} \sum_{j=1}^{\infty} a_{i,j}^2 \right)^{1/2} = \sqrt{k_X(x,x)} \|g\| \tag{5.22}$$

が成立する ($\sum_{i=1}^{\infty}$ に関して Cauchy-Schwarz の不等式 (2.5) を用いた)．(5.20)–(5.22) は，$|g(x,y)| \le \sqrt{k_X(x,x)} \sqrt{k_Y(y,y)} \|g\|$ を意味する．したがって，$H_X \otimes H_Y$ は RKHS である．

そして，$k(x, x', y, y') := k_X(x, x') k_Y(y, y')$ は，$k_X(x, \cdot) \in H_X$, $k_Y(y, \cdot) \in H_Y$ より，$k(x, \cdot, y, \star) := k_X(x, \cdot) k_Y(y, \cdot) \in H_X \otimes H_Y$ が成立する．さらに,

$$g(x,y) = \sum_{i=1}^{\infty} \sum_{j=1}^{\infty} a_{i,j} e_{X,i}(x) e_{Y,j}(y) = \sum_{i=1}^{\infty} \sum_{j=1}^{\infty} a_{i,j} \langle e_{X,i}(\cdot), k_X(x, \cdot) \rangle_{H_X} \langle e_{Y,i}(\star), k_Y(y, \star) \rangle_{H_Y}$$

$$= \sum_{i=1}^{\infty} \sum_{j=1}^{\infty} a_{i,j} \langle e_{X,i}(\cdot) e_{Y,j}(\star), k(x, \cdot, y, \star) \rangle_H = \left\langle \sum_{i=1}^{\infty} \sum_{j=1}^{\infty} a_{i,j} e_{X,i}(\cdot) e_{Y,j}(\cdot), k(x, \cdot, y, \star) \right\rangle_H$$

$$= \langle g(\cdot, \star), k(x, \cdot, y, \star) \rangle$$

より，k は $H_X \otimes H_Y$ の RKHS である．　□

命題 54 の証明（後半）

W を原点を中心とした半径 $\epsilon > 0$ の開集合，$w_0 \in E$ とし，$w_0 + W$ で測度 0 であることを仮定し，$k(x, y) = \phi(x - y)$ が特性カーネルであることの矛盾を導く．このとき，η は偶関数であり，$-w_0 + W$ も測度 0 になる ($\pm w_0 + W \subseteq E \setminus E(\eta)$)．ここで，$E = \mathbb{R}^d$, $d \ge 1$ のとき，$g(w) := (\epsilon - \|w\|_2)_+^{(d+1)/2}$ が非負定値をとるという事実を用いる（証明は [7] を参照されたい）．命題 5（Bochner の定理）より，$g(w) = \int_E e^{iw^\top x} \mu(x)$ なる有限測度 μ が存在する．そして，$h(w) = g(w - w_0) + g(w + w_0)$ とすれば，$\pm w_0 + W$ の閉包は h の台であり，$E(\eta)$ とは交わりをもたない．

$$h(w) := g(w - w_0) + g(w + w_0) = \int_E e^{iw^\top x} 2\cos(w_0^\top x) d\mu(x)$$

と書ける。また，$\pm w_0 \notin W$ より，$h(0) = 0$ である。したがって，

$$\nu(B) := \int_B 2\cos(w_0 x) d\mu(x) \quad (B \in \mathcal{F})$$

に関して，$\nu(E) = 0$ が成立する。g が 0 でないことから，ν は零測度ではない。そこで全変動

$$|\nu|(B) := \sup_{\bigcup B_i = B} \sum_{i=1}^n |\nu(B_i)| \quad (B \in \mathcal{F})$$

（sup は $\mathcal{F}$ を $B_i \in \mathcal{F}$ に分割したときの上限）を用いて，定数 $c := |\nu|(E)$, 有限測度 $\mu_1 := |\nu|/c$, $\mu_2 := (|\nu| - \nu)/c$ を定義すると，$\nu(E) = 0$ より，μ_1, μ_2 はともに確率であり，$\mu_1 \neq \mu_2$ である。また，

$$c(d\mu_1 - d\mu_2) = d\nu = 2\cos(w_0 x)d\mu$$

が成立する。したがって，Fubini の定理より，確率 μ_1, μ_2 の場合の平均の差が

$$\int_E \phi(x-y)d\mu_1(y) - \int_E \phi(x-y)d\mu_2(y) = \frac{1}{c}\int_E \phi(x-y)2\cos(w_0^\top y)d\mu(y)$$

$$= \frac{1}{c}\int 2\cos(w_0^\top y)\int e^{i(x-y)^\top w}d\eta d\mu(y) = \frac{1}{c}\int_E e^{ix^\top w}h(w)d\eta(w)$$

と書けるが，h, η の台が交わりをもたないので，この値は 0 となる。このことは，$\phi(x-y)$ が特性的なカーネルをもつとしたことと矛盾する。 □

命題 57 の証明

　任意の有界連続な f について，$\int_E f dP = \int_E f dQ$ が成立すれば，それは $P = Q$ を意味する（図 5.5）。実際，U を E の開部分集合とし，V をその補集合とする。$d(x, V) := \inf_{y \in V} d(x, y)$, $f_n(x) := \min(1, nd(x, V))$ とおくと，f_n は E 上の有界連続関数であり，各 $x \in \mathbb{R}$ で $f_n(x) \leq I$ $(x \in U)$ であって，$f_n(x) \to I$ $(x \in U, n \to \infty)$ であるので，単調収束定理によって，$\int_E f_n dP \to P(U)$, $\int_E f_n dQ \to Q(U)$ が成立する。仮定より，$\int_E f_n dP = \int_E f_n dQ$ であり，$P(U) = Q(U)$, すなわち $P(V) = Q(V)$ が成立する[4]。コンパクト集合 E における普遍カーネル

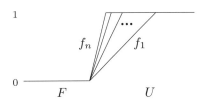

図 5.5　命題 57 の証明。n が大きくなると，f_n は F, U の境界での勾配が急になる。したがって，それらすべてで $\int_E f_n dP = \int_E f_n dQ$ であれば，$P = Q$ が必要となる（R. M. Dudley, *Real Analysis and Probability* [6] より抜粋）。

---

[4] E がコンパクトであるとき，任意の $A \in \mathcal{F}$ で，$P(A) = \sup\{P(V) \mid V$ は閉集合, $V \subseteq A, V \in \mathcal{V}\}$ が成立する（Theorem 7.1.3, Dudley 2003）。すなわち，すべての事象は，その閉包となる閉集合の事象の確率になることが保証される。

の RKHS H の各要素 $g \in H$ は，任意の $f \in C(E)$ に対して，$\sup_{x \in E} |f(x) - g(x)|$ を任意に小さくできるので，同じ主張が成立する。すなわち，任意の $g \in H$ について $\int g dP = \int g dQ$ が成立するとき，$P = Q$ となるため，普遍カーネルは特性カーネルとなる。   □

問題 65〜83

65 命題 49 は，以下の手順にしたがって導出できる。各ステップは付録の証明のどの箇所に相当するか。

(a) $g \in H_X \otimes H_T$, $x \in E_X$, $y \in E_Y$ について，$|g(x, x, y, y)| \leq \sqrt{k_X(x, x)} \sqrt{k_Y(y, y)} \|g\|$ を示す。このことは，命題 33 より，H が何らかの RKHS になっていることを意味している。

(b) $x \in E_X$, $y \in E_Y$ を固定したときに，$k(x, \cdot, y, \star) := k_X(x, \cdot) k_Y(y, \star) \in H$ を示す。

(c) $f(x, y) = \langle f(\cdot, \star), k(x, \cdot, y, \star) \rangle_H$ を示す。

66 $m_{XY} = \mathbb{E}_{XY}[k_X(\cdot) k_Y(\cdot)]$ という $H_{X \oplus Y}$ の要素の平均は，どのように定義されたものか。Riesz の補題（命題 22）を用いて m_X を定義したのと同様の方法で定義せよ。

67 各 $f \in H_X$, $g \in H_Y$ に対して，

$$\langle fg, m_{XY} - m_X m_Y \rangle_{H_X \otimes H_Y} = \langle \Sigma_{YX} f, g \rangle_{H_Y}$$

が成立するような $\Sigma_{YX} \in B(H_X, H_Y)$ が存在することを示せ。

68 MMD は一般に，関数の集合を $\mathcal{F}$ として，$\sup_{f \in \mathcal{F}} \{ \mathbb{E}_P[f(X)] - \mathbb{E}_Q[f(X)] \}$ で定義される。$\mathcal{F} := \{ f \in H \mid \|f\|_H \leq 1 \}$ を仮定した場合，MMD が $\|m_P - m_Q\|_H$ となることを示せ。さらに以下のように変形できることを示せ。

$$\mathrm{MMD}^2 = \mathbb{E}_{XX'}[k(X, X')] + \mathbb{E}_{YY'}[k(Y, Y')] - 2\mathbb{E}_{XY}[k(X, Y)]$$

ただし，X' は X と（Y' は Y と）同一の分布にしたがう独立な確率変数である。

69 MMD の 2 乗の推定量 (5.4) が不偏であることを示せ。

70 例 71 の並べ替え検定による 2 標本問題で，標本数を同じ n ではなく，m, n（異なってよい）としたい。m, n はともに偶数であるとして，例 71 のプログラムを全体を修正して動作を確認せよ（例 71 では $m = n$）になっている。

71 (5.6) の関数 h について，h_1 が常に 0 の値をとる関数であること，および $\tilde{h}_2$ と h が関数として一致することを示せ。

72 正規分布にしたがう確率変数 X, Y が独立であることと，その相関係数が 0 であることが同値であることを示せ。また，相関係数が 0 であるが独立ではない 2 変数の例をあげよ。

□ **73**　以下の等式を示せ。

$$
\begin{aligned}
\|m_{XY} - m_X m_Y\|^2 = {}& \mathbb{E}_{XX'YY'}[k_X(X, X')k_Y(Y, Y')] \\
& - 2\mathbb{E}_{XY}\{\mathbb{E}_{X'}[k(X, X')]\mathbb{E}_Y[k(Y, Y')]\} \\
& + \mathbb{E}_{XX'}[k_X(X, X')]\mathbb{E}_{YY'}[k_Y(Y, Y')]
\end{aligned}
$$

□ **74**　HSIC の推定量

$$
\widehat{HSIC} := \frac{1}{N^2} \sum_i \sum_j k_X(x_i, x_j)k_Y(y_i, y_j) - \frac{2}{N^3} \sum_i \sum_j k_X(x_i, x_j) \sum_h k_Y(y_i, y_h)
$$
$$
+ \frac{1}{N^4} \sum_i \sum_j k_X(x_i, x_j) \sum_h \sum_r k_Y(y_h, y_r)
$$

は，$K_X = (k_X(x_i, x_j))_{i,j}$，$K_Y = (k_Y(y_i, y_j))_{i,j}$，$H = I - E/N$（$I \in \mathbb{R}^{N \times N}$ は単位行列，$E \in \mathbb{R}^{N \times N}$ は成分がすべて 1 の行列）として，$\widehat{HSIC} = \mathrm{trace}(K_X H K_Y H)$ と書けることを示し，それぞれの計算方法に基づいた R 言語のプログラムを構成せよ。そして，k.x, k.y を $\sigma^2 = 1$ の Gauss カーネルとして，標準正規乱数 X および相関係数が $a = 0, 0.1, 0.2, 0.4, 0.6, 0.8$ の標準正規乱数 Y を発生させて，同一の結果を出力されることを確認せよ。

□ **75**　X と $\{Y, Z\}$ の独立性 $X \perp\!\!\!\perp \{Y, Z\}$ をみる場合，HSIC は $\|m_{XYZ} - m_X m_{YZ}\|^2$ のように拡張される。すなわち，$k_Y(y, \cdot)$ を $k_Y(y, \cdot)k_Z(z, \cdot)$ にすればよい。関数 HSIC.1 に引数を加えて関数 HSIC.2 を構成し，$X \perp\!\!\!\perp \{Y, Z\}$ にしたがう乱数を発生させて，その値が十分に小さいことを確認せよ。

□ **76**　LiNGAM および関数

```
cc = function(x, y) sum(x*y) / length(x)
f = function(u, v) u - cc(u, v) / cc(v, v) * v
```

を用いて，変数 X, Y, Z が上流，中流，下流のいずれにあるかを推定したい。空欄を埋め，それぞれ Gauss 分布にはしたがわない乱数 X, Y, Z を発生させて（X, Y, Z がそれぞれ上流，中流，下流であるようにする），乱数のみから X, Y, Z のどれが上流，中流，下流であるかを推定せよ。

```
## 上流を推定
cc = function(x, y) sum(x*y) / length(x)
f = function(u, v) u - cc(u, v) / cc(v, v) * v
x.y = f(x, y); y.z = f(y, z); z.x = f(z, x)
x.z = f(x, z); z.y = f(z, y); y.x = f(y, x)
v1 = HSIC.2(x, y.x, z.x, k.x, k.y, k.z); v2 = HSIC.2(y, z.y, x.y, k.y, k.z, k.x)
v3 = HSIC.2(z, x.z, y.z, k.z, k.x, k.y)
if (v1 < v2) {
  if (v1 < v3) top = 1 else top = 3
```

```
10  } else {
11    if (v2 < v3) top = 2 else top = 3
12  }
13
14  ## 下流を推定
15  x.yz = f(x.y, z.y); y.zx = f(y.z, x.z); z.xy = f(z.x, y.x)
16  if (top == 1) {
17    v1 = ## 空欄(1) ##; v2 = ## 空欄(2) ##
18    if (v1 < v2) {middle = 2; bottom = 3} else {middle = 3; bottom = 2}
19  }
20  if (top == 2) {
21    v1 = ## 空欄(3) ##; v2 = ## 空欄(4) ##
22    if (v1 < v2) {middle = 3; bottom = 1} else {middle = 1; bottom = 3}
23  }
24  if (top == 3) {
25    v1 = ## 空欄(5) ##; v2 = ## 空欄(6) ##
26    if (v1 < v2) {middle = 1; bottom = 2} else {middle = 2; bottom = 1}
27  }
28
29  ## 結果を出力
30  print(paste("上流 = ", top))
31  print(paste("中流 = ", middle))
32  print(paste("下流 = ", bottom))
```

□ **77** $x_1, \ldots, x_N$ または $y_1, \ldots, y_N$ の一方をシフトするなどして，2系列を独立にしたうえで，$\widehat{HSIC}$ を計算することを繰り返し，ヒストグラムを作成し，帰無仮説にしたがう分布を得たい。そのために，以下のようなプログラムを構成した。並べ替えることによってなぜ，帰無仮説（X, Y が独立）が得られるのか。プログラム中で，統計量の HSIC を求めている箇所，および帰無仮説にしたがう HSIC の値を複数得ている箇所はそれぞれどこか。

```
1  x = rnorm(n); y = rnorm(n); u = HSIC.1(x, y, k.x, k.y)
2  m = 100; w = NULL
3  for (i in 1:m) {x = x[sample(n, n)]; w = c(w, HSIC.1(x, y, k.x, k.y))}
4  v = quantile(w, 0.95)
5  plot(density(w), xlim = c(min(w, v, u), max(w, v, u)))
6  abline(v = v, col = "red", lty = 2, lwd = 2)
7  abline(v = u, col = "blue", lty = 1, lwd = 2)
```

□ **78** MMD（5.2節），HSIC（5.3節）では，積分作用素のカーネルが非負定値ではないため，Mercer の定理が適用できない。しかし，いずれの場合も積分作用素の固有値，固有関数が存在している。なぜか。

□ **79** $k(x, y) = \phi(x - y), \; \phi(t) = e^{-|t|}$ が特性カーネルであることを示せ。

□ **80** 命題 54 の証明（後半，付録）で，$g(w) := (\epsilon - \|w\|_2)_+^{(d+1)/2}$ が非負定値をとるという事実 [7] を用いている。$d = 1$ のとき，以下の等式を示すことによって，この事実が正しいことを確認せよ。

$$\frac{1}{2\pi} \int_{-\epsilon}^{\epsilon} g(w) e^{-iwx} dw = \frac{1 - \cos(x\epsilon)}{\pi x^2}$$

□ **81** 指数型が普遍カーネルであるのはなぜか。三角分布に基づく特性カーネルが普遍カーネルでないのはなぜか。

□ **82** Rademacher 複雑度の上界に関する下記の導出で，2 個の等式，4 個の不等式が成立するのはなぜか，説明せよ。

$$R_N(\mathcal{F}) = \mathbb{E}_\sigma \left[\sup_{f \in \mathcal{F}} \left| \frac{1}{N} \sum_{i=1}^N \sigma_i f(x_i) \right| \right] = \mathbb{E}_\sigma \left[\sup_{f \in \mathcal{F}} \left| \frac{1}{N} \sum_{i=1}^N \sigma_i \langle k(x_i, \cdot), f(\cdot) \rangle_H \right| \right]$$

$$= \mathbb{E}_\sigma \left[\sup_{f \in \mathcal{F}} \left| \left\langle f, \frac{1}{N} \sum_{i=1}^N \sigma_i k(x_i, \cdot) \right\rangle_H \right| \right]$$

$$\leq \mathbb{E}_\sigma \left[\sup_{f \in \mathcal{F}} \|f\|_H \sqrt{\left\langle \frac{1}{N} \sum_{i=1}^N \sigma_i k(x_i, \cdot), \frac{1}{N} \sum_{i=1}^N \sigma_i k(x_i, \cdot) \right\rangle_H} \right]$$

$$\leq \mathbb{E}_\sigma \left[\sqrt{\frac{1}{N^2} \sum_{i=1}^N \sum_{j=1}^N \sigma_i \sigma_j k(x_i, x_j)} \right]$$

$$\leq \sqrt{\mathbb{E}_\sigma \left[\frac{1}{N^2} \sum_{i=1}^N \sum_{j=1}^N k(x_i, x_j) \right]} \leq \sqrt{\frac{k_{max}}{N}}$$

□ **83** 下記の $|MMD - \widehat{MMD}_B|$ の上界の導出に関して，1 個の等式，4 個の不等式が成立するのはなぜか，説明せよ。

$$\mathbb{E}_{X,Y} \sup_{f \in \mathcal{F}} \left| \mathbb{E}_{X'} \left\{ \frac{1}{N} \sum_{i=1}^N f(x_i') - \frac{1}{N} \sum_{i=1}^N f(x_i) \right\} - \mathbb{E}_{Y'} \left\{ \frac{1}{N} \sum_{j=1}^N f(y_j') - \frac{1}{N} \sum_{j=1}^N f(y_j) \right\} \right|$$

$$\leq \mathbb{E}_{X,Y,X',Y'} \sup_{f \in \mathcal{F}} \left| \frac{1}{N} \sum_{i=1}^N f(x_i') - \frac{1}{N} \sum_{i=1}^N f(x_i) - \frac{1}{N} \sum_{i=1}^N f(y_i') + \frac{1}{N} \sum_{i=1}^N f(y_i) \right|$$

$$= \mathbb{E}_{X,Y,X',Y',\sigma,\sigma'} \sup_{f \in \mathcal{F}} \left| \frac{1}{N} \sum_{i=1}^N \sigma_i \{f(x_i') - f(x_i)\} + \frac{1}{N} \sum_{i=1}^N \sigma_i' \{f(y_i') - f(y_i)\} \right|$$

$$\leq \mathbb{E}_{X,X',\sigma} \sup_{f \in \mathcal{F}} \left| \frac{1}{N} \sum_{i=1}^N \sigma_i \{f(x_i') - f(x_i)\} \right| + \mathbb{E}_{Y,Y',\sigma'} \sup_{f \in \mathcal{F}} \left| \frac{1}{N} \sum_{j=1}^n \sigma_j' \{f(y_j') - f(y_j)\} \right|$$

$$\leq 2[R(\mathcal{F}, P) + R(\mathcal{F}, Q)]$$

$$\leq 2[(k_{max}/N)^{1/2} + (k_{max}/N)^{1/2}]$$

第6章　Gauss過程と関数データ解析

確率過程は，T を時刻の集合として，各時点 $t \in T$ における確率変数 X_t として定義する場合もあれば，各標本 $\omega \in \Omega$ での関数 $X_t(\omega) : T \to \mathbb{R}$ として定義する場合もある。Gauss過程は，有限個の任意の $t \in T$ における X_t が多変量正規分布にしたがう確率過程と定義される。本章では，時刻の集合 T を多次元の集合 E に一般化して，Gauss過程を考察する。第5章では，$f(\omega, x)$ の $x \in E$ の変動を扱ったが，本章では，$f(\omega, x)$ の $\omega \in \Omega$ の変動を主として扱う。

Gauss過程は，機械学習の様々な場面で応用されているが，本書ではカーネルに関する箇所を検討する。前半は，回帰，分類，計算量の削減についての処理を構成し，最後に Karhunen-Lóeve 展開およびその周辺の理論を学ぶ。最後に，確率過程と密接な関係のある関数データ解析について学ぶ。

6.1　回帰

E を集合，$(\Omega, \mathcal{F}, \mu)$ を確率空間とし，各 $x \in E$ に対して，$\Omega \ni \omega \mapsto f(\omega, x) \in \mathbb{R}$ の対応が可測であるとき，すなわち，各 $x \in E$ で $f(\omega, x)$ が確率変数になるとき，$f : \Omega \times E \to \mathbb{R}$ は確率過程 (stochastic process) であるという。また，任意の $N \geq 1$ と E の任意の有限個の要素 $x_1, \ldots, x_N \in E$ に対して，確率変数 $f(\omega, x_1), \ldots, f(\omega, x_N)$ の同時分布が N 変数正規分布にしたがうとき，f を Gauss過程 (Gauss process) とよぶ。そして，$x_i, x_j \in E$ における共分散を

$$\int_\Omega \{f(\omega, x_i) - m(x_i)\}\{f(\omega, x_j) - m(x_j)\}d\mu(\omega)$$

と書くものとする。ただし，$m(x) := \int_\Omega f(\omega, x)d\mu(\omega)$ を $x \in E$ における $f(\omega, x)$ の平均であるとした。このとき，どのように N および $x_1, \ldots, x_N$ を選んでもそれらの共分散行列が非負定値となることから，共分散行列は正定値カーネル $k : E \times E \to \mathbb{R}$ を用いて書くことができる。したがって，Gauss過程は，各 $x \in E$ での平均 $m(x)$ および各 $(x, x') \in E \times E$ での共分散 $k(x, x')$ の対，すなわち (m, k) を指定すれば，一意に定まる。

本来，確率変数は $\Omega \to \mathbb{R}$ の写像であって，$f(\omega, x)$ のように ω と表記すべきだが，記法が煩雑になるので，当面の間，確率変数であっても $f(x)$ のように ω を表記しないこととする。

◆ **例 83**　Gauss 過程 (m, k) に $x_1, \ldots, x_N \in E := \mathbb{R}$ を代入した平均および共分散行列を $m_X \in \mathbb{R}^N$, $k_{XX} \in \mathbb{R}^{N \times N}$ と書くものとする。一般に、平均 μ, 共分散行列 $\Sigma \in \mathbb{R}^{N \times N}$ に対して、Σ は非負定値であって、$\Sigma = RR^\top$ なる下三角行列 $R \in \mathbb{R}^{N \times N}$ が存在する（Cholesky 分解）。したがって、独立な N 個の標準正規分布にしたがう乱数 $u_1, \ldots, u_N$ から、$N(m_X, k_{XX})$ にしたがう乱数を 1 組生成するには、$k_{XX} := R_X R_X^\top$, $u = [u_1, \ldots, u_N]$ として、$f_X := R_X u + m_X \in \mathbb{R}^N$ を計算すればよい。実際、f_X の平均は m_X, 共分散行列は

$$\mathbb{E}[(f_X - m_X)(f_X - m_X)^\top] = \mathbb{E}[R_X u u^\top R_X^\top] = R_X \mathbb{E}[u u^\top] R_X^\top = R_X R_X^\top = k_{XX}$$

となる。この処理を R 言語で記述すると以下のようになる。

```
## (m, k) の定義
m = function(x) 0; k = function(x, y) exp(-(x-y)^2/2)
## 関数 gp.sample の定義
gp.sample = function(x, m, k) {
  n = length(x)
  m.x = m(x)
  k.xx = matrix(0, n, n); for (i in 1:n) for (j in 1:n) k.xx[i, j] = k(x[i], x[j])
  R = t(chol(k.xx))
  u = rnorm(n)
  return(as.vector(R %*% u + m.x))
}
## 乱数を発生して,共分散行列を生成して k.xx と比較
x = seq(-2, 2, 1); n = length(x)
r = 100; z = matrix(0, r, n); for (i in 1:r) z[i, ] = gp.sample(x, m, k)
k.xx = matrix(0, n, n); for (i in 1:n) for (j in 1:n) k.xx[i, j] = k(x[i], x[j])
```

```
cov(z)
```

```
          [,1]         [,2]         [,3]          [,4]          [,5]
[1,]  1.1340978 0.680820479 0.1016659 -0.151665584 -0.113949224
[2,]  0.6808205 0.955260633 0.4835023  0.007489523  0.009933267
[3,]  0.1016659 0.483502265 1.0569062  0.692036816  0.258458530
[4,] -0.1516656 0.007489523 0.6920368  1.122445813  0.703487844
[5,] -0.1139492 0.009933267 0.2584585  0.703487844  0.959871890
```

```
k.xx
```

```
              [,1]         [,2]        [,3]        [,4]          [,5]
[1,] 1.0000000000 0.6065307 0.1353353 0.0111090 0.0003354626
[2,] 0.6065306597 1.0000000 0.6065307 0.1353353 0.0111089965
[3,] 0.1353352832 0.6065307 1.0000000 0.6065307 0.1353352832
[4,] 0.0111089965 0.1353353 0.6065307 1.0000000 0.6065306597
[5,] 0.0003354626 0.0111090 0.1353353 0.6065307 1.0000000000
```

R言語では，Cholesky分解を出力する際に，$R^\top R$ となる R（本来の R の転置）が出力される。

一般に，$E = \mathbb{R}$ でなくても，N 変量正規分布の確率変数 f_N が得られる。Gauss過程といえば，確率過程の一種で，集合 E が実数全体もしくはその部分集合のような印象をもつかもしれないが，実際には，正定値カーネル k の定義域が $E \times E$ であるような集合 E であれば，それ以上の制限はない。(m, k) がひとたび生成されれば E が何であったかには関係なく，(m, k) にしたがう N 変量正規乱数が生成される。

◆ **例 84** $E = \mathbb{R}^2$ としても，同様に N 変量多変量正規分布にしたがう乱数が得られる。

```
## (m, k) の定義
m = function(x) x[, 1] - x[, 2]
k = function(x, y) exp(-sum((x-y)^2)/2)
## 関数 gp.sample の定義
gp.sample = function(x, m, k) {
  n = nrow(x)
  m.x = m(x)
  k.xx = matrix(0, n, n); for (i in 1:n) for (j in 1:n) k.xx[i, j] = k(x[i, ], x[j, ])
  R = t(chol(k.xx))
  u = rnorm(n)
  return(R %*% u + m.x)
}
## 乱数を発生して，共分散行列を生成して k.xx と比較
n = 5; x = matrix(rnorm(n*2), n, n)
r = 100; z = matrix(0, r, n); for (i in 1:r) z[i, ] = gp.sample(x, m, k)
k.xx = matrix(0, n, n); for (i in 1:n) for (j in 1:n) k.xx[i, j] = k(x[i], x[j])
```

```
cov(z)
```

$N = n$, $p = n$ である。E の次元 p によらず m.x，k.xx が決まれば，gp.sample は N 変量正規乱数を生成する。

	[,1]	[,2]	[,3]	[,4]	[,5]
[1,]	0.9442610	0.6247434	0.34650892	0.30256420	0.21339075
[2,]	0.6247434	0.8704980	0.21572575	0.17389875	0.63640507
[3,]	0.3465089	0.2157258	1.11319581	1.10004943	0.09225664
[4,]	0.3025642	0.1738987	1.10004943	1.09753987	0.05793784
[5,]	0.2133908	0.6364051	0.09225664	0.05793784	0.87728064

```
k.xx
```

	[,1]	[,2]	[,3]	[,4]	[,5]
[1,]	1.0000000	0.7415920	0.9995366	0.9999418	0.3170654
[2,]	0.7415920	1.0000000	0.7589062	0.7477614	0.7591127
[3,]	0.9995366	0.7589062	1.0000000	0.9998068	0.3318859

```
[4,] 0.9999418 0.7477614 0.9998068 1.0000000 0.3222743
[5,] 0.3170654 0.7591127 0.3318859 0.3222743 1.0000000
```

次に，通常の回帰の場合と同様に，$x_1, \ldots, x_N \in E$ と $y_1, \ldots, y_N \in \mathbb{R}$ が，未知の関数 $f : E \to \mathbb{R}$ を用いて，

$$y_i = f(x_i) + \epsilon_i \tag{6.1}$$

にしたがって発生しているものとする。ただし，ϵ_i は平均 0，分散 σ^2 の正規分布にしたがい，各 $i = 1, \ldots, N$ で独立であるものとする。その場合，尤度は，

$$\prod_{i=1}^{N} \left[\frac{1}{\sqrt{2\pi\sigma^2}} \exp \left\{ -\frac{(y_i - f(x_i))^2}{2\sigma^2} \right\} \right]$$

となるが，これは関数 f が既知の場合（固定した場合）である。以下では，関数 f が確率的に変動し，その事前分布として Gauss 過程 (m, k) を仮定する。すなわち，$f_X = (f(x_1), \ldots, f(x_N))$ として，モデル $f_X \sim N(m_X, k_{XX})$，$y_i | f(x_i) \sim N(f(x_i), \sigma^2)$ を考える。そして，$x_1, \ldots, x_N$ とは別の $z_1, \ldots, z_n \in E$ に対応する $f(z_1), \ldots, f(z_n)$ の事後分布を計算する。$y_1, \ldots, y_N$ の変動は f の変動と ϵ_i のそれによる。したがって，共分散行列は

$$k_{XX} + \sigma^2 I = (k(x_i, x_j) + \sigma^2 \delta_{i,j})_{i,j=1,\ldots,N} \in \mathbb{R}^{N \times N}$$

となる。他方，$f(z_1), \ldots, f(z_n)$ の変動は f の変動のみによる。したがって，共分散行列は $k_{ZZ} = (k(z_i, z_j))_{i,j=1,\ldots,n} \in \mathbb{R}^{n \times n}$ となる。また，$y_i, f(z_j)$ の共分散は，$f(x_i), f(z_j)$ の共分散となり，$Y = [y_1, \ldots, y_N]$ と $f_Z = [f(z_1), \ldots, f(z_n)]$ の共分散行列は，$k_{XZ} = (k(x_i, z_j))_{i=1,\ldots,N, j=1,\ldots,n}$ となる。以上をまとめると，Y, f_Z の同時分布は

$$\begin{bmatrix} Y \\ f_Z \end{bmatrix} \sim N \left(\begin{bmatrix} m_X \\ m_Z \end{bmatrix}, \begin{bmatrix} k_{XX} + \sigma^2 I & k_{XZ} \\ k_{ZX} & k_{ZZ} \end{bmatrix} \right)$$

とできる。以下では，Y の値を得たもとでの関数 $f(\cdot)$ の事後確率がやはり Gauss 過程になることを示す。そのために，以下の命題を用いる。

命題 61　確率変数 $a \in \mathbb{R}^N$，$b \in \mathbb{R}^n$ の同時分布が，それぞれの平均 μ_a, μ_b，それぞれの共分散行列 $A \in \mathbb{R}^{N \times N}$，$B \in \mathbb{R}^{n \times n}$（$A$ は正定値，B は非負定値），および両者の共分散 $C \in \mathbb{R}^{N \times n}$ を用いて，

$$\begin{bmatrix} a \\ b \end{bmatrix} \sim N \left(\begin{bmatrix} \mu_a \\ \mu_b \end{bmatrix}, \begin{bmatrix} A & C \\ C^\top & B \end{bmatrix} \right)$$

と書けるとき，a のもとでの b の条件付き確率は，以下で与えられる。

$$b | a \sim N(\mu_b + C^\top A^{-1}(a - \mu_a), B - C^\top A^{-1} C) \tag{6.2}$$

証明は Lauritzen, *Graphical Models* [34], p.256 を参照されたい。

したがって，命題61より，$Y \in \mathbb{R}^N$ のもとでの $f_Z \in \mathbb{R}^n$ の事後確率は $N(\mu', \Sigma')$，ただし

$$\mu' := m_Z + k_{ZX}(k_{XX} + \sigma^2 I)^{-1}(Y - m_X) \in \mathbb{R}^n$$

$$\Sigma' := k_{ZZ} - k_{ZX}(k_{XX} + \sigma^2 I)^{-1}k_{XZ} \in \mathbb{R}^{n \times n}$$

とできる。また，$n = 1$, $z_1 = x$ とおくと，$f(x)$ の分布は

$$m'(x) := m(x) + k_{xX}(k_{XX} + \sigma^2 I)^{-1}(Y - m_X) \tag{6.3}$$

$$k'(x, x) := k(x, x) - k_{xX}(k_{XX} + \sigma^2 I)^{-1}k_{Xx} \tag{6.4}$$

となる。ここまでの議論をまとめると，以下のようになる。

命題62 $f(\cdot)$ の事前分布が Gauss 過程 (m, k) であり，(6.1) にしたがって $x_1, \ldots, x_N$, $y_1, \ldots, y_N$ を得たとき，$f(\cdot)$ の事後確率はガウス過程 (m', k') になる。ただし，m', k' はそれぞれ (6.3), (6.4) で与えられる。

実際に計算する際に，$(K + \sigma^2 I)^{-1}$ の計算に $O(N^3)$ の時間を要する。全体の処理を $O(N^3/3)$ とするために，以下の方法を用いる。Cholesky 分解によって

$$LL^\top = k_{XX} + \sigma^2 I$$

なる $L \in \mathbb{R}^{N \times N}$ を求める。この計算は $O(N^3/3)$ の時間を要する。そして，$L\gamma = k_{Xx}$ の解を $\gamma \in \mathbb{R}^N$, $L\beta = y - m(x)$ の解を $\beta \in \mathbb{R}^N$, さらに $L^\top \alpha = \beta$ の解を $\alpha \in \mathbb{R}^N$ とする。L が下三角行列であるので，これらの計算は $O(N^2)$ になる。また，

$$(k_{XX} + \sigma^2 I)^{-1}(Y - m_X) = (LL^\top)^{-1}L\beta = (LL^\top)^{-1}LL^\top \alpha = \alpha$$

$$k_{xX}(k_{XX} + \sigma^2 I)^{-1}k_{Xx} = (L\gamma)^\top (LL^\top)^{-1}L\gamma = \gamma^\top \gamma$$

が成立する。最後に，α, β, γ から，

$$m'(x) = m(x) + k_{xX}\alpha$$

$$k'(x, x) = k(x, x) - \gamma^\top \gamma$$

が求まる。

$O(N^3), O(N^3/3)$ の場合の $m(x), k(x, x)$ の計算を R 言語で書くと，以下のようになる。

```
gp.1 = function(x.pred) {
  h = array(dim = n); for (i in 1:n) h[i] = k(x.pred, x[i])
  R = solve(K + sigma.2 * diag(n))              # O(n^3) の計算
  mm = mu(x.pred) + t(h) %*% R %*% (y - mu(x))
  ss = k(x.pred, x.pred) - t(h) %*% R %*% h
  return(list(mm = mm, ss = ss))
}
gp.2 = function(x.pred) {
  h = array(dim = n); for (i in 1:n) h[i] = k(x.pred, x[i])
  L = chol(K + sigma.2 * diag(n))               # O(n^3/3) の計算
```

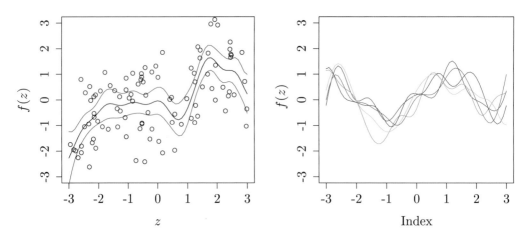

図 6.1　平均の前後で 3σ の幅も記載（左）とサンプルを変えて 5 回（右）

```
11   alpha = solve(L, solve(t(L), y - mu(x)))        # O(n~2) の計算
12   mm = mu(x.pred) + sum(t(h) * alpha)
13   gamma = solve(t(L), h)                          # O(n~2) の計算
14   ss = k(x.pred, x.pred) - sum(gamma^2)
15   return(list(mm = mm, ss = ss))
16 }
```

◆ 例 85　関数 gp.1，gp.2 を実行させてみて，Cholesky 分解をして計算量を低減させた場合と比較してみた（図 6.1）。

```
1  sigma.2 = 0.2
2  k = function(x, y) exp(-(x-y) ^ 2 / 2 / sigma.2)   # 共分散関数
3  mu = function(x) x                                 # 平均関数
4  n = 1000; x = runif(n)*6 - 3; y = sin(x/2) + rnorm(n)   # データ生成
5  K = array(dim = c(n, n)); for (i in 1:n) for (j in 1:n) K[i, j] = k(x[i], x[j])
6  ## 実行時間を測定
7  library(tictoc)
8  tic(); gp.1(0); toc()
9  tic(); gp.2(0); toc()
10 ## 平均の前後で 3 sigma の幅も記載
11 u.seq = seq(-3, 3, 0.1); v.seq = NULL; w.seq = NULL
12 for (u in u.seq) {res = gp.1(u); v.seq = c(v.seq, res$mm); w.seq = c(w.seq, sqrt(res$ss))}
13 plot(u.seq, v.seq, xlim = c(-3, 3), ylim = c(-3, 3), type = "l")
14 lines(u.seq, v.seq + 3*w.seq, col = "blue"); lines(u.seq, v.seq - 3*w.seq, col = "blue")
15 points(x, y)
16 ## サンプルを変えて 5 回
17 plot(0, xlim = c(-3, 3), ylim = c(-3, 3), type = "n")
18 n = 100
19 for (h in 1:5) {
20   x = runif(n)*6 - 3; y = sin(pi*x/2) + rnorm(n)
21   sigma2 = 0.2
```

```
22    K = array(dim = c(n, n)); for (i in 1:n) for (j in 1:n) K[i, j] = k(x[i], x[j])
23    u.seq = seq(-3, 3, 0.1); v.seq = NULL
24    for (u in u.seq) {res = gp.1(u); v.seq = c(v.seq, res$mm)}
25    lines(u.seq, v.seq, col = h+1)
26  }
```

そして，Gauss 過程の平均の公式 (6.3) で $m_X = m(x) = 0$ とおいた式

$$m'(x) := k_{xX}(k_{XX} + \sigma^2 I)^{-1} Y$$

と，カーネル Ridge 回帰の公式 (4.6) の左から $k_{x,X}$ を掛けた

$$k_{x,X}\hat{\alpha} = k_{xX}(K + \lambda I)^{-1} Y$$

を比較すると，前者は $\lambda = \sigma^2$ とおいた場合になっていることがわかる。

6.2 分類

次に分類の問題を考える。確率変数 Y が $Y = \pm 1$ の値をとり，$x \in E$ として，Gauss 過程 $f : \Omega \times E \to \mathbb{R}$ を用いて，

$$P(Y = 1|x) = \frac{1}{1 + \exp(-f(x))} \tag{6.5}$$

と書けると仮定する。具体的な $x_1, \ldots, x_N \in \mathbb{R}^p$（行ベクトル），$y_1, \ldots, y_N \in \{-1, 1\}$ から f を推定したい。尤度を最大にするには，マイナス対数尤度

$$\sum_{i=1}^{N} \log[1 + \exp\{-y_i f(x_i)\}]$$

を最小にすればよい。そして，$f_X = [f_1, \ldots, f_N]^\top = [f(x_1), \ldots, f(x_N)]^\top \in \mathbb{R}^N$, $v_i := e^{-y_i f_i}$, $l(f_X) := \sum_{i=1}^{N} \log(1 + v_i)$ とおくと，

$$\frac{\partial v_i}{\partial f_i} = -y_i v_i, \quad \frac{\partial l(f_X)}{\partial f_i} = -\frac{y_i v_i}{1 + v_i}, \quad \frac{\partial^2 l(f_X)}{\partial f_i^2} = \frac{v_i}{(1 + v_i)^2}$$

が成立する。ただし，$y_i^2 = 1$ を用いた。適当な初期値を与えて，Newton-Raphson の更新式 $f_X \leftarrow f_X - (\nabla^2 l(f_X))^{-1} \nabla l(f_X)$ を用い，収束を待てばよい。更新式は，

$$f_X \leftarrow f_X + W^{-1} u$$

となる。ただし，$u = \left(\dfrac{y_i v_i}{1 + v_i}\right)_{i=1,\ldots,N}$ および $W = \mathrm{diag}\left(\dfrac{v_i}{(1 + v_i)^2}\right)_{i=1,\ldots,N}$ とおいた。すなわち，$v := [v_1, \ldots, v_N]^\top \in \mathbb{R}^N$ として，

1. f_X から v，さらに u, W を求める。
2. $f_X + W^{-1} u$ を求めて f_X に代入する。

を交互に繰り返せばよい。

次に，尤度 $\prod_{i=1}^{N} \dfrac{1}{1+\exp\{-y_i f(x_i)\}}$ に f_X の事前分布を掛けた値の最大化，すなわち事後確率最大の解を求めることを考える。ここで，(6.5) の定式化で f の事前確率として，平均を 0 とする場合が多い。まず，$f_X \in \mathbb{R}^N$ の事前確率を

$$\frac{1}{\sqrt{(2\pi)^N \det k_{XX}}} \exp\left\{ -\frac{f_X^\top k_{XX}^{-1} f_X}{2} \right\}$$

であるとする。ただし k_{XX} は Gram 行列 $(k(x_i, x_j))_{i,j=1,\dots,N}$ であるとした。そして，

$$L(f_X) = l(f_X) + \frac{1}{2} f_X^\top k_{XX}^{-1} f_X + \frac{1}{2} \log \det k_{XX} + \frac{N}{2} \log 2\pi \tag{6.6}$$

とおくと

$$\nabla L(f_X) = \nabla l(f_X) + k_{XX}^{-1} f_X = -u + k_{XX}^{-1} f_X \tag{6.7}$$

$$\nabla^2 L(f_X) = \nabla^2 l(f_X) + k_{XX}^{-1} = W + k_{XX}^{-1} \tag{6.8}$$

となる。したがって，更新式を

$$f_X \leftarrow f_X + (W + k_{XX}^{-1})^{-1}(u - k_{XX}^{-1} f_X) = (W + k_{XX}^{-1})^{-1}\{(W + k_{XX}^{-1})f_X - k_{XX}^{-1} f_X + u\}$$
$$= (W + k_{XX}^{-1})^{-1}(Wf_X + u)$$

とすればよい。

しかし，f_X の大きさがサンプル数 N であるので，逆行列の計算に時間がかかる。以下のような効率化を試みる。Woodbury-Sherman-Morrison 公式：$A \in \mathbb{R}^{n \times n}$（正則），$W \in \mathbb{R}^{m \times m}$，$U, V \in \mathbb{R}^{n \times m}$ に対し

$$(A + UWV^\top)^{-1} = A^{-1} - A^{-1}U(W^{-1} + V^\top A^{-1}U)^{-1}V^\top A^{-1} \tag{6.9}$$

を用いて，$A = k_{XX}^{-1}$，$U = V = I$ とおくと

$$(W + k_{XX}^{-1})^{-1} = k_{XX} - k_{XX}(W^{-1} + k_{XX})^{-1}k_{XX}$$
$$= k_{XX} - k_{XX}W^{1/2}(I + W^{1/2}k_{XX}W^{1/2})^{-1}W^{1/2}k_{XX} \tag{6.10}$$

となる。これより，$I + W^{1/2}k_{XX}W^{1/2} = LL^\top$（Cholesky 分解）なる L を求める（$O(N^3/3)$ の計算）。$\gamma := Wf_X + u$ として，$L\beta = W^{1/2}k_{XX}\gamma$ なる β，$L^\top W^{-1/2}\alpha = \beta$ なる α を求める（$O(N^2)$ の計算）。そして，$k_{XX}(\gamma - \alpha)$ を f_X に代入するという手順を繰り返す。実際，そのようにすれば，

$$LL^\top W^{-1/2}\alpha = L\beta = W^{1/2}k_{XX}\gamma$$
$$k_{XX}(\gamma - \alpha) = k_{XX}\{\gamma - W^{1/2}(LL^\top)^{-1}W^{1/2}k_{XX}\gamma\}$$
$$= \{k_{XX} - k_{XX}W^{1/2}(LL^\top)^{-1}W^{1/2}k_{XX}\}\gamma$$
$$= \{k_{XX} - k_{XX}W^{1/2}(I + W^{1/2}k_{XX}W^{1/2})^{-1}W^{1/2}k_{XX}\}\gamma$$
$$= (W + k_{XX}^{-1})^{-1}(Wf + u)$$

が得られる。最後の等号の変形は，(6.10) によった。

◆ **例 86** Iris データ 150 個のうち，最初の $N = 100$ データ（最初の 50 個が setosa，次の 50 個が versicolor のデータ）を用いて，$f_X = [f_1, \ldots, f_N]$ の事後確率最大となる値を求めてみた。出力を見ると，$f_1, \ldots, f_{50}$ は正の値，$f_{51}, \ldots, f_{100}$ は負の値になった。

```r
## Iris データ
df = iris
x = df[1:100, 1:4]
y = c(rep(1, 50), rep(-1, 50))
n = length(y)
## 4 個の共変量でカーネルを計算
k = function(x, y) exp(sum(-(x-y)^2)/2)
K = matrix(0, n, n)
for (i in 1:n) for (j in 1:n) K[i, j] = k(x[i, ], x[j, ])
eps = 0.00001
f = rep(0, n)
g = rep(0.1, n)
while (sum((f-g)^2) > eps) {
  g = f        # 比較のため，更新前の値を保存する
  v = exp(-y * f)
  u = y * v / (1+v)
  w = as.vector(v / (1+v) ^ 2)
  W = diag(w); W.p = diag(w ^ 0.5); W.m = diag(w ^ (-0.5))
  L = chol(diag(n) + W.p %*% K %*% W.p)
  L = t(L)  # R 言語の chol 関数は転置した行列を出力する
  gamma = W %*% f + u
  beta = solve(L, W.p %*% K %*% gamma)
  alpha = solve(t(L) %*% W.m, beta)
  f = K %*% (gamma - alpha)
}
as.vector(f)
```

```
 [1]  2.901760  2.666188  2.736000  2.596215  2.888826  2.422990  2.712837  2.896583
 [9]  2.263840  2.722794  2.675787  2.804277  2.629917  2.129059  1.994737  1.725577
[17]  2.502404  2.894768  2.211715  2.757889  2.580703  2.788434  2.450147  2.598253
[25]  2.493633  2.589272  2.799560  2.854338  2.858034  2.682198  2.663180  2.652952
[33]  2.409809  2.157029  2.738196  2.777507  2.605493  2.848624  2.342636  2.882683
[41]  2.887406  1.561917  2.454169  2.649399  2.407117  2.633906  2.727124  2.673216
[49]  2.749571  2.884288 -1.870442 -2.537382 -1.932737 -2.531886 -2.579367 -2.785015
[57] -2.381783 -1.467521 -2.486519 -2.356974 -1.600772 -2.811324 -2.381371 -2.734406
[65] -2.330770 -2.341664 -2.614817 -2.748088 -2.372972 -2.628800 -2.251908 -2.789266
[73] -2.345693 -2.704238 -2.712489 -2.502956 -2.162480 -2.015710 -2.840261 -2.194749
[81] -2.474090 -2.342643 -2.755051 -2.189084 -2.415174 -2.382286 -2.275106 -2.496755
[89] -2.695880 -2.664357 -2.648632 -2.771846 -2.807510 -1.546826 -2.814728 -2.756341
[97] -2.834644 -2.849801 -1.182284 -2.845863
```

推定した $\hat{f} \in \mathbb{R}^N$ を用いて新しい値 x に対して分類を行うには，次の手順をとる。回帰の場合と

同様に，

$$\begin{bmatrix} f_X \\ f(x) \end{bmatrix} \sim N\left(\begin{bmatrix} 0 \\ 0 \end{bmatrix}, \begin{bmatrix} k_{XX} & k_{Xx} \\ k_{xX} & k_{xx} \end{bmatrix} \right)$$

に対して命題 61 を適用すると

$$f(x)|f_X \sim N(m'(x), k'(x,x)) \tag{6.11}$$

$$m'(x) = k_{xX} k_{XX}^{-1} f_X$$

$$k'(x,x) = k_{xx} - k_{xX} k_{XX}^{-1} k_{Xx}$$

となる。そして，$Y \in \{-1,1\}^N$ が観測されたとき，Newton-Raphson 法によって推定値 $\hat{f}$ が求まり，$\hat{W}$ が計算できたとする。

　ここで，$f_X|Y$ の Laplace 近似を考える。すなわち，事後確率を正規分布で以下のように近似する (Rasmussen-Williams [21])。

$$f_X|Y \sim N(\hat{f}, (\hat{W} + k_{XX}^{-1})^{-1}) \tag{6.12}$$

すなわち，(6.8) の Hessian $\nabla^2 L(\hat{f})$ である $\hat{W} + k_{XX}^{-1}$ の逆行列を共分散行列としている。そして，(6.11), (6.12) の変動は独立であって，$f(x|Y) = N(m_*, k_*)$ となる。ただし，

$$m_* = k_{xX} k_{XX}^{-1} \hat{f} \tag{6.13}$$

$$k_* = k_{xx} - k_{xX} k_{XX}^{-1} k_{Xx} + k_{xX} k_{XX}^{-1} (\hat{W} + k_{XX}^{-1})^{-1} k_{XX}^{-1} k_{Xx}$$

$$= k_{xx} - k_{xX} (\hat{W}^{-1} + k_{XX})^{-1} k_{Xx}$$

という各 $x \in E$ に対する事後分布が計算できる。ただし，最後の変形は (6.9) において，$A = k_{XX}$, $W = \hat{W}^{-1}$, U, V を単位行列とした。そして，シグモイド関数

$$P(Y = 1|x) = \frac{1}{1 + \exp(-f(x))}$$

の $f(x)|Y \sim N(m_*, k_*)$ での平均（予測値）を計算することができる。

$$\int_E \frac{1}{1 + \exp(-z)} \frac{1}{\sqrt{2\pi \det(k_*)}} \exp\left[-\frac{1}{2k_*} \{z - m_*\}^2 \right] dz \tag{6.14}$$

　実装するには，$\hat{f}$ から $\hat{u}$ を計算すればよい。収束時に (6.7) が 0 になるので，(6.13) から

$$m_* = k_{xX} \hat{u}$$

となる。さらに，

$$(k_{XX} + W^{-1})^{-1} = W^{1/2} W^{-1/2} (k_{XX} + W^{-1})^{-1} W^{-1/2} W^{1/2} = W^{1/2} (I + W^{1/2} k_{XX} W^{1/2})^{-1} W^{1/2}$$

が成立するので，$I + \hat{W}^{1/2} k_{XX} \hat{W}^{1/2} = LL^\top$ （Cholesky 分解），$L\alpha = \hat{W}^{1/2} k_{Xx}$ なる $\alpha \in \mathbb{R}^N$ を計算し，

$$k_* = k_{xx} - \alpha^\top \alpha$$

とすればよい。実際,

$$k_{xX}W^{1/2}(LL^\top)^{-1}W^{1/2}k_{Xx} = k_{xX}W^{1/2}(L^{-1})^\top L^{-1}W^{1/2}k_{Xx} = \alpha^\top\alpha$$

が成立する。この計算は，$O(N^3/3)$ の時間で完了する。

(6.14) の値を求める処理を R 言語で記述すると，たとえば以下のようになる。なお，例 86 の処理を行った直後であることを仮定している。

```
pred = function(z) {
  kk = array(0, dim = n); for (i in 1:n) kk[i] = k(z, x[i, ])
  mu = sum(kk * as.vector(u))  # 平均
  alpha = solve(L, W.p %*% kk); sigma2 = k(z, z) - sum(alpha^2)  # 分散
  m = 1000; b = rnorm(m, mu, sigma2); pi = sum((1 + exp(-b))^(-1)) / m   # 予測値
  return(pi)
}
```

◆ **例 87** 例 86 の処理を行った直後に，関数 pred に Iris データの説明変数 4 個に数値を入れて，setosa である確率（1 から versicolor である確率を引いた値）を求めてみた。setosa, versicolor のそれぞれの説明変数の平均値を入力すると，setosa に対しては 1 に近い値，versicolor に対しては 0 に近い値を示した。

```
z = array(0, dim = 4)
for (j in 1:4) z[j] = mean(x[1:50, j])
pred(z)
```

```
[1] 0.9455452
```

```
for (j in 1:4) z[j] = mean(x[51:100, j])
pred(z)
```

```
[1] 0.05344474
```

6.3 補助変数法

Gauss 過程は，一般に $O(N^3)$ の計算をともなう。そこで，適当な $Z := [z_1, \ldots, z_M] \in E^M$ を選び，生成過程

$$\begin{aligned} f_X &\sim N(m_X, k_{XX}) \\ f(x)|f_X &\sim N(m(x) + k_{xX}k_{XX}^{-1}(f_X - m_X), k(x,x) - k_{xX}k_{XX}^{-1}k_{Xx}) \\ y|f(x) &\sim N(f(x), \sigma^2) \end{aligned}$$

を

$$f_Z \sim N(m_Z, k_{ZZ}) \tag{6.15}$$

$$f(x)|f_Z \sim N(m(x) + k_{xZ}k_{ZZ}^{-1}(f_Z - m_Z), k(x,x) - k_{xZ}k_{ZZ}^{-1}k_{Zx}) \tag{6.16}$$

$$y|f(x) \sim N(f(x), \sigma^2) \tag{6.17}$$

で近似する。ただし, $m_Z = (m(z_1), \ldots, m(z_M))$, $k_{ZZ} = (k(z_i, z_j))_{i,j=1,\ldots,M}$, $k_{xZ} = [k(x, z_1), \ldots, k(x, z_M)]$ (行ベクトル) とおいた。

そして,

◆ **仮定 1** (6.16) の生起が各 $x = x_1, \ldots, x_N$ で独立である。

の仮定のもとで, 以下の命題が成立する。

命題63 生成過程 (6.15)–(6.17) と仮定1のもとで, $\lambda(x_i)$ $(i = 1, \ldots, N)$ を成分とする対角行列を $\Lambda \in \mathbb{R}^{N \times N}$ として,

$$f_Z|Y \sim N(\mu_{f_Z|Y}, \Sigma_{f_Z|Y})$$

$$\mu_{f_Z|Y} = m_Z + k_{ZZ}Q^{-1}k_{ZX}(\Lambda + \sigma^2 I_N)^{-1}(Y - m_X) \tag{6.18}$$

$$\Sigma_{f_Z|Y} = k_{ZZ}Q^{-1}k_{ZZ} \tag{6.19}$$

が成立する。ただし, $\lambda(x) := k(x,x) - k_{xZ}k_{ZZ}^{-1}k_{Zx}$ として, Λ を $\lambda(x_1), \ldots, \lambda(x_N)$ を対角成分にもつ対角行列とし,

$$Q := k_{ZZ} + k_{ZX}(\Lambda + \sigma^2 I_N)^{-1}k_{XZ} \in \mathbb{R}^{M \times M} \tag{6.20}$$

とした。

証明 まず, (6.16) と仮定1より, $f_X := [f(x_1), \ldots, f(x_N)]$ として,

$$f_X|f_Z \sim N(m_X + k_{XZ}k_{ZZ}^{-1}(f_Z - m_Z), \Lambda)$$

が成立する。また, Y と f_X の平均は等しく, σ^2 の分散をのせただけなので,

$$Y|f_Z \sim N(m_X + k_{XZ}k_{ZZ}^{-1}(f_Z - m_Z), \Lambda + \sigma^2 I_N)$$

が得られる。したがって, f_Z, Y の同時分布は,

$(p(f_Z)$ と $p(Y|f_Z)$ の指数部の和)

$$= -\frac{1}{2}(f_Z - m_Z)^\top k_{ZZ}^{-1}(f_Z - m_Z) - \frac{1}{2}\{Y - (m_X + k_{ZX}k_{ZZ}^{-1}(f_Z - m_Z))\}^\top (\Lambda + \sigma^2 I_N)^{-1}$$

$$\cdot \{Y - (m_X + k_{ZX}k_{ZZ}^{-1}(f_Z - m_Z))\} \tag{6.21}$$

とでき, $a = f_Z - m_Z$, $b = Y - m_X$ とおいて (6.21) を f_Z で微分すると

$$-k_{ZZ}^{-1}a + k_{ZZ}^{-1}k_{ZX}(\Lambda + \sigma^2 I_N)^{-1}(b - k_{ZX}k_{ZZ}^{-1}a)$$

$$= k_{ZZ}^{-1}k_{ZX}(\Lambda + \sigma^2 I_N)^{-1}b - k_{ZZ}^{-1}\{k_{ZZ} + k_{ZX}(\Lambda + \sigma^2 I_N)k_{XZ}\}k_{ZZ}^{-1}a$$

$$= k_{ZZ}^{-1}k_{ZX}(\Lambda + \sigma^2 I_N)^{-1}b - k_{ZZ}^{-1}Qk_{ZZ}^{-1}a$$

$$= k_{ZZ}^{-1} Q k_{ZZ}^{-1} \{ k_{ZZ} Q^{-1} k_{ZX} (\Lambda + \sigma^2 I_N)^{-1} b - a \}$$

$$= -\Sigma_{f_Z|Y}^{-1} (f_Z - \mu_{f_Z|Y}) \tag{6.22}$$

とできる。したがって，(6.21) における f_Z に関する項が

$$-\frac{1}{2}(f_Z - \mu_{f_Z|Y})^\top \Sigma_{f_Z|Y}^{-1} (f_Z - \mu_{f_Z|Y}) \tag{6.23}$$

のみであり，命題が証明された。 □

命題 64 生成過程 (6.15)–(6.17) と仮定 1 のもとで，

$$Y \sim N(\mu_Y, \Sigma_Y)$$

$$\mu_Y := m_X \tag{6.24}$$

$$\Sigma_Y := \Lambda + \sigma^2 I_N + k_{XZ} k_{ZZ}^{-1} k_{XZ} \tag{6.25}$$

証明 Y の平均 μ_Y が m_X であることは明らかなので，その共分散行列 Σ_Y を求める。$a := f_Z - m_Z$，$b := Y - m_X$ とおくと，(6.21), (6.23)，すなわち $p(Y, f_Z)$ と $p(f_Z|Y)$ の指数部はそれぞれ

$$-\frac{1}{2}a^\top k_{ZZ}^{-1} a - \frac{1}{2}(b - k_{ZX} k_{ZZ}^{-1} a)^\top (\Lambda + \sigma^2 I)^{-1} (b - k_{ZX} k_{ZZ}^{-1} a) \tag{6.26}$$

$$-\frac{1}{2}(a - k_{ZZ} Q^{-1} k_{ZX} (\Lambda + \sigma^2 I_N)^{-1} b)^\top (k_{ZZ} Q^{-1} k_{ZZ})^{-1} (a - k_{ZZ} Q^{-1} k_{ZX} (\Lambda + \sigma^2 I_N)^{-1} b) \tag{6.27}$$

と書ける。(6.20) より，

$$-\frac{1}{2}a^\top k_{ZZ}^{-1} a - \frac{1}{2}(k_{ZX} k_{ZZ}^{-1} a)^\top (\Lambda + \sigma^2 I)^{-1} k_{ZX} k_{ZZ}^{-1} a = -\frac{1}{2}a^\top k_{ZZ}^{-1} Q k_{ZZ}^{-1} a$$

とでき，$p(Y, f_2) = p(f_2|Y)p(Y)$ より，(6.26), (6.27) の差が $p(Y)$ の指数部となり，

$$-\frac{1}{2}b^\top (\Lambda + \sigma^2 I)^{-1} b + \frac{1}{2}b^\top (\Lambda + \sigma^2 I_N)^{-1} k_{XZ} Q^{-1} k_{ZX} (\Lambda + \sigma^2 I_N)^{-1} b$$

と書ける（a のつく項は残らないので，$a = 0$ とおいて差をとってもよい）。さらに，Woodbury-Sherman-Morrison 公式 (6.9) で，$A = \Lambda + \sigma^2 I_N$，$U = k_{XZ}$，$V = k_{ZX}$，$W = k_{ZZ}^{-1}$ とおくと，この値は，

$$-\frac{1}{2}b^\top (\Lambda + \sigma^2 I_N + k_{XZ} k_{ZZ}^{-1} k_{XZ})^{-1} b$$

と書け，(6.25) が得られる。 □

命題 65 生成過程 (6.15)–(6.17) と仮定 1 のもとで，各 $x \in E$ は

$$f(x)|Y \sim N(\mu(x), \sigma^2(x))$$

$$\mu(x) := m(x) + k_{xZ} k_{ZZ}^{-1} (\mu_{f_Z|Y} - m_Z)$$

$$= m(x) + k_{xZ} Q^{-1} k_{ZX} (\Lambda + \sigma^2 I_N)^{-1} (Y - m_X) \tag{6.28}$$

$$\sigma^2(x) := k(x, x) - k_{xZ} (K_{ZZ}^{-1} - Q^{-1}) k_{Zx}$$

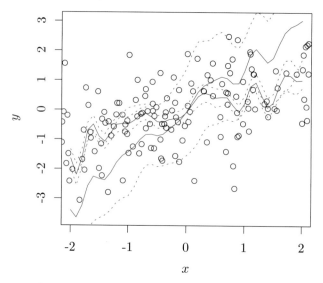

図6.2　赤が補助点法，青が通常の Gauss 過程

　証明　まず，$Y \to f_Z \to f(x)$ の順で Markov 連鎖をなすことに注意する．以下では，$f(x)|f_Z$ ではなく，$f(x)|Y$ の分布，すなわち，$f(x)|f_Z$ と $f_Z|Y$ の両方の分布を考える．(6.16) において，平均が $k_{xZ}k_{ZZ}^{-1}(f_Z - m_Z)$ の項は，$f_Z|Y$ で平均をとると，$k_{xZ}k_{ZZ}^{-1}(\mu_{f_Z|Y} - m_Z)$ となる．したがって，(6.28) が得られる．また，その項について $f_Z|Y$ の分散をとると，$k_{xZ}k_{ZZ}^{-1}(f_Z - \mu_{f_Z|Y})$ の分散と同じ値になり，

$$\mathbb{E}[k_{xZ}k_{ZZ}^{-1}(f_Z - \mu_{f_Z|Y})(f_Z - \mu_{f_Z|Y})^\top k_{ZZ}^{-1}k_{Zx}] = k_{xZ}k_{ZZ}^{-1}\Sigma_{f_Z|Y}k_{ZZ}^{-1}k_{Zx} = k_{xZ}Q^{-1}x_{Zx} \quad (6.29)$$

と書ける．ただし，f_Z は Y のもとで変動するものとする．また，(6.16) より，$f(x)|f_Z$ の分散 $\lambda(x) = k(x,x) - k_{xZ}k_{ZZ}^{-1}k_{Zx}$ が f_Z に依存しないので，$f(x)|Y$ の分散が，$f(x)|f_Z$ の分散 $\lambda(x)$ と (6.29) の和で書ける．すなわち，$\sigma^2(x) = \lambda(x) + k_{xZ}Q^{-1}x_{Zx}$ とできる．　　　□

　補助変数法を用いる場合，k_{ZZ}, k_{xZ} の計算がそれぞれ $O(M^2), O(M)$，Λ が $O(N)$，Q, Q^{-1} の計算が $O(NM^2), O(M^3)$ かかる．掛け算も $O(NM^2)$ で完了する．他方，補助変数法を用いないと $O(N^3)$ の計算時間がかかる．補助変数法では k_{XX} を用いない．

　補助点 $z_1, \ldots, z_M$ の選び方として，$x_1, \ldots, x_N$ から無作為に選ぶ，もしくは K-means クラスタリングによって選ぶなどの方法がとられる．

◆ **例 88**　上記の議論に基づいて，補助点法による関数 `gp.ind` を構成し，補助点法を用いない `gp.1` と性能を比較してみた（図6.2）．

```
1  sigma.2 = 0.05   # 本来は推定すべき
2  k = function(x, y) exp(-(x-y) ^ 2 / 2 / sigma.2)   # 共分散関数
3  mu = function(x) x                                 # 平均関数
4  n = 200; x = runif(n)*6 - 3; y = sin(x/2) + rnorm(n)   # データ生成
5  eps = 10 ^ (-6)
6
```

```
 7  m = 100
 8  index = sample(1:n, m, replace = FALSE)
 9  z = x[index]
10  m.x = 0
11  m.z = 0
12  K.zz = array(dim = c(m, m)); for (i in 1:m) for (j in 1:m) K.zz[i, j] = k(z[i], z[j])
13  K.xz = array(dim = c(n, m)); for (i in 1:n) for (j in 1:m) K.xz[i, j] = k(x[i], z[j])
14  K.zz.inv = solve(K.zz + diag(rep(10 ^ eps, m)))
15  lambda = array(dim = n)
16  for (i in 1:n) lambda[i] = k(x[i], x[i]) - K.xz[i, 1:m] %*% K.zz.inv %*% K.xz[i, 1:m]
17  Lambda.0.inv = diag(1 / (lambda + sigma.2))
18  Q = K.zz + t(K.xz) %*% Lambda.0.inv %*% K.xz   # Q の計算は O(n^3) を要求しない
19  Q.inv = solve(Q + diag(rep(eps, m)))
20  muu = Q.inv %*% t(K.xz) %*% Lambda.0.inv %*% (y - m.x)
21  dif = K.zz.inv - Q.inv
22  K = array(dim = c(n, n)); for (i in 1:n) for (j in 1:n) K[i, j] = k(x[i], x[j])
23  R = solve(K + sigma.2 * diag(n))                # O(n^3) の計算が必要
24
25  gp.ind = function(x.pred) {
26    h = array(dim = m); for (i in 1:m) h[i] = k(x.pred, z[i])
27    mm = mu(x.pred) + h %*% muu
28    ss = k(x.pred, x.pred) - h %*% dif %*% h
29    return(list(mm = mm, ss = ss))
30  }                              # 補助変数法を用いる
31
32  gp.1 = function(x.pred) {
33    h = array(dim = n); for (i in 1:n) h[i] = k(x.pred, x[i])
34    mm = mu(x.pred) + t(h) %*% R %*% (y - mu(x))
35    ss = k(x.pred, x.pred) - t(h) %*% R %*% h
36    return(list(mm = mm, ss = ss))
37  }                              # 補助変数法を用いない
38
39  x.seq = seq(-2, 2, 0.1)
40  mmv = NULL; ssv = NULL
41  for (u in x.seq) {
42    mmv = c(mmv, gp.ind(u)$mm)
43    ssv = c(ssv, gp.ind(u)$ss)
44  }
45  plot(0, xlim = c(-2, 2), ylim = c(min(mmv), max(mmv)), type = "n")
46  lines(x.seq, mmv, col = "red")
47  lines(x.seq, mmv + 3*sqrt(ssv), lty = 3, col = "red")
48  lines(x.seq, mmv - 3*sqrt(ssv), lty = 3, col = "red")
49
50  x.seq = seq(-2, 2, 0.1)
51  mmv = NULL; ssv = NULL
52  for (u in x.seq) {
53    mmv = c(mmv, gp.1(u)$mm)
54    ssv = c(ssv, gp.1(u)$ss)
```

```
55 │ }
56 │
57 │ lines(x.seq, mmv, col = "blue")
58 │ lines(x.seq, mmv + 3*sqrt(ssv), lty = 3, col = "blue")
59 │ lines(x.seq, mmv - 3*sqrt(ssv), lty = 3, col = "blue")
60 │ points(x, y)
```

6.4　Karhunen-Lóeve 展開

　本節でも引き続き，確率空間 $(\Omega, \mathcal{F}, P)$，$f : \Omega \times E \ni (\omega, x) \to f(\omega, x) \in H$ の対応を検討する。また，本節では H は一般の可分な Hilbert 空間とする。以下では，$f(x)$ ではなく $f(\omega, x)$ で，各 $x \in E$ で定義されている確率変数をあらわす。特に，f に関して2乗平均連続過程 (mean-square continuous process)，すなわち，$x \in E$ に収束する任意の E の列 $\{x_n\}$ に対して

$$\lim_{n \to \infty} \mathbb{E}|f(\omega, x_n) - f(\omega, x)|^2 = 0 \tag{6.30}$$

となることを仮定する。そして，Gauss過程でなくてもよく，$x, y \in E$ における平均，共分散は

$$m(x) = \mathbb{E}f(\omega, x)$$
$$k(x, y) = \mathrm{Cov}(f(\omega, x), f(\omega, y))$$

で与えられるものとする。第5章では $k(X, \cdot)$ の平均および共分散を求めたが，ここでは $x, y \in E$ は確率変動せず，m, k は $f(\omega, \cdot)$ の変動による平均，共分散をあらわしている。

　以下では，E がコンパクトであることを仮定する。

　命題66　f が2乗平均連続過程であることと，m, k が連続であることは同値である。

　証明は章末の付録を参照されたい。

　以下では，議論を簡単にするために $m \equiv 0$ を仮定する。E がコンパクトであるので，各 E_i の直径は $1/n$ 以下であるとする。ただし，各 E_i は距離空間であり，E_i に含まれる2要素の距離の最大値を直径と定義としている。E の分割 $\bigcup_{i=1}^{M(n)} E_i = E$ ($E_i \cap E_j = \varnothing$, $i \neq j$) および分割数 $M(n)$ が存在する。そして，内部の点の対 $\{(E_i, x_i)\}_{1 \leq i \leq M(n)}$，および $g \in L(E, \mathcal{B}(E), \mu)$ に対して，

$$I_f(g; \{(E_i, x_i)\}_{1 \leq i \leq M(n)}) := \sum_{i=1}^{M(n)} f(\omega, x_i) \int_{E_i} g(y) d\mu(y)$$

を定義する。このとき，

$$\int_{\Omega} \{I_f(g; \{(E_i, x_i)\}_{1 \leq i \leq M(n)})\}^2 dP(\omega) \leq 2 \sum_{i=1}^{M(n)} \int_{\Omega} \{f(\omega, x_i)\}^2 \{\int_{E_i} g(u) d\mu(u)\}^2 dP(\omega)$$

$$= 2 \sum_{i=1}^{M(n)} k(x_i, x_i) \int_{E_i} \{g(u)\}^2 d\mu(u) < \infty$$

が成立する。したがって，$I_f(g; \{(E_i, x_i)\}_{1 \leq i \leq M(n)}) \in L^2(\Omega, \mathcal{F}, P)$ となる。この値は，分割の仕方や内部の点の選び方で異なるが，n を大きくすることによって，I_f の値の差異が 0 に収束する。実際，

$$\mathbb{E}\left[|I_f(g; \{(E_i, x_i)\}_{1 \leq i \leq M(n)}) - I_f(g; \{(E_j', x_j')\}_{1 \leq j \leq M(n')})|^2\right]$$

$$= \sum_{i=1}^{M(n)} \sum_{i'=1}^{M(n)} k(x_i, x_{i'}) \int_{E_i} g(u) d\mu(u) \int_{E_{i'}} g(v) d\mu(v)$$

$$+ \sum_{j=1}^{M(n')} \sum_{j'=1}^{M(n')} k(x_j, x_{j'}) \int_{E_j} g(u) d\mu(u) \int_{E_{j'}} g(v) d\mu(v)$$

$$- 2 \sum_{i=1}^{M(n)} \sum_{j=1}^{M(n')} k(x_i, x_{j'}) \int_{E_i} g(u) d\mu(u) \int_{E_j} g(v) d\mu(v)$$

k が一様連続であるので，右辺の各二重和は

$$\int_E \int_E k(u, v) g(u) g(v) d\mu(u) d\mu(v)$$

に収束する。Cauchy 列が 0 に収束するので，その収束先 $I_f(\omega, g)$ は，$\{(E_i, x_i)\}_{1 \leq i \leq M(n)}$ の選び方によらず，$L^2(\Omega, \mathcal{F}, P)$ に含まれる。

また，積分作用素 $T_k \in B(L^2(E, \mathcal{B}(E), \mu))$,

$$T_k g(\cdot) = \int_E k(y, \cdot) g(y) d\mu(y) \quad (g \in L^2(E, \mathcal{B}(E), \mu))$$

から得られる固有値，固有関数を $\{\lambda_j\}_{j=1}^{\infty}$, $\{e_j(\cdot)\}_{j=1}^{\infty}$ とすれば，共分散関数 k は，Mercer の定理によって，

$$k(x, y) = \sum_{j=1}^{\infty} \lambda_j e_j(x) e_j(y) \tag{6.31}$$

と書ける。ただし，和はその台の上で絶対かつ一様収束するものとする。

まず，以下が成立する。

命題 67 $\{f(\omega, x)\}_{x \in E}$ が 2 乗平均連続過程で，平均が 0 のとき，各 $g, h \in L^2(E, \mathcal{F}, \mu)$ について

(1) $\mathbb{E}[I_f(\omega, g)] = 0$

(2) $\mathbb{E}[I_f(\omega, g) f(\omega, x)] = \int_E k(x, y) g(y) d\mu(y)$, $x \in E$

(3) $\mathbb{E}[I_f(\omega, g) I_f(\omega, h)] = \int_E \int_E k(x, y) g(x) h(y) d\mu(x) d\mu(y)$

が成立し，特に

$$\mathbb{E}[I_f(\omega, e_i) I_f(\omega, e_j)] = \delta_{i,j} \lambda_i \tag{6.32}$$

が成り立つ。

証明 (1)–(3) の証明は章末の付録を参照されたい。(6.32) は，Mercer の定理 (6.31) および $g = e_i$, $h = e_j$ を上記の (3) に代入して，

$$\mathbb{E}[I_f(\omega, e_i)I_f(\omega, e_j)] = \int_E \int_E \sum_{r=1}^{\infty} \lambda_r e_r(x)e_r(y)e_i(x)e_j(y)d\mu(x)d\mu(y)$$

より得られる。 □

さらに，以下の定理が成立する。

命題 68（Karhunen-Lóeve [16, 17]） $\{f(\omega, x)\}_{x \in E}$ が 2 乗平均連続過程で，平均が 0 のとき，$f_n(\omega, x) := \sum_{j=1}^{n} I_f(\omega, e_j)e_j(x)$ として，

$$\lim_{n \to \infty} \sup_{x \in E} \mathbb{E}|f(\omega, x) - f_n(\omega, x)|^2 = 0$$

証明 (6.32) より，

$$\mathbb{E}[f_n(\omega, x)^2] = \mathbb{E}\left[\left\{\sum_{j=1}^{n} I_f(\omega, e_j)e_j(x)\right\}^2\right]$$

$$= \sum_{i=1}^{n} \sum_{j=1}^{n} \mathbb{E}[I_f(\omega, e_i)I_f(\omega, e_j)]e_i(x)e_j(x) = \sum_{j=1}^{n} \lambda_j e_j^2(x)$$

が成立する。また，(6.31) および命題 67 の (2) より，

$$\mathbb{E}[f_n(\omega, x)f(\omega, x)] = \mathbb{E}\left[\sum_{j=1}^{n} I_f(\omega, e_j)e_j(x)f(\omega, x)\right] = \sum_{j=1}^{n} e_j(x) \int_E k(x, y)e_j(y)d\mu(y)$$

$$= \sum_{j=1}^{n} \lambda_j e_j^2(x) \int_E e_j^2(y)d\mu(y) = \sum_{j=1}^{n} \lambda_j e_j^2(x)$$

が成り立つ。これは，

$$\mathbb{E}|f_n(\omega, x) - f(\omega, x)|^2 = \mathbb{E}[f_n(\omega, x)^2] - 2\mathbb{E}[f_n(\omega, x)f(\omega, x)] + \mathbb{E}[f(\omega, x)^2]$$

$$= \sum_{j=1}^{n} \lambda_j e_j^2(x) - 2\sum_{j=1}^{n} \lambda_j e_j^2(x) + k(x, x) = k(x, x) - \sum_{j=1}^{n} \lambda_j e_j^2(x)$$

を意味する。 □

Gauss 過程を仮定しない一般の 2 乗平均連続過程では，Karhunen-Lóeve の定理による級数展開は，$I_f(\omega, e_j)/\sqrt{\lambda_j}$ が平均 0，分散 1 の確率変数になる。Gauss 過程（$f(x)$, $x \in E$ が正規分布にしたがう）を仮定すると，z_j が独立な標準正規分布にしたがうとして，

$$f_n(x) = \sum_{j=1}^{n} z_j \sqrt{\lambda_j}\, e_j(x) \tag{6.33}$$

と書ける。

$E := [0, 1]$ として，確率空間 $(\Omega, \mathcal{F}, P)$ について，以下の条件を満足する $\Omega \times E \ni (\omega, x) \mapsto f(\omega, x) \in \mathbb{R}$ を Brown 運動という。

(1) $f(\omega, 0) = 0$, $f(\omega, x) - f(\omega, y) \sim N(0, y - x)$, $0 \le x < y$

(2) 任意の $n = 1, 2, \ldots$ および $0 \le x_1 < x_2 < \cdots < x_n$ について, $f(\omega, x_2) - f(x_1), \ldots, f(\omega, x_{n-1}) - f(\omega, x_n)$ が独立

(3) 確率が 1 となる $\Omega \in \mathcal{F}$ が存在し, 各 $\omega \in \Omega$ について, $E \ni x \to f(\omega, x)$ が連続

このとき, 以下が成立する.

命題 69 Brown 運動であることと, 以下の 3 条件が同時に成立することは同値である.

(1) Gauss 過程である.
(2) $x, y \in E$ の共分散関数が $k(x, y) = \min(x, y)$ で与えられる.
(3) 確率 1 で $f(\omega, \cdot)$ が連続である.

証明 実際, 定義の (1), (2) を仮定すると, 命題 69 の (1) が成り立つ. また, $x < y$ であれば,

$$\mathbb{E}[f(\omega, x) f(\omega, y)] = \mathbb{E}[f(\omega, x)^2] + \mathbb{E}[f(\omega, x)\{f(\omega, y) - f(\omega, x)\}] = x$$

が成立するので, 命題 69 の (2) が成り立つ. 逆に, 命題 69 の (1), (2) を仮定する. 簡単のため $m \equiv 0$ を仮定すると $k(x, x) = x$ であるので, $x \le y \le z$ のとき,

$$\mathbb{E}[f(\omega, x)\{f(\omega, y) - f(\omega, z)\}] = k(x, y) - k(x, z) = 0$$

および

$$\mathbb{E}[f(\omega, y)\{f(\omega, y) - f(\omega, z)\}] = k(y, y) - k(y, z) = y - y = 0$$

が成立し, これは,

$$\mathbb{E}[\{f(\omega, x) - f(\omega, y)\}\{f(\omega, y) - f(\omega, z)\}] = 0$$

を意味する. また, $k(0, 0) = 0$ より, $f(\omega, 0)$ の分散は 0 であるので, $f(\omega, 0) = 0$. さらに $x \le y$ のとき

$$\mathbb{E}[\{f(\omega, x) - f(\omega, y)\}^2] = k(x, x) - 2k(x, y) + k(y, y) = x - 2x + y = y - x$$

が成り立つ. □

◆ **例 89（Gauss 過程としての Brown 運動）** Brown 運動の共分散関数 $k(x, y) = \min(x, y)$ (x, $y \in E$) に関する積分作用素（例 58）について, その固有値, 固有関数はそれぞれ (3.13), (3.14) となる. これらを用いて $f(\omega, \cdot)$ を展開すると, 以下のようになる. (6.33) から, $z_j \in N(0, 1)$ として,

$$f_n(x) = \sum_{j=1}^{n} z_j(\omega) \sqrt{\lambda_j} \, e_j(x)$$

系列 $\{z_i(\omega)\}_{i=1}^{n}$ を m 回発生させた（図 6.3, $n = 10$, $m = 7$）. 実行は下記コードによった.

```
1  lambda = function(j) 4 / ((2*j-1)*pi) ^ 2        # 固有値
2  ee = function(j, x) sqrt(2) * sin((2*j-1)*pi/2*x)  # 固有関数の定義
3  n = 10; m = 7
```

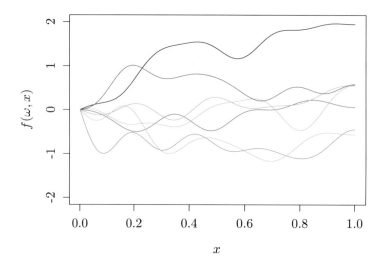

図 **6.3** Brown 運動の標本経路を 7 回発生させた。各実行は 10 項までの和とした。

```
4  f = function(z, x) {                          # ガウス過程の定義
5    n = length(z)
6    S = 0; for (i in 1:n) S = S + z[i] * ee(i, x) * sqrt(lambda(i))
7    return(S)
8  }
9  plot(0, xlim = c(-3, 3), ylim = c(-2, 2), type = "n", xlab = "x", ylab = "f(omega, x)")
10 for (j in 1:m) {
11   z = rnorm(n)
12   x.seq = seq(-3, 3, 0.001)
13   y.seq = NULL; for (x in x.seq) y.seq = c(y.seq, f(z, x))
14   lines(x.seq, y.seq, col = j)
15 }
16 title("Brown Motion")
```

機械学習の RKHS というよりは，確率過程で用いられるカーネルとして，Matérn カーネルとよばれているものがある。$x, y \in E$ におけるカーネル $k(x, y) = \varphi(z)$, $z := x - y$ が

$$\varphi(z) := \frac{2^{1-\nu}}{\Gamma(\nu)} \left(\frac{\sqrt{2\nu}z}{l} \right) K_\nu \left(\frac{\sqrt{2\nu}z}{l} \right) \tag{6.34}$$

として書けるものをさす。ただし，$\nu, l > 0$ はカーネルのパラメータ，K_ν は第 2 種変形 Bessel 関数である。

$$K_\nu(x) := \frac{\pi}{2} \cdot \frac{I_{-\alpha}(x) - I_\alpha(x)}{\sin(\alpha x)}$$

$$I_\alpha(x) := \sum_{m=0}^{\infty} \frac{1}{m! \, \Gamma(m + \alpha + 1)} \left(\frac{x}{2} \right)^{2m+\alpha}$$

実際には，(6.34) で p を正整数として，$\nu = p + 1/2$ の場合が用いられる。1次元の場合，

$$\varphi_\nu(z) = \exp\left(-\frac{\sqrt{2\nu}z}{l}\right) \frac{\Gamma(p+1)}{\Gamma(2p+1)} \sum_{i=0}^{p} \frac{(p+i)!}{i!(p-i)!} \left(\frac{\sqrt{8\nu}z}{l}\right)^{p-i} \tag{6.35}$$

となる。たとえば，$\nu = 5/2, 3/2, 1/2$ の場合，それぞれ以下のようになる。$\nu = 1/2$ の場合の確率過程を特に，Orstein-Uhlenbeck 過程という。

$$\varphi_{5/2}(z) = \left(1 + \frac{\sqrt{5}z}{l} + \frac{5z^2}{3l^2}\right) \exp\left(-\frac{\sqrt{5}z}{l}\right)$$

$$\varphi_{3/2}(z) = \left(1 + \frac{\sqrt{3}z}{l}\right) \exp\left(-\frac{\sqrt{3}z}{l}\right)$$

$$\varphi_{1/2}(z) = \exp(-z/l)$$

R 言語で書くと，以下のようになる。

```
matern = function(nu, l, r) {
  p = nu - 1/2
  S = 0
  for (i in 0:p)
    S = S + gamma(p+i+1) / gamma(i+1) / gamma(p-i+1) * (sqrt(8*nu)*r/l) ^ (p-i)
  S = S * gamma(p+2) / gamma(2*p+1) * exp(-sqrt(2*nu)*r/l)
  return(S)
}
```

◆ 例 90 $l = 0.1, 0.02$，$\nu = 1/2, 3/2, \ldots, m + 1/2$ に対する Matérn カーネルの値を表示した（図 6.4）。

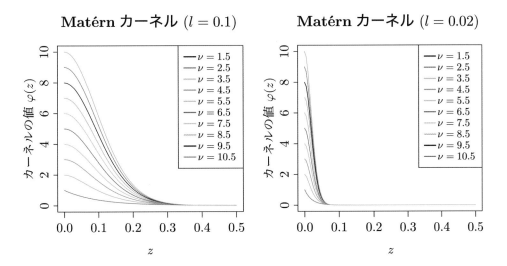

Matérn カーネル ($l = 0.1$)   **Matérn カーネル** ($l = 0.02$)

図 **6.4** $\nu = 1/2, 3/2, \ldots, m + 1/2$ に対する Matérn カーネルの値（例 90）。$l = 0.1$（左）と $l = 0.02$（右）。

```
1  m = 10
2  l = 0.1
3  for (i in 1:1) curve(matern(i-1/2, l, x), 0, 0.5, ylim = c(0, 10), col = i+1)
4  for (i in 2:m) curve(matern(i-1/2, l, x), 0, 0.5, ylim = c(0, 10),
5                       ann = FALSE, add = TRUE, col = i+1)
6  legend("topright", legend = paste("nu = ", (1:m)+0.5), lwd = 2, col = 1:m)
7  title("Matern Kernel (l = 1)")
```

 Matérn カーネルや一般の場合，Gauss カーネルや Brown 運動のように固有値・固有関数を解析的に求めることができない。その場合でも Gauss 過程を仮定し，$x_1, \ldots, x_n \in E$ を求め，その Gram 行列を求めれば，共分散行列になるので，Gauss 分布にしたがう n 変量の乱数を発生させればよい。近似的な方法であるが，汎用性が大きい。

◆ **例 91** $n = 100$, $l = 0.1$ として，Orstein-Uhlenbeck 過程（$\nu = 1/2$, 上）と Matérn 過程（$\nu = 3/2$, 下）を表示した（図 6.5）。

```
1  rand.100 = function(Sigma) {
2    L = t(chol(Sigma))          # 共分散行列を Cholesky 分解
3    u = rnorm(100)
4    y = as.vector(L %*% u)      # 平均 0 の共分散行列の乱数を 1 組生成
5  }
6
7  x = seq(0, 1, length = 100)
8  z = abs(outer(x, x, "-"))   # compute distance matrix, d_{ij} = |x_i - x_j|
9  l = 0.1
10
11 Sigma_OU = exp(-z / l)      # OU: matern(1/2, l, z) では遅い
12 y = rand.100(Sigma_OU)
13
14 plot(x, y, type = "l", ylim = c(-3, 3))
15 for (i in 1:5) {
16   y = rand.100(Sigma_OU)
17   lines(x, y, col = i+1)
18 }
19 title("OU process (nu = 1/2, l = 0.1)")
20
21 Sigma_M = matern(3/2, l, z)    # Matern
22 y = rand.100(Sigma_M)
23 plot(x, y, type = "l", ylim = c(-3, 3))
24 for (i in 1:5) {
25   y = rand.100(Sigma_M)
26   lines(x, y, col = i+1)
27 }
28 title("Matern process (nu = 3/2, l = 0.1)")
```

OU 過程 ($\nu = 1/2$, $l = 0.1$)

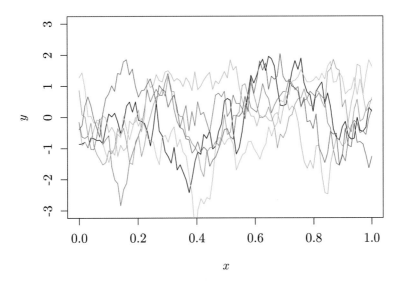

Matérn 過程 ($\nu = 3/2$, $l = 0.1$)

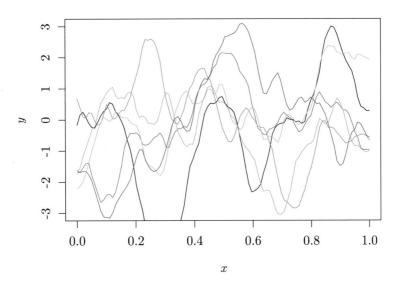

図 **6.5** Orstein-Uhlenbeck 過程 ($\nu = 1/2$, 上) と Matérn 過程 ($\nu = 3/2$, 下)。ともに $l = 0.1$ とした。

6.5 関数データ解析

以下では，確率空間を $(\Omega, \mathcal{F}, P)$，H を可分な Hilbert 空間として，写像 $F : \Omega \to H$ が可測であること，すなわち，H における各開集合（$g \in H$, $r \in (0, \infty)$ に対して $\{h \in H \mid \|g - h\| < r\}$）の逆像が $\mathcal{F}$ の要素になっていることを仮定する。そのような $F : \Omega \to H$ を H のランダム要素 (random element) とよぶ。ランダム要素は，直感的な言い方をすれば，H に値をとる確率変数ということになる。

　これまでは，$f : \Omega \times E \to \mathbb{R}$ が各 $x \in E$ で可測であることを仮定していた（確率過程）。本節では，それを仮定しない状況を扱う。また，本来は $F(\omega)$ と書くべきであるが，記法が煩雑になるので，ランダム要素でも通常の H の要素と同様に，F と書くものとする。

　本書では詳細について触れないが，確率過程とランダム要素の間には，以下の関係があることが知られている。両者が近い関係にある点だけを理解すればよい。

命題 70（Hsing-Eubank [13]）

(1) $f : \Omega \times E \to \mathbb{R}$ が $\Omega \times E$ について可測であって，各 $\omega \in \Omega$ について $f(\omega, \cdot) \in H$ であれば，$f(\omega, \cdot)$ は H のランダム要素である。

(2) 各 $x \in E$ で $f(\cdot, x) \to \mathbb{R}$ が可測であって，各 $\omega \in \Omega$ で $f(\omega, \cdot)$ が連続であれば，$f(\omega, \cdot)$ は H のランダム要素である。

(3) $f : \Omega \times E \to \mathbb{R}$ が（平均 0 の）2 乗平均連続過程であれば，その共分散関数を k としたときに，共分散作用素が

$$H \ni g \mapsto \int_E k(\cdot, y) g(y) d\mu(y) \in H$$

で与えられる H のランダム要素が存在する。

(4) 可測な再生核 k をもつ RKHS $H(k)$ のランダム要素は確率過程であり，RKHS $H(k)$ に値をとる確率過程は $H(k)$ のランダム要素である。

　証明は [13], Chapter 7 を参照されたい。

　本節では，ランダム要素の性質を学び，関数データ解析 [20] への応用をはかる。

　まず，$E(\|F\|) < \infty$ のもとで，各 $g \in H$ に対して $\langle F, g \rangle$ の平均 $\mathbb{E}[\langle F, g \rangle]$ は，$g \to \mathbb{E}[\langle F, g \rangle]$ が線形汎関数になるので，命題 22 を用いて

$$\mathbb{E}[\langle F, g \rangle] = \langle m, g \rangle \tag{6.36}$$

となる $m \in H$ が存在して一意である。そして，これを形式的に $m = \mathbb{E}[F]$ と書き，ランダム要素 F の平均の定義とする。

命題 71　$\mathbb{E}\|F\|^2 < \infty$ のとき，

$$\mathbb{E}\|F - m\|^2 = \mathbb{E}\|F\|^2 - \|m\|^2$$

が成立する。

証明　(6.36) で $g = m$ とおいて，

$$\mathbb{E}\|F - m\|^2 = \mathbb{E}\|F\|^2 - 2\mathbb{E}\langle F, m \rangle + \|m\|^2 = \mathbb{E}\|F\|^2 - 2\langle m, m \rangle + \|m\|^2$$

が得られる。　　　　　　　　　　　　　　　　　　　　　　　　　　　　　　　　□

　$\mathbb{E}\|F\|^2 < \infty$ は $\mathbb{E}\|F\| < \infty$ を意味するので，本節では前者を仮定して議論をすすめる。

　また，共分散に関しては，$H = \mathbb{R}^p$ であれば，$F \in \mathbb{R}^p$ に対して，共分散行列は

$$\mathbb{E}[(F - \mathbb{E}[F])(F - \mathbb{E}[F])^\top] = \mathbb{E}[(F - \mathbb{E}[F]) \otimes (F - \mathbb{E}[F])] \in \mathbb{R}^{p \times p}$$

となる。一般の Hilbert 空間 H について,

$$H^2 \ni (g, h) \mapsto \mathbb{E}[\langle F - m, g \rangle \langle F - m, h \rangle] \in \mathbb{R}$$

なる対応は, g, h それぞれについて線形である。また, $\mathbb{E}\|F\|^2 < \infty$ であれば,

$$\mathbb{E}[\langle F - m, g \rangle \langle F - m, h \rangle] \leq \mathbb{E}\|F - m\|^2 \cdot \|g\|\,\|h\| \leq \mathbb{E}\|F\|^2 \cdot \|g\|\,\|h\|$$

より有界である。そして, 記法として, $u, v, w \in H$ に対して, $u \otimes v \in B(H)$ を

$$H \ni w \mapsto (u \otimes v)w = \langle u, w \rangle v \in H$$

であると定義すると,

$$\mathbb{E}[\langle F - m, g \rangle \langle F - m, h \rangle] = \mathbb{E}[\langle \{(F - m) \otimes (F - m)\}g, h \rangle] = \langle Kg, h \rangle = \langle g, K^* h \rangle$$

なる $K \in B(H)$ が存在する。g, h を交換しても同じ値になるので, K, K^* は一致し, 自己共役となる。そして, これを共分散作用素 (covariance operator) といい, 形式的に $K = \mathbb{E}[(F - m) \otimes (F - m)]$ と書く。

命題 72
$$\mathbb{E}[(F - m) \otimes (F - m))] = \mathbb{E}[F \otimes F] - m \otimes m$$
が成立する。

証明 (6.36) より, 任意の $g, h \in H$ について,

$$\mathbb{E}[\langle m, g \rangle \langle F, h \rangle] = \langle m, g \rangle \langle \mathbb{E}[F], h \rangle = \langle m, g \rangle \langle m, h \rangle = \langle (m \otimes m)g, h \rangle$$

が成り立つ。また,

$$\langle F - m, g \rangle \langle F - m, h \rangle = \langle F, g \rangle \langle F, h \rangle - \langle F, g \rangle \langle m, h \rangle - \langle F, g \rangle \langle m, h \rangle + \langle m, g \rangle \langle m, h \rangle$$

より,

$$\mathbb{E}[\langle \{(F - m) \otimes (F - m)\}g, h \rangle] = \mathbb{E}[\langle \{F \otimes F - m \otimes m\}g, h \rangle]$$

が成立する。 $\square$

以下では, 簡単のため $m = 0$ として, 議論をすすめる。

命題 73 $m = 0$ で $\mathbb{E}\|F\|^2 < \infty$ とするとき,

(1) 共分散作用素 K は非負定値で, トレースクラス作用素で, そのトレースは

$$\|K\|_{TR} = \mathbb{E}\|F\|^2$$

となる。

(2) 確率 1 で $F \in \overline{\mathrm{Im}(K)}$ が成立する。

証明　(1): $g \in H$ について

$$\langle Kg, g \rangle = \mathbb{E}[\langle F, g \rangle \langle F, g \rangle] \geq 0$$

が成り立ち，非負定値になる．また，$\{e_j\}$ を正規直交基底として，

$$\|K\|_{TR} = \sum_{j=1}^{\infty} \langle Ke_j, e_j \rangle = \sum_{j=1}^{\infty} \langle \mathbb{E}[F \otimes F]e_j, e_j \rangle = \mathbb{E}\|F\|^2 < \infty$$

が成立する．(2): まず，一般に

$$(\operatorname{Im}(K))^{\perp} = \operatorname{Ker}(K) \tag{6.37}$$

が成り立つことに注意する．実際，$g \in \operatorname{Ker}(K)$ とおけば，自己共役 $(K = K^*)$ であり，

$$\langle g, Kh \rangle = \langle Kg, h \rangle = 0 \quad (h \in H)$$

となる．したがって，g は $Im(K)$ のどの要素とも直交し，$g \in \operatorname{Im}(K)^{\perp}$ が必要である．逆に，$g \in \operatorname{Im}(K)^{\perp}$ であれば，$KKg \in \operatorname{Im}(K)$ となり，$\|Kg\| = \langle g, KKg \rangle = 0$，すなわち $g \in \operatorname{Ker}(K)$ が成立する．このことは，$g \in \operatorname{Im}(K)^{\perp}$ について $\mathbb{E}[\langle F, g \rangle^2] = \langle Kg, g \rangle = 0$ であり，F は任意の $g \in \operatorname{Im}(K)^{\perp}$ と確率 1 で直交することを意味する．したがって，命題 20 より，確率 1 で

$$F \in (\operatorname{Im}(K))^{\perp\perp} = \overline{\operatorname{Im}(K)}$$

が成立する．　　　　　　　　　　　　　　　　　　　　　　　　　　　□

また，命題 27，命題 31，命題 73 の (1) より，以下が成立する．

命題 74　共分散作用素 K の固有値関数 $\{e_j\}$ は $\overline{\operatorname{Im}(K)}$ の正規直交基底，対応する固有値 $\{\lambda_j\}_{j=1}^{\infty}$ は非負で，0 に低減する系列である．また，非ゼロ固有値の重複度は有限である．

また，命題 73 と命題 74 より，以下が成立する．

命題 75　$\{f_j\}$ が H の正規直交基底であるとき，

$$\mathbb{E}\left\|F - \sum_{j=1}^{n} \langle F, f_j \rangle f_j\right\|^2 = \mathbb{E}\|F\|^2 - \sum_{j=1}^{n} \langle Kf_j, f_j \rangle \tag{6.38}$$

が成立し，$f_j = e_j \ (1 \leq j \leq n)$ のとき，最小になる．

証明　以下の 2 式が (6.38) を意味する．

$$\mathbb{E}\left\|F - \sum_{j=1}^{n} \langle F, f_j \rangle f_j\right\|^2 = \mathbb{E}\|F\|^2 + \mathbb{E}\left\|\sum_{j=1}^{n} \langle F, f_j \rangle f_j\right\|^2 - 2\mathbb{E}\left[\left\langle F, \sum_{j=1}^{n} \langle F, f_j \rangle f_j \right\rangle\right]$$

$$\mathbb{E}\left\|\sum_{j=1}^{n} \langle F, f_j \rangle f_j\right\|^2 = \mathbb{E}\left[\left\langle F, \sum_{j=1}^{n} \langle F, f_j \rangle f_j \right\rangle\right] = \sum_{j=1}^{n} \mathbb{E}\left[\langle F, f_j \rangle^2\right] = \sum_{j=1}^{n} \langle Kf_j, f_j \rangle$$

そして，$\mathbb{E}\|F\|^2 = \|K\|_{TR} = \sum_{j=1}^{\infty} \lambda_j$（命題 73）と命題 28 から命題 75 が成立する．　　□

たとえば，ランダム要素 F の独立な実現値 $F_1, \ldots, F_N$ から，

$$m_N = \frac{1}{N} \sum_{i=1}^{N} F_i \tag{6.39}$$

$$K_N = \frac{1}{N} \sum_{i=1}^{N} (F_i - m_N) \otimes (F_i - m_N) \tag{6.40}$$

によって，平均 m および共分散作用素 K を推定することができる[1]。

以下では，関数データ解析 [20] に基づいて主成分分析を行う方法を検討する。

そして，固有関数，固有値を求めるには，$x_1, \ldots, x_n \in E$, $1 \le n \le N$, $F_i : E \to \mathbb{R}$ として，$X = (F_i(x_k))$ $(i = 1, \ldots, N, \ k = 1, \ldots, n)$ から通常の（関数ではない）主成分分析に基づいて固有値，固有関数を求める方法がある。

1. 基底関数 $\eta = [\eta_1, \ldots, \eta_m] : E \to \mathbb{R}^m$ を用意する。
2. $w_{i,j} = \int_E \eta_i(x) \eta_j(x) dx$ なる $W = (w_{i,j}) = \int_E \eta(x) \eta(x)^\top dx$ を計算する。
3. $F_i(x) = \sum_{j=1}^{m} c_i^\top \eta(x)$ となる $C = [c_1, \ldots, c_N]^\top \in \mathbb{R}^{N \times m}$ を求める。
4. 平均関数(の推定値)$m_N(x) := F_i(x)/N$ の係数 $d_1, \ldots, d_m$ を求める $(m_N(x) = \sum_{j=1}^{m} d_i^\top \eta(x))$.
5. 分散関数が

$$k(x, y) = \frac{1}{N} \sum_{i=1}^{N} \{F_i(x) - m_N(x)\}\{F_i(y) - m_N(y)\} = \frac{1}{N} \eta(x)^T (C - d)^\top (C - d) \eta(y)$$

となるので，固有ベクトルを $\phi(x) = b^\top \eta(x)$ $(b \in \mathbb{R}^m)$ とおくと，共分散作用素に関する固有値問題

$$\int_E k(x, y) \phi(y) dy = \lambda \phi(x)$$

は，$b^\top W b = 1$ のもとでの

$$\frac{1}{N} (C - d)^\top (C - d) W b = \lambda b$$

となる b を求める問題に帰着される。特に，$u := W^{1/2} b$ とおけば，$\|u\| = 1$ のもとでの

$$\frac{1}{N} W^{1/2} (C - d)^\top (C - d) W^{1/2} u = \lambda u$$

なる $u \in \mathbb{R}^m$ を求める問題になる。

◆ **例 92** $E = [-\pi, \pi]$ の場合，

$$\eta_j(x) = \begin{cases} 1/\sqrt{2\pi}, & j = 1 \\ (\cos kx)/\sqrt{\pi}, & j = 2k \\ (\sin kx)/\sqrt{\pi}, & j = 2k+1 \end{cases}$$

---

[1] K_N の分母は $N - 1$ でもよい。

とおくと，

$$\int_{-\pi}^{\pi} \eta_i(x)\eta_j(x)dx = \delta_{i,j}$$

が成立し，W は大きさ p の単位行列となる。したがって，固有方程式は，$\frac{1}{n}(C-d)^{\top}(C-d)u = \lambda u$ となり，主成分分析の手順にデザイン行列ではなく $C \in \mathbb{R}^{n \times p}$ を適用すればよい（上記の手順で $d = 0$ としても，自動的に中心化がなされる）。ここでは，fda パッケージにある Canadian Weather データ (Canada の各都市，年間各日の気温，年間各日の降水量からなるリスト daily) を適用してみる。以下に種々のプログラムを構成してみた。最初から n 個の関数が与えられているのではなく，$N = 365$ 日から，その気温の変化を p 個の基底の線形和であらわす（Fourier 変換）。したがって，十分大きな p を用いて，関数が離散化されていると考えてよい。

```r
library(fda)
g = function(j, x) {          # 基底を p 個用意する
  if (j == 1) return(1 / sqrt(2*pi))
  if (j %% 2 == 0) return(cos((j %/% 2) * x) / sqrt(pi))
  else return(sin((j %/% 2) * x) / sqrt(pi))
}
beta = function(x, y) {       # 関数の p 個の基底の前の係数を計算する
  X = matrix(0, N, p)
  for (i in 1:N) for (j in 1:p) X[i, j] = g(j, x[i])
  beta = solve(t(X) %*% X + 0.0001 * diag(p)) %*% t(X) %*% y
  return(drop(beta))
}
N = 365; n = 35; m = 5; p = 100; df = daily
C = matrix(0, n, p)
for (i in 1:n) {x = (1:N)*(2*pi/N) - pi; y = as.vector(df[[2]][, i]); C[i, ] = beta(x, y)}
res = prcomp(C)
B = res$rotation
xx = res$x
```

$C \in \mathbb{R}^{n \times p}$ の各行が関数の係数（p 個）になる。そして，$B \in \mathbb{R}^{p \times m}$ $(m \le p)$ が主成分ベクトル，xx が各関数のスコアとなる。B の m 個の列ベクトルが m 主成分のベクトル（$\eta_j(x)$, $j = 1, \ldots, p$ の前の係数）になる。まず，m を変えて関数 z を変え，以下のプログラムを実行して，もとの関数が復元できるかどうか，確認してみた。

```r
z = function(i, m, x) { # p 個の基底のうち, m 主成分で近似したもとの関数
  S = 0
  for (j in 1:p) for (k in 1:m) for (r in 1:p) S = S + C[i, j] * B[j, k] * B[r, k] * g(r, x)
  return(S)
}
x.seq = seq(-pi, pi, 2 * pi / 100)
plot(0, xlim = c(-pi, pi), ylim = c(-15, 25), type = "n", xlab = "Days", ylab = "Temp(C)",
     main = "Reconstruction for each m")
lines(x, df[[2]][, 14], lwd = 2)
for (m in 2:6) {
```

```
11    lines(x.seq, z(14, m, x.seq), col = m, lty = 1)
12  }
13  legend("bottom", legend = c("Original", paste("m = ", 2:6)),
14        lwd = c(2, rep(1, 5)), col = 1:6, ncol = 2)
```

図 6.6 は，Toronto の年間の気温を $m = 2, 3, 4, 5, 6$ 主成分を用いて近似した場合の出力を示している。

次に固有値の大きい順に，主成分をならべて，寄与率のグラフを描いてみた（図 6.7）。

```
1  lambda = res$sdev ^ 2
2  ratio = lambda / sum(lambda)
3  plot(1:5, ratio[1:5], xlab = "PC1 through PC5", ylab = "Ratio", type = "l", main = "Ratio")
```

主成分関数は，主成分ベクトルを基底の係数とする関数になる。fda パッケージの出力とは，以下の 2 点が異なる。

(1) 年間の日付（1 月 1 日から 12 月 31 日まで）を $[-\pi, \pi]$ で正規化しているために，主成分関数の値が $\sqrt{365/(2\pi)}$ 倍され，スコア関数が $\sqrt{2\pi/365}$ 倍されている。

(2) ある主成分ベクトルが -1 倍されているため，関数の概形がさかさまになっている（パッケージが異なれば，やむを得ない）。

第 1，第 2，第 3 主成分関数は，図 6.8 のようになる。また，以下のプログラムを用いた。第 1 主成分が，年間を通しての効果で，冬季の気温が都市間の変動に影響を与えている。

$m = 2, 3, 4, 5, 6$ での再構成

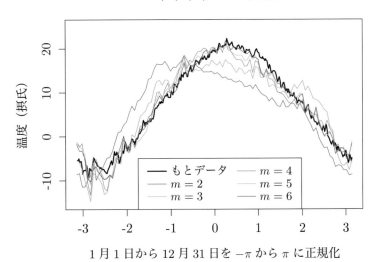

図 **6.6** Toronto の年間の気温を $m = 2, 3, 4, 5, 6$ 主成分を用いて近似した場合の出力を示している。m が大きくなるにつれ，もとのデータを忠実に復元していることがわかる。

寄与率

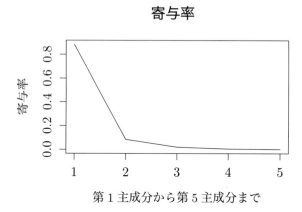

第1主成分から第5主成分まで

図6.7　Canadian Weather の気温の寄与率。関数データ解析ではない通常の場合と同様に，寄与率が計算できる。

主成分関数

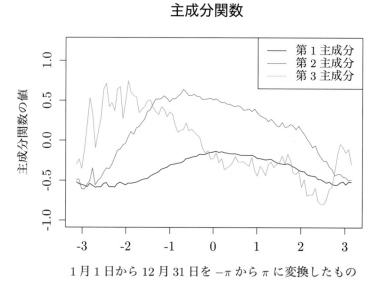

1月1日から12月31日を $-\pi$ から π に変換したもの

図6.8　Canadian Weather の気温の第1，第2，第3主成分関数。ほかのパッケージと比べて，いくつかの主成分関数が -1 倍されていて，上下が逆になっているものがある。また，横軸を $[-\pi, \pi]$ で正規化しているために，各固有関数の値が $\sqrt{365/(2\pi)}$ 倍されている。

```
1  h = function(coef, x) {   # 係数を用いて関数を定義する
2    S = 0
3    for (j in 1:p) S = S + coef[j] * g(j, x)
4    return(S)
5  }
6  plot(0, xlim = c(-pi, pi), ylim = c(-1, 1), type = "n")
7  for (j in 1:3) lines(x.seq, h(B[, j], x.seq), col = j)
```

最後に，Canada 35 都市のスコアを表示する（図 6.9）。

```
1  index = c(10, 12, 13, 14, 17, 24, 26, 27)
2  others = setdiff(1:35, index)
3  first = substring(df[[1]][index], 1, 1)
4  plot(0, xlim = c(-25, 35), ylim = c(-15, 10), type = "n",
5       xlab = "PC1", ylab = "PC2", main = "Canadian Weather")
6  points(xx[others, 1], xx[others, 2], pch = 4)
7  points(xx[index, 1], xx[index, 2], pch = first, cex = 1, col = rainbow(8))
8  legend("bottom", legend = df[[1]][index], pch = first, col = rainbow(8), ncol = 2)
```

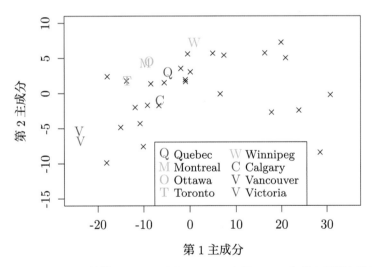

図 **6.9** Canadian Weather の気温のスコア。Vancouver や Victoria などの温暖な地域は，第 1 主成分で最も左側にきている。

付録：命題の証明

命題 66 の証明

$f(\omega, x) - m(x)$ の平均，分散が $0, k(x, x)$ であって，$f(\omega, x) - m(x)$，$f(\omega, y) - m(y)$ の共分散が $k(x, y)$ であるので，

$$
\begin{aligned}
\mathbb{E}[|f(\omega, x) - f(\omega, y)|^2] & \\
&= \mathbb{E}[(\{f(\omega, x) - m(x)\} - \{f(\omega, y) - m(y)\} - \{m(x) - m(y)\})^2] \\
&= k(x, x) + k(y, y) - 2k(x, y) + \{m(x) - m(y)\}^2
\end{aligned}
\tag{6.41}
$$

より，m, k の連続性は (6.30) を意味する。逆方向については，(6.30) を仮定すると，m の連続性が

$$
|m(x) - m(y)| = |\mathbb{E}[f(\omega, x) - f(\omega, y)]| \leq \{\mathbb{E}[|f(\omega, x) - f(\omega, y)|^2]\}^{1/2}
$$

から得られる。一般性を失うことなく $m \equiv 0$ とすると，

$$
k(x, y) - k(x', y') = \{k(x, y) - k(x', y)\} + \{k(x', y) - k(x', y')\}
$$

となり，右辺のそれぞれは，以下のように抑えることができる。

$$
|k(x, y) - k(x', y)| = |\mathbb{E}[f(\omega, x)f(\omega, y)] - \mathbb{E}[f(\omega, x')f(\omega, y)]|
$$

$$
\leq \mathbb{E}[f(\omega, y)^2]^{1/2}\mathbb{E}[\{f(\omega, x) - f(\omega, x')\}^2]^{1/2} = \{k(y, y)\}^{1/2}\{\mathbb{E}[|f(\omega, x) - f(\omega, x')|^2]\}^{1/2}
$$

同様に，

$$
|k(x', y) - k(x', y')| \leq \{k(x', x')\}^{1/2}\{\mathbb{E}[|f(\omega, y) - f(\omega, y')|^2]\}^{1/2}
$$

したがって，k の連続性も成立する。 □

命題 67 の証明

$I_f^{(n)}(g) := I_f(g; \{(E_i, x_i)\}_{1 \leq i \leq M(n)})$ とおくと，$\mathbb{E}[I_f^{(n)}(g)] = 0$ が成立する。(1): $\mathbb{E}[f(\omega, x)] = 0 \ (x \in E)$ およびすでに証明した収束性から，$n \to \infty$ で

$$
|\mathbb{E}[I_f(\omega, g)]| = |\mathbb{E}[I_f(\omega, g) - I_f^{(n)}(g)]| \leq \{\mathbb{E}[\{I_f(\omega, g) - I_f^{(n)}(g)\}^2]\}^{1/2} \to 0
$$

が成立することによる。(2): k の一様連続性から，$n \to \infty$ で

$$
\left| \mathbb{E}[I_f(\omega, g)f(\omega, x)] - \int_E k(x, y)g(y)d\mu(y) \right|
$$

$$
\leq \left| \mathbb{E}[\{I_f(\omega, g) - I_f^{(n)}(g)\}f(\omega, x)] \right| + \left| \mathbb{E}\left[I_f^{(n)}(g)f(\omega, x) - \int_E k(x, y)g(y)d\mu(y) \right] \right|
$$

$$
\leq \{\mathbb{E}[\{I_f(\omega, g) - I_f^{(n)}(g)\}^2]\}^{1/2}\{\mathbb{E}[f(\omega, x)^2]\}^{1/2}
$$

$$
+ \left| \sum_{i=1}^{M(n)} \int_{E_i} |k(x, x_i) - k(x, y)|g(y)d\mu(y) \right| \to 0
$$

が成立することによる．ここで，k の一様連続性およびすでに証明した収束性を用いた． (3):

$$\mathbb{E}[\{I_f^{(n)}(g)I_f^{(n)}(h)] = \sum_{i=1}^{M(n)} \sum_{j=1}^{M(n)} k(x_i, x_j) \int_{E_i} g(x)d\mu(x) \int_{E_j} h(y)d\mu(y)$$

$$\to \int_E \int_E k(x,y)g(x)h(y)d\mu(x)d\mu(y)$$

より，

$$\left| \mathbb{E}[I_f(\omega, g)I_f(\omega, h)] - \int_E \int_E k(x,y)g(x)h(y)d\mu(x)d\mu(y) \right|$$

$$\leq |\mathbb{E}[\{I_f(\omega, g) - I_f^{(n)}(g)\}\{I_f(\omega, h) - I_f^{(n)}(h)\} + \{I_f(\omega, g) - I_f^{(n)}(g)\}I_f^{(n)}(h)$$

$$+ \{I_f(\omega, h) - I_f^{(n)}(h)\}I_f^{(n)}(g)]|$$

$$+ \left| \mathbb{E}[I_f^{(n)}(g)I_f^{(n)}(h)] - \int_E \int_E k(x,y)g(x)h(y)d\mu(x)d\mu(y) \right|$$

$$\leq (\mathbb{E}[\{I_f(\omega, g) - I_f^{(n)}(g)\}^2])^{1/2}(\mathbb{E}[\{I_f(\omega, h) - I_f^{(n)}(h)\}^2])^{1/2}$$

$$+ (\mathbb{E}[\{I_f(\omega, g) - I_f^{(n)}(g)\}^2])^{1/2}(\mathbb{E}[I_f^{(n)}(h)^2])^{1/2}$$

$$+ (\mathbb{E}[\{I_f(\omega, h) - I_f^{(n)}(h)\}^2])^{1/2}(\mathbb{E}[I_f^{(n)}(g)^2])^{1/2}$$

$$+ \sum_i \sum_j \int_{E_i} |k(x,y) - k(x_i, x_j)|g(x)h(y)d\mu(x)d\mu(y) \to 0$$

が成立することによる． $\square$

問題 84～100

□ **84** 平均関数 m，共分散関数 k および集合 E の任意の N 要素 $x_1, \dots, x_N \in E$ から乱数 $f(\omega, x_1), \dots, f(\omega, x_N)$ を 1 組発生させる関数 gp.sample を構成せよ。そして，m, k を設定し，乱数を 100 組発生させ，その共分散行列が m, k を用いて発生したものと一致しているかどうか確認せよ。

□ **85** 命題 61 を用いて，(6.3), (6.4) を示せ。

□ **86** 下記のプログラムで，Cholesky 分解以外で $O(N^3)$ の計算が必要なステップはあるか。また，$O(N^2)$ の計算が必要なのはどのステップか。

```
1  gp.2 = function(x.pred) {
2    h = array(dim = n); for(i in 1:n) h[i] = k(x.pred, x[i])
3    L = chol(K + sigma.2 * diag(n))
4    alpha = solve(L, solve(t(L), y - mu(x)))
5    mm = mu(x.pred) + sum(t(h) * alpha)
6    gamma = solve(t(L), h)
7    ss = k(x.pred, x.pred) - sum(gamma ^ 2)
8    return(list(mm = mm, ss = ss))
9  }
```

□ **87** (6.5) から，$x_1, \dots, x_N \in \mathbb{R}^p$, $y_1, \dots, y_N \in \{-1, 1\}$ のマイナス対数尤度が

$$\sum_{i=1}^{N} \log[1 + \exp\{-y_i f(x_i)\}]$$

となることを示せ。

□ **88** 例 86 のプログラムの 19 行目から 24 行目が $f_X \leftarrow (W + k_{XX}^{-1})^{-1}(W f_X + u)$ の更新になっていることを説明せよ。

□ **89** 例 86 の処理を，Iris の最初の 100 個（setosa 50 個，versicolor 50 個）についてではなく，51 番目から 150 番目（versicolor 50 個，virginica 50 個）に置き換えて，同様の処理を実行せよ。

□ **90** 命題 65 の証明で，生成過程の (6.16) の f_Z を $\mu_{f_Z|Y}$ に置き換えて $\mu(x)$ にしてよいのはなぜか。$\sigma^2(x)$ は，$f_Z|Y$ による変動と $f(x)|f_Z$ による変動が独立に生じたものである。それぞれ独立であるとしてよいのはなぜか。

□ **91** 例 88 において，補助点法を実現する関数 `gp.ind` が $O(N^3)$ の処理を避けるために，避けているステップがある。それはどこか。

□ **92** 確率過程は 2 乗平均連続過程であることと，その平均関数および共分散関数が連続であることが同値であることを示せ。

□ **93** Mercer の定理 (6.31) および命題 67 から，Karhunen-Lóeve の定理を示せ。また，$n = 10$ として，Brown 運動の標本経路を 5 個発生させて，図示せよ。

□ **94** Matérn カーネルの公式 (6.35) から，$\varphi_{5/2}, \varphi_{3/2}$ を導出せよ。また，$l = 0.05$ の場合の Matérn カーネルの値 ($\nu = 1, \ldots, 10$) を図 6.4 と同様に図示せよ。

□ **95** $\nu = 5/2,\, l = 0.1$ の Matérn カーネルの標本経路を図示せよ。

□ **96** ランダム要素ではあるが，確率過程ではない例，および確率過程ではあるがランダム要素ではない例をあげよ．

□ **97** 基底関数 $\eta = [\eta_1, \ldots, \eta_p] : E \to \mathbb{R}^p$ を用意し，(6.39) の $m_N(x)$ を求める処理を構成せよ。そして，Canadian Weather の $N = 35$ データを入力して，結果を出力せよ。ただし，F_i, m_N はそれぞれ基底の前の係数として表現されるものとする。また，(6.40) の $K_N(x)$ を求め，$p \times p$ の行列として出力する処理を構成せよ。

□ **98** p 個の基底関数を $E = [-\pi, \pi]$ として，

$$\left\{ \frac{1}{\sqrt{2\pi}}, \frac{\cos x}{\sqrt{\pi}}, \frac{\sin x}{\sqrt{\pi}}, \frac{\cos 2x}{\sqrt{\pi}}, \frac{\sin 2x}{\sqrt{\pi}}, \cdots \right\}$$

とした場合に，$w_{i,j} = \int_E \eta_i(x)\eta_j(x)dx$ なる $W = (w_{i,j}) = \int_E \eta(x)\eta(x)^\top dx$ が単位行列となるのはなぜか。

□ **99** Canadian Weather データ `daily` を，`daily[[2]]`（年間各日の気温）ではなく `daily[[3]]`（年間各日の降水量）にして，主成分関数および固有値を求め，図 6.8, 図 6.9 と同様のグラフを出力せよ。

□ **100** `fda` パッケージを用いて，年間各日の気温および年間各日の降水量の両方について，主成分関数および固有値を求め，図 6.8, 図 6.9 と同様のグラフを出力せよ。

参考文献

[1] N. Aronszajn. Theory of reproducing kernels. *Transactions of the American Mathematical Society*, Vol. 68, pp. 337–404, 1950.

[2] H. Avron, M. Kapralov, Cameron Musco, C. Musco, A. Velingker, and A. Zandieh. Random fourier features for kernel ridge regression: Approximation bounds and statistical guarantees. *ArXiv*, Vol. abs/1804.09893, 2017.

[3] C. Baker. *The Numerical Treatment of Integral Equations*. Claredon Press, 1978.

[4] P. Bartlett and S. Mendelson. Rademacher and gaussian complexities: Risk bounds and structural results. In *J. Mach. Learn. Res.*, 2001.

[5] Kacper P. Chwialkowski and A. Gretton. A kernel independence test for random processes. In *ICML*, 2014.

[6] R. Dudley. *Real Analysis and Probability*. Cambridge Studies in Advanced Mathematics, 1989.

[7] T. Gneiting. Compactly supported correlation functions. *Journal of Multivariate Analysis*, Vol. 83, pp. 493–508, 2002.

[8] G. H. Golub and C. F. Van Loan. *Matrix Computations*. Baltimore: Johns Hopkins, 3rd edition, 1996.

[9] I. S. Gradshteyn, I. M. Ryzhik, and R. H. Romer. Tables of integrals, series, and products. *American Journal of Physics*, Vol. 56, pp. 958–958, 1988.

[10] A. Gretton, K. Borgwardt, M. Rasch, B. Schölkopf, and Alex Smola. A kernel two-sample test. *J. Mach. Learn. Res.*, Vol. 13, pp. 723–773, 2012.

[11] A. Gretton, R. Herbrich, Alex Smola, O. Bousquet, and B. Schölkopf. Kernel methods for measuring independence. *J. Mach. Learn. Res.*, Vol. 6, pp. 2075–2129, 2005.

[12] D. Haussler. Convolution kernels on discrete structures. Technical Report UCSC-CRL-99-10, UCSC, 1999.

[13] T. Hsing and R. Eubank. *Theoretical Foundations of Functional Data Analysis, with an Introduction to Linear Operators*. Wiley, 2015.

[14] K. Itô. *An Introduction to Probability Theory*. Cambridge University Press, 1984.

[15] Y. Kano and Shohei Shimizu. Causal inference using nonnormality. In *Proceedings of the Annual Meeting of the Behaviormetric Society of Japan 47*, 2004.

[16] K. Karhunen. Uber lineare methoden in der wahrscheinlichkeitsrechnung. *Ann. Acad. Sci. Fennicae. Ser. A. I. Math.-Phys*, Vol. 37, pp. 1–79, 1947.

[17] K. Karhunen. *Probability theory. Vol. II*. Springer-Verlag, 1978.

[18] H. Kashima, K. Tsuda, and A. Inokuchi. Marginalized kernels between labeled graphs. In *ICML*, 2003.

[19] J. Mercer. Functions of positive and negative type and their connection with the theory of integral equations. *Philosophical Transactions of the Royal Society A*, pp. 441–458, 1909.

[20] J. Ramsay and B. W. Silverman. *Functional Data Analysis*. Springer Series in Statistics, 2005.

[21] C. Rasmussen and Christopher K. I. Williams. *Gaussian Processes for Machine Learning*. MIT Press, 2006.

[22] B. Schölkopf, Alex Smola, and K. Müller. Kernel principal component analysis. In *ICANN*, 1997.

[23] R. Serfling. *Approximation Theorems of Mathematical Statistics*. Wiley, 1980.

[24] Shohei Shimizu, P. Hoyer, A. Hyvärinen, and Antti J. Kerminen. A linear non-gaussian acyclic model for causal discovery. *J. Mach. Learn. Res.*, Vol. 7, pp. 2003–2030, 2006.

[25] Ingo Steinwart. On the influence of the kernel on the consistency of support vector machines. *J. Mach. Learn. Res.*, Vol. 2, pp. 67–93, 2001.

[26] M. H. Stone. Applications of the theory of boolean rings to general topology. *Transactions of the American Mathematical Society (American Mathematical Society)*, Vol. 41, No. 3, pp. 375–481, 1937.

[27] M. H. Stone. The generalized weierstrass approximation theorem. *Mathematics Magazine*, Vol. 21, No. 4, pp. 167–184, 1948.

[28] K. Tsuda, Taishin Kin, and K. Asai. Marginalized kernels for biological sequences. *Bioinformatics*, Vol. 18, Suppl. 1, pp. S268–75, 2002.

[29] Jean-Philippe Vert. Aronszajn's theorem, 2017. `https://members.cbio.mines-paristech.fr/jvert/svn/kernelcourse/notes/aronszajn.pdf`.

[30] K. Weierstrass. Über die analytische darstellbarkeit sogenannter willkurlicher functionen einer reellen veränderlichen. *Sitzungsberichte der Koniglich Preusischen Akademie der Wissenschaften zu Berlin*, pp. 633–639, 1885. Erste Mitteilung.

[31] K. Weierstrass. Über die analytische darstellbarkeit sogenannter willkurlicher functionen einer reellen veränderlichen. *Sitzungsberichte der Koniglich Preusischen Akademie der Wissenschaften zu Berlin*, pp. 789–805, 1885. Zweite Mitteilung.

[32] Huaiyu Zhu, Christopher K. I. Williams, R. Rohwer, and Michal Morciniec. Gaussian regression and optimal finite dimensional linear models. In *Neural Networks and Machine Learning*, 1997.

[33] 福水健次. カーネル法入門. 朝倉書店, 2010.

[34] S. Lauritzen. *Graphical Models*. Oxford Press, 1998.

索 引

著者紹介

鈴木 讓 (すずき じょう) 大阪大学教授, 博士（工学）

1984年早稲田大学理工学部, 1989年早稲田大学大学院博士課程修了, 同大学理工学部助手, 1992年青山学院大学理工学部助手, 1994年大阪大学理学部に（専任）講師として着任。Stanford大学客員助教授（1995年〜1997年）, Yale大学客員准教授（2001年〜2002年）などを経て, 現職（基礎工学研究科数理科学領域, 基礎工学部情報科学科数理科学コース）。データ科学, 機械学習, 統計教育に興味をもつ。日本で最初のベイジアンネットワークの研究者とされる。著書に『ベイジアンネットワーク入門』(培風館),『確率的グラフィカルモデル』(編著, 共立出版),『統計的機械学習の数理100問 with R』,『統計的機械学習の数理100問 with Python』,『スパース推定100問 with R』,『スパース推定100問 with Python』(共立出版), *"Statistical Learning with Math and R"*, *"Statistical Learning with Math and Python"*, *"Sparse Estimation with Math and R"*, *"Sparse Estimation with Math and Python"* (Springer)など。

機械学習の数理100問シリーズ **7**
機械学習のためのカーネル100問
with R
Kernel Methods for Machine Learning with 100 Math & R Problems

2021年11月15日　初版1刷発行

著　者　鈴木　讓　ⓒ 2021
発行者　南條光章
発行所　**共立出版株式会社**

東京都文京区小日向 4-6-19（〒112-0006）
電話　03-3947-2511（代表）
振替口座　00110-2-57035
www.kyoritsu-pub.co.jp

印　刷　啓文堂
製　本　協栄製本

検印廃止

NDC 417, 415.5, 007.13
ISBN 978-4-320-12512-4

一般社団法人
自然科学書協会
会員

Printed in Japan